高等院校信息技术规划教材

数据库原理及应用
——SQL Server 2014

夏保芹 刘春林 徐小平 编著

清华大学出版社

北京

内 容 简 介

本书全面介绍数据库的原理及应用，内容涵盖数据库应用开发的相关技术，既注重数据库基本概念、基本理论的讲解，又注重基本技术的讲解和相关应用。全书共分 12 章：第 1～3 章是数据库原理部分，主要介绍数据库的基本概念和基本理论，包括数据库系统的组成、数据库系统的三级模式结构和两级映像、数据模型、关系代数、数据库设计步骤等；第 4～7 章是数据库应用基础部分，主要介绍 SQL Server 数据库的基本应用，包括数据库和表对象的基本操作、表中数据的操作、T-SQL 基本语法等；第 8～11 章是数据库应用高级部分，主要包括视图、索引、游标、存储过程、触发器、数据库备份与还原、数据导入与导出、事务处理、数据库安全管理等；第 12 章是数据库应用案例部分，通过两个综合案例介绍基于 Java 的数据库应用系统开发过程。

本书实例丰富，图文并茂，既重视理论知识的讲解，又重视实际的操作应用，"实践"和"案例"理念贯穿始终。书中提供了大量应用实例，每章后面都附有习题；同时为了突出实践应用性，书中最后给出了两个综合应用案例。

本书适合作为高等院校计算机、信息管理、软件工程等相关专业数据库类课程的教材，也适合作为从事数据库系统研究、数据库管理和数据库系统开发者的参考用书。

图书在版编目(CIP)数据

数据库原理及应用：SQL Server 2014/夏保芹，刘春林，徐小平编著. —北京：清华大学出版社，2018（2019.8重印）

（高等院校信息技术规划教材）

ISBN 978-7-302-48999-3

Ⅰ. ①数…　Ⅱ. ①夏…　②刘…　③徐…　Ⅲ. ①关系数据库系统－高等学校－教材　Ⅳ. ①TP311.138

中国版本图书馆 CIP 数据核字(2017)第 293573 号

责任编辑：白立军　张爱华
封面设计：常雪影
责任校对：白　蕾
责任印制：沈　露

出版发行：清华大学出版社
　　　　　网　　　址：http://www.tup.com.cn, http://www.wqbook.com
　　　　　地　　　址：北京清华大学学研大厦 A 座　　　　邮　　　编：100084
　　　　　社　总　机：010-62770175　　　　　　　　　　　邮　　　购：010-62786544
　　　　　投稿与读者服务：010-62776969, c-service@tup.tsinghua.edu.cn
　　　　　质量反馈：010-62772015, zhiliang@tup.tsinghua.edu.cn
　　　　　课件下载：http://www.tup.com.cn, 010-62795954
印　装　者：北京嘉实印刷有限公司
经　　　销：全国新华书店
开　　　本：185mm×260mm　　　印　　张：21.25　　　字　　数：493 千字
版　　　次：2018 年 1 月第 1 版　　　　　　　　　　　印　　次：2019 年 8 月第 3 次印刷
定　　　价：49.00 元

产品编号：070257-01

数据库技术已成为计算机科学技术发展最快的领域之一,它的应用范围遍及各行各业,成为计算机信息系统与应用系统的核心技术和重要基础,也是高等院校计算机相关专业的核心课程。

本书编者长期从事本科数据库类课程教学工作,不仅具有丰富的教学经验,同时还具有多年的数据库开发经验。根据长期的教学经验,深知数据库课程的重点和难点,了解学生学习该课程时遇到的主要困难及问题,总结出如何组织教材内容使之更有利于教师教学和学生自学,从而形成本书的结构体系。

本书全面介绍数据库的原理及应用,内容涵盖数据库应用开发的相关技术,既注重数据库基本概念、基本理论的讲解,又注重基本技术的讲解和应用。全书共分 12 章,各章主要内容如下:

第 1 章为数据库系统概述,主要介绍数据管理技术的发展史、数据库系统的组成、数据库系统的三级模式和两级映像、数据模型等。

第 2 章为关系数据库,主要介绍关系的概念、关系的完整性、关系代数和关系规范化理论。

第 3 章为数据库设计,主要介绍数据库设计各个阶段的任务、方法和步骤,通过实例详细介绍数据库设计的具体方法和步骤。

第 4 章为 SQL Server 2014 概述,主要介绍 SQL Server 的发展史、SQL Server 2014 安装过程,并简要介绍常用的管理工具。

第 5 章为数据库和表,主要介绍数据库和表的概念,数据库的基本操作和表的基本操作,包括数据库的创建、修改和删除等操作,表的约束的创建和删除,以及表中数据的基本操作,包括表中数据的增加、删除和修改,最后通过实例介绍数据库文件的分离和附加方法。

第 6 章为数据库查询,主要介绍数据库查询语句的基本语法,通过大量例题详细介绍 SELECT 查询语句的用法,包括单表查询、连接查询、子查询和集合运算查询,以及在数据操作中使用查询。

第 7 章为 T-SQL 编程,主要介绍 T-SQL 语言基本语法,主要内容包括标识符、数据类型、注释、常量和变量、运算符和表达式、批处理、流程控制语句和函数等。

第 8 章为视图、索引和游标,主要介绍视图、索引和游标的基本概念,以及相应的创建、使用方法。

第 9 章为存储过程和触发器,主要介绍存储过程和触发器的基本概念、使用它们的优点以及创建和使用方法。

第 10 章为数据库管理,通过实例介绍数据库的备份与还原、数据库中数据的导入与导出,最后介绍事务以及事务处理的概念。

第 11 章为数据库的安全管理,主要介绍数据库身份验证模式、登录账号和用户账号的作用和使用、角色的概念和使用、用户权限管理等。

第 12 章为基于 Java 的数据库应用系统开发,主要介绍 JDBC 技术常用的类和接口、JDBC 数据库访问的步骤,通过两个案例详细介绍基于 Java 的数据库应用系统开发步骤。

学习本书,可以为后续课程,如 Web 开发技术、SSH 框架技术、信息系统开发等打下良好的基础。本书重视对学生工程实践能力的培养和训练,"实践"和"案例"理念贯穿始终,将理论知识的学习融于小项目实训中,将知识的学习渗透于每个小项目中。为方便任课教师备课,本书还提供丰富的教学资源,如教学课件、课后习题答案、实验和案例的源代码等。

本书适合作为高等院校计算机、信息管理、软件工程等相关专业数据库类课程的教材,也适合作为从事数据库系统研究、数据库管理和数据库系统开发者的参考用书。

本书在编写过程中,得到很多老师的帮助,除本书列出的参考文献外,还参考了一些博客、论坛等,在此一并表示感谢。

本书由夏保芹、刘春林、徐小平编著。其中,第 1、4、6、8、9、11 章由夏保芹编写,第 2、5、7、10 章由刘春林编写,第 3、12 章由徐小平编写。全书由夏保芹统稿。

由于作者水平有限,书中难免有遗漏之处,恳请业界同仁及读者朋友提出宝贵意见,编者将不胜感激,并在修订时进一步完善。

编者

2017 年 10 月

目录

contents

第1章

数据库系统概述

本章学习目标
- 掌握数据管理技术的发展历程。
- 熟练掌握数据库系统的组成。
- 掌握数据库系统的三级模式和两级映像。
- 了解信息的三种世界。
- 熟练掌握概念模型的基本概念和表示。
- 了解数据模型的基本概念和常用的数据模型。

当今信息社会中数据库技术的发展已经成为信息技术重要组成部分,绝大多数计算机应用系统都离不开数据库的支撑。本章首先介绍数据管理技术的发展历程,主要介绍每个阶段的特点;其次介绍数据库系统的组成、数据库系统的三级模式和两级映像;最后介绍数据模型,包括信息的三种世界、概念模型的基本概念和表示方法以及数据模型的分类等内容。

1.1 数据库管理技术发展史

1.1.1 数据处理技术

1. 数据

信息社会中我们每时每刻都在和信息打交道,那么我们经常用到的"信息"这个词,是什么意思呢? 简单地说,信息能够反映物质和能量的形态、结构、状态等特征,可以用人的感官感觉到,也可以用仪器、仪表和各种传感器进行探测。信息具有实效性、有用性和知识性,它是客观世界的反映。

数据(Data)是承载信息的符号记录,是信息的载体,是信息的具体表现形式。在日常生活中,人们直接用自然语言描述、传递信息;在计算机中,为了存储和处理这些信息,就要抽取出信息中包含的事物及其特征,以及和其他事物的联系,用数据来表示它们。数据通常由一组"数字"组成,用以表示某一事物或事件的特征、数量等。例如,描述一个学生信息,我们关心的是该学生的学号、姓名、年龄、性别、班级信息,则可以表示为(1401010201,

张三,19,男,信息管理与信息系 2014 级 2 班)。

必须指出的是,在有些不严格的情况下,会把"数据"和"信息"两个概念混为一谈,即对它们不加区分。其实,数据不等于信息,数据只是信息的一种表达形式。

数据有"型"和"值"之分。数据的型是指数据的结构,数据的值是指数据的具体取值。例如,学生数据由学号、姓名、年龄、性别、班级属性构成,这是学生数据的型,而一个具体的学生数据(1401010201,张三,19,男,信息管理与信息系 2014 级 2 班)就是数据的值。

数据本身和其语义是不可分的。计算机处理的数据是经过抽象的,它必须联系其语义解释才有意义。例如,数据 19,这可能是一个学生的年龄,可能是一个团队的人数,也可能是一棵树的高度。所以,离开语义解释,数据就失去了意义。又如,(1401010201,张三,19,男,信息管理与信息系 2014 级 2 班),了解语义解释的人知道,这个数据表示信息管理与信息系 2014 级 2 班的一个学生信息,学号是 1401010201,姓名是张三,年龄是 19 岁,性别是男。

2. 数据处理

数据处理(Data Process)是指对数据进行收集、分类、组织、整理、存储、查询、维护、加工、计算、传播、打印等一系列的活动。数据处理的基本目的是从大量的、可能是杂乱无章的、难以理解的数据中抽取并推导出某些特定的对人们来说是有价值、有意义的数据。数据处理贯穿于社会生产和社会生活的各个领域,数据处理技术的发展及其应用的广度和深度,极大地影响着人类社会发展的进程。随着计算机的日益普及,通过计算机数据处理进行信息管理已成为主要的应用,如仓库管理、财会管理、交通运输管理、技术情报管理、办公室自动化等。

数据管理(Data Management)是指数据的收集整理、组织、存储、维护、检索、传送等操作,是数据处理业务的基本环节,是所有数据处理过程必有的共同部分。数据处理中,通常计算比较简单,且数据处理业务中加工计算因业务的不同而不同,需要根据业务的需要来编写应用程序加以解决。而数据管理则比较复杂,由于可利用的数据呈爆炸性增长,且数据的种类繁杂,从数据管理角度而言,不仅要使用数据,而且要有效地管理数据,因此需要一个通用的、使用方便且高效的管理软件,把数据有效地管理起来。数据管理技术的优劣将对数据处理的效率产生直接影响,而数据库技术就是针对该需求目标进行研究并发展和完善起来的计算机应用的一个分支。

1.1.2　数据管理技术的发展

数据管理技术是随着计算机硬件和软件的发展而不断发展的,也是随着社会对数据处理任务的要求不断提高而发展的。数据库是数据管理的产物,随着计算机应用的不断发展,数据处理越来越占主导地位,数据库技术得到不断的发展,数据库技术的应用也越来越广泛。从数据管理的角度,数据库技术经历了人工管理阶段、文件系统阶段和数据库系统阶段。

1. 人工管理阶段

20 世纪 50 年代中期以前,计算机处于发展初期,主要用于科学计算,数据管理能力很差。此时的计算机硬件和软件发展都相对落后。从硬件来看,外存只有磁带、卡片、纸带,没有磁盘等直接存取的存储设备;从软件来看,没有操作系统,没有管理数据的软件,数据处理方式是批处理。

这个时期数据管理的特点主要有以下几点:

(1) 数据不能长期保存。由于当时计算机水平的限制,还没有磁盘等外存储设备,且计算机主要用于科学计算,因此一般不需要将数据长期保存。当某一计算需要数据时,将数据输入,用完后不保存原始数据也不对计算结果保存,下次需要时再进行人工输入。

(2) 没有对数据进行管理的软件系统。应用程序中需要用到数据时,程序员不仅要规定数据的逻辑结构,而且要设计物理结构,包括存储结构、存取方法、输入/输出方式等。此时的数据管理完全由应用程序完成。

(3) 数据不独立。当数据逻辑结构或物理结构改变后,必须由程序员对程序做相应修改,此时的数据不能离开应用程序单独修改,这也加重了程序员的负担。

(4) 数据不共享。数据的组织方式是由程序员编写程序时自行设计的,某一数据对应某一程序,即使两个程序用到相同的数据,也必须各自定义、各自组织,数据无法共享,这也导致应用程序之间有大量重复的数据,数据冗余。

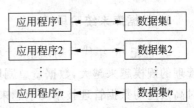

人工管理阶段应用程序与数据之间的对应关系如图 1.1 所示。

图 1.1　人工管理阶段应用程序与数据之间的对应关系

2. 文件系统阶段

20 世纪 50 年代后期至 20 世纪 60 年代中期,计算机得到一定发展,应用范围越来越广泛,不仅用于科学计算,在数据管理方面也有了一定应用。此时,在计算机硬件方面,出现了磁盘、磁鼓等作为直接的外存储设备;在软件方面,出现了操作系统,有了专门用于管理数据的软件,称为文件系统,处理方式不仅有文件批处理,而且能够进行联机实时处理。

这个时期数据管理的特点主要有以下几点:

(1) 数据可以长期保存。此时的计算机有了磁盘这样的外存储设备,使得数据可以长期存储在外存上,便于对数据进行反复的查询、修改、插入和删除等各种操作。

(2) 有专门的软件进行数据管理。操作系统提供了文件管理功能和访问文件的存取方法,数据的存取以记录为基本单位,文件系统实现了记录内的结构化,即给出记录内各种数据间的关系,但是,数据文件从整体来看是无结构的。此阶段出现了多种文件组织,如顺序文件、索引文件、随机文件等。

(3) 数据独立性低。文件系统可以对数据进行管理,使数据具有了一定的独立性,但文件系统只实现了数据的物理独立性,而没有实现数据的逻辑独立性。文件系统中的文件是为某一特定应用服务的,一旦数据的逻辑结构改变,必须修改应用程序,修改文件结构的定义;而应用程序的改变,如改用不同的高级语言,也将引起文件数据结构的改变,因此数据与应用程序之间的独立性较低。

(4) 数据共享性差。在文件系统阶段,数据仍然面向某一应用程序,一个数据文件基本上对应于一个应用程序,当多个应用程序使用相同的数据时,也必须建立各自的数据文件,而不能共享一个数据文件。因此,在文件系统阶段,数据冗余度仍然很大,而且大量数据重复存储也容易导致数据的不一致性。

文件系统阶段应用程序与数据之间的对应关系如图 1.2 所示。

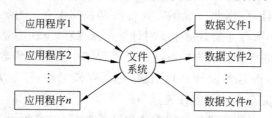

图 1.2　文件系统阶段应用程序与数据之间的对应关系

3. 数据库系统阶段

20 世纪 60 年代后期以来,计算机技术发展迅速,计算机应用越来越广泛,用于数据管理的规模越来越大,数据量急剧增长,传统的文件系统已经不能满足数据管理的需求,对高效能的数据管理技术要求越来越强烈。

当时计算机的软硬件也得到了很大发展。在硬件方面,有了大容量的磁盘存储设备,且价格逐渐降低,处理方式上,联机实时处理的要求更高,并开始提出和考虑分布处理;软件方面出现了能够统一管理和共享数据的数据库管理系统(DBMS)。

这个时期数据管理的特点主要有以下几点:

(1) 数据结构化。数据结构化是数据库系统阶段与文件系统阶段的根本区别。在文件系统阶段,文件的记录内部是有结构的,但数据文件之间无联系,数据文件是面向特定应用程序的。而在数据库系统阶段,数据库中的数据不再针对某一特定应用,而是面向整个应用系统,它是对整个系统各个应用整体考虑后建立的总的数据结构,在描述数据时不仅描述数据本身,还描述数据之间的联系,能够展现整体数据的结构化。

(2) 具有较高的数据独立性。在数据库系统阶段,数据不再和某一应用程序对应,它们之间不存在相互依赖的关系,应用程序不再随着数据存储结构的变化而变化。数据库系统中的数据既具有逻辑独立性,又具有物理独立性。逻辑独立性使得当数据的逻辑结构发生改变时,应用程序不必修改;物理独立性使得当数据的存储结构发生改变时,可以使数据的逻辑结构不变,从而应用程序不必修改。数据独立性使数据的定义从程序中分离出去,由专门的数据库管理系统管理,从而简化了应用程序的编写,减轻了程序员的负担。

(3) 具有较高的共享性、较低的冗余度。在数据库系统阶段,数据库中的数据是面向整个应用系统的,允许多个用户、多个应用程序同时存取数据而互不影响,这就提高了数据的共享性,大大减少了重复数据,使数据具有较低的冗余度。由于减少了重复数据,因此避免了数据之间的不相容性和不一致性。

（4）数据由数据库管理系统统一管理和控制。在数据库系统阶段,数据的管理完全由数据库管理系统完成,除了管理功能,数据库管理系统还保证数据的完整性、安全性、并发控制和数据恢复等。

数据库系统阶段应用程序与数据之间的对应关系如图 1.3 所示。

图 1.3　数据库系统阶段应用程序与数据之间的对应关系

1.2　数据库系统的介绍

1.2.1　数据库系统的组成

数据库系统是计算机应用系统中引入数据库后的系统,一般由计算机硬件、软件和人员构成,具体包括计算机硬件、操作系统、数据库、数据库管理系统、应用开发工具、应用系统、用户等。计算机硬件指储和运行数据库系统的硬件设备,包括 CPU、内存、大容量的存储设备、输入/输出设备等。下面仅介绍其中的一部分组成。

1. 数据库

数据库(DataBase,DB)是长期存储在计算机内有组织的、可共享的数据集合。这些数据按一定的数据模型组织,无有害的或不必要的冗余,并为多种应用服务,数据的存储独立于使用它的程序。可以直观地认为,数据库就是存储数据的仓库,只是这个仓库是计算机的大容量存储设备,仓库中的数据是要按一定的数据结构存储,且具有较高的共享性、独立性,较低的冗余度,为多种应用服务。

2. 数据库管理系统

数据库管理系统(DataBase Management System,DBMS)是一种操纵和管理数据库的软件,用于建立、使用和维护数据库,它对数据库进行统一的管理和控制,以保证数据库的安全性和完整性。DBMS 是建立在操作系统之上的、位于用户和操作系统之间的数据管理软件,为用户或应用程序提供访问数据库的方法。数据库管理员也通过 DBMS 进行数据库的维护工作,包括数据库的建立、数据操作、安全性、完整性等操作。

DBMS 是数据库系统的核心,是管理数据库的软件。DBMS 的功能主要有以下几点:

（1）数据定义功能。DBMS 提供数据定义语言（Data Definition Language，DDL），供用户定义数据库的三级模式结构、两级映像以及完整性约束和保密限制等。例如，DBMS 提供的结构化查询语言 SQL（Structured Query Language）使用 CREATE、DROP、ALTER 等语句分别用来建立、删除和修改数据库。DDL 所描述的结构仅仅给出了数据库的框架，定义的内容保存在数据字典（Data Dictionary，DD）中，数据字典是 DBMS 存取数据的基本依据。

（2）数据操纵功能。DBMS 提供数据操纵语言（Data Manipulation Language，DML），供用户对数据库中的数据进行操作，主要操作包括对数据进行查询、插入、删除、修改等。DML 主要有两类：一类是自主型或自含型，这一类是交互式命令语言，语法简单，可独立使用；另一类是宿主型，把对数据库的存取语句嵌入到高级语言中，例如嵌入到 C、Java 等。

（3）数据库运行管理功能。数据库的运行管理功能是 DBMS 的核心部分，主要包括对数据库进行并发控制、安全性检查、完整性约束条件的检查和执行、数据库的内部维护等。所有访问数据库的操作都要在这些控制程序的统一管理下进行，以保证数据的安全性、完整性、一致性和多用户对数据库的并发控制。

（4）数据库的建立和维护功能。数据库的建立包括数据库的初始数据的装入与数据转换等。数据库的维护包括数据库的转储、恢复、重组织与重构造、系统性能监视与分析等。

（5）数据组织、存储和管理。数据库中存放多种数据，包括数据字典、用户数据、存储路径等，数据库管理系统负责对这些数据进行分门别类的组织、存储和管理工作，以确定用何种文件结构和存取方式物理地组织这些数据，以提高存储空间的利用率，提高对数据进行查询、增加、删除、修改等操作的效率。

（6）数据通信功能。DBMS 提供与其他软件系统进行通信的功能。DBMS 提供了与其他 DBMS 或其他软件的接口，从而实现不同 DBMS 间数据的转换、异构数据库之间的互操作等，通常这些功能要与操作系统协调完成。

3. 用户

用户是开发、管理和使用数据库系统的人员，主要包括数据库管理员、应用程序员和终端用户。

1）数据库管理员

数据库管理员（DataBase Administrator，DBA）负责设计、建立、管理和维护数据库以及协调用户对数据库的各种要求。DBA 应熟悉计算机的软硬件系统，具有较全面的数据处理知识。DBA 的主要职责包括设计数据库的逻辑结构；决定数据库的存储结构和存取策略；定义数据的安全性和完整性；监督和控制数据库系统的使用和运行；数据库的改进和重组重构。

2）应用程序员

应用程序员（Application Programmer）负责分析、设计、开发、维护数据库系统的程序模块。应用程序员使用软件工程的方法对系统进行需求分析，与终端用户及数据库管理员一起确定系统的软、硬件配置,并参与数据库管理系统的概要设计,然后根据详细设计说明书负责设计和编写应用系统的各程序模块,并进行调试和安装。

3) 终端用户

终端用户(End User)是指最终使用数据库系统的各级管理人员,一般是非计算机专业人员。他们不具有数据库的专业知识,通过应用程序的用户接口存取数据库中的数据,经常通过操作基于表单的或基于菜单的图形用户界面(GUI)来实现数据的查询和管理工作,例如银行出纳员、车站售票员、教务系统管理员等。

1.2.2　数据库系统的三级模式结构

虽然数据库系统产品种类很多,它们支持不同的数据模型,可以建立在不同的操作系统之上,数据的存储结构也各不相同,但它们在体系结构上都具有三级模式的结构特征:模式、外模式和内模式。

数据库系统的三级模式结构是从逻辑上划分的,反映了看待数据库的三个角度,如图 1.4 所示。

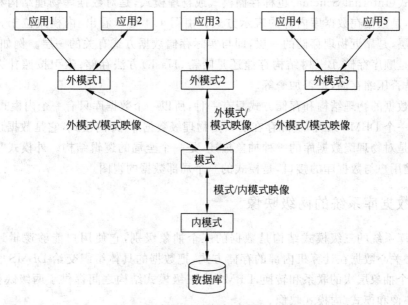

图 1.4　数据库系统的三级模式结构

1. 模式

模式(Schema)也称逻辑模式或概念模式,是数据库中全体数据的逻辑结构和特征的描述,是所有用户的公共数据视图。由图 1.4 可以看出,模式处于数据库系统体系结构的中间层,既不涉及数据的物理存储细节和硬件环境,也与具体的应用程序无关。它是对现实世界的一个抽象,将现实世界的某个应用按一种数据模型、统一考虑所有用户的需求而形成的一个逻辑整体。

一个数据库只有一个模式,因为数据库的全体数据的视图不可能有多于一种的情况。DBMS 提供模式定义语言 DDL 来定义数据库的模式。定义模式时不仅要定义全体数据的逻辑结构,例如数据记录由哪些数据项组成,数据项的名字、类型、取值范围等,而且要定义数据之间的联系,定义与数据有关的安全性、完整性约束等。

2. 外模式

外模式(External Schema)也称子模式或用户模式,是数据库用户看到的数据视图,是与某一具体应用有关的数据的逻辑结构。由图 1.4 可以看出,外模式位于三级模式结构的最外层,是直接和某一应用交互的数据视图,是数据库用户能看到并允许使用的局部数据的逻辑结构和特征的描述。

外模式一般是模式的一个子集。由于不同用户的需求不同,因此不同用户对应的外模式也就不同。一个数据库可以有多个外模式,同时,一个外模式也可以为某一用户的多个应用系统使用。

3. 内模式

内模式(Internal Schema)也称存储模式或物理模式,是对数据库物理结构和存储方式的描述,是数据在数据库内部的表示方式。由图 1.4 可以看出,内模式位于三级模式中的最内层,是靠近物理存储的一层,即与实际存储数据方式有关的一层。例如,记录的存储方式是顺序存储、B+树结构存储还是哈希(Hash)方法存储;索引按照什么方式组织;数据是否压缩存储,是否加密等。

由于数据的物理结构和存储方式只有一种,所以一个数据库只有一个内模式。

对于一个 DBMS 来说,实际存在的只是物理级数据库,即内模式,它是数据访问的基础。模式是对物理级数据库的一种抽象描述,是一个全局的逻辑结构。外模式是用户级数据库,是用户与数据库的接口,是模式的一个局部数据的视图。

1.2.3　数据库系统的两级映像

数据库系统的三级模式结构是数据的三个抽象级别,它使用户能够逻辑地处理数据,而不必关心数据在计算机内部的存储方式,把数据的具体组织交给 DBMS 管理。为了实现三个抽象层次的联系和转换,DBMS 在三级模式结构之间提供了两级映像:外模式/模式映像和模式/内模式映像。

1. 外模式/模式映像

外模式描述的是数据的局部逻辑结构,模式描述的是数据的全局逻辑结构。数据库的模式可以对应多个外模式,所以对于每一个外模式,都存在一个映像,以建立数据的局部逻辑结构与全局逻辑结构之间的对应关系,这个映像就是外模式/模式映像。映像的定义通常包含在各自外模式的描述中。

当数据库的模式改变时,例如增加新的数据项、改变属性的数据类型、增加新的关系等,数据库管理员对各个外模式/模式映像做相应的改变,可以使外模式保持不变,由于应用程序是依据外模式编写的,因此应用程序不必修改,从而保证了数据与应用程序之间的逻辑独立性。

2. 模式/内模式映像

模式描述的是数据的全局逻辑结构,内模式描述的是数据的全局物理结构,一个数据库只有一个模式,也只有一个内模式,所以模式和内模式的映像是唯一的,它确定了数据的全局逻辑结构与物理结构之间的对应关系。

当数据库的物理结构发生改变时,即内模式改变,例如采用了更先进的存储结构,数据库管理员对模式/内模式映像做相应改变,使其模式仍然保持不变,进而外模式可以保持不变,应用程序也就不必修改,从而保证了数据与应用程序的物理独立性。

1.3　数　据　模　型

计算机不能直接处理现实世界中的具体事物,人们必须事先将现实世界的事物转换为计算机能够处理的数据,这就需要一个转换过程,在转换过程中并不是一步到位的,它涉及三个世界,经过两个抽象过程。在每一步抽象过程中都要有一种方式来描述得到的数据,这就需要一种数据模型,通过数据模型来抽象、表示和处理现实世界中的事物。

1.3.1　信息的三种世界

人们使用计算机处理现实问题,首先要对客观事物进行了解、熟悉、分析,从中抽象出大量描述客观事物的信息,再对这些信息进行分类、整理和规范,最后将规范化的信息数据化,由 DBMS 对数据进行存储和处理。在这一过程中,涉及三个世界:现实世界、信息世界和计算机世界,经历了两次抽象和转换:现实世界到信息世界的转换,信息世界到计算机世界的转换。

1. 现实世界

现实世界就是人们看到的、接触到的世界。现实世界是客观存在的,它不依赖于人们的思想。人们所关心的就是现实世界中的事物,以及事物与事物之间的联系。现实世界存在无数事物,每一个客观存在的事物都可以看作是一个个体,每个个体都有自己的特征,例如,书有价格、作者、出版社等,为了研究的需要,人们可能只关心其中的一部分特征。在研究事物时就不可避免地涉及和该事物相关的其他事物,也就是要考虑事物与事物之间的联系,例如书和读者的联系、书和销售商的联系等。

2. 信息世界

信息世界是现实世界在人们头脑中的反映,也称概念世界。人们以现实世界为基础,经过人脑的分析、归纳和抽象,形成信息,人们把这些信息进行记录、归类、整理和格式化后,用文字符号表示出来,就构成了信息世界。信息世界是现实世界的信息化的结果。

3. 计算机世界

计算机世界也称机器世界或数据世界，是将信息世界中的信息经过抽象和组织，按特定的数据结构，将数据存储在计算机中处理，是信息世界中的信息数据化后对应的产物。

4. 三种世界的转换

人们要使用计算机处理现实世界的问题，要对信息所处的三种世界进行两次抽象过程。首先将现实世界抽象为信息世界，然后将信息世界进一步抽象为计算机世界。由现实世界转换为信息世界后，要把现实世界中的事物以及事物之间的关系在信息世界中用一种结构形式表示出来，这就是概念模型。概念模型并不依赖于计算机系统，它是从人们大脑的思维方式出发得到的一种信息的结构形式，是现实世界在人们头脑中的反映。我们的最终目的是要把信息放到计算机中进行处理，所以要进一步把信息世界抽象到计算机世界，此时信息的结构形式要符合某一具体的 DBMS 支持的数据结构形式，即在计算机世界中要把信息数据化，用数据模型来描述事物及事物之间的联系。信息的三种世界之间的转换过程如图 1.5 所示。

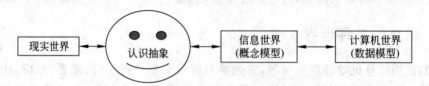

图 1.5　信息的三种世界之间的转换过程

信息的三种世界在转换过程中，每种世界都有各自相应的概念和表示方式，下面介绍概念模型和数据模型的基本概念。

1.3.2　概念模型

概念模型是信息世界的建模，是对现实世界的抽象和概括。它应能真实、充分地反映现实世界中事物和事物之间的联系，所以由现实世界抽象到信息世界后，现实世界中的事物及其联系在概念模型中也要体现出来。另外，概念模型是数据库设计人员进行数据库设计的有力工具，也是数据库设计人员和用户进行交流的语言，所以概念模型要有丰富的语义表达能力，能表达用户的各种需求，包括描述现实世界中各种对象及其复杂联系、用户对数据对象的处理要求和手段等。

1. 基本概念

1）实体

现实世界中客观存在并且可以相互区别的事物称为实体（Entity）。实体可以是人，也可以是物；可以是具体的事物，也可以是抽象的事件。例如，一名学生、一门课程、一本书等都是具体的实体，一次考试、一次比赛、一次会议等抽象的事件也是实体。

2）属性

实体所具有的某一特征称为属性（Attribute）。每一个实体都是由一些属性来刻画的，通过属性对实体进行描述。例如，学生实体有学号、姓名、性别、年龄、专业等属性，这些属性值组合在一起刻画了一个具体的学生，如 15010101，张静，女，20，信息管理与信息系。

3）码

一个实体往往有多个属性，它们构成该实体的属性集合，如果其中的一个属性或几个属性的组合能够唯一标识一个实体，则称该属性或属性组合为该实体的码（Key）。一个实体可能有多个码，此时每一个码称为候选码。在实际应用中，选定其中一个候选码作为实体的唯一标识，此时选定的候选码称为该实体的主码（Primary Key）。

4）域

属性的取值范围称为该属性的域（Domain）。例如，性别的域为（男，女），姓名的域为字符串集合，百分制成绩的域为 0～100。

5）实体型

同一类实体往往具有相同的属性集合，用实体名及其属性名集合来抽象和刻画同类实体，称为实体型（Entity Type）。例如，学生实体都具有学号、姓名、性别、年龄和专业属性，则学生实体型可以表示为（学号，姓名，性别，年龄，专业）。

6）实体集

同类实体的集合称为实体集（Entity Set）。例如，全体学生就是一个学生实体集。

7）联系

在现实世界中，事物内部以及事物之间是相互联系的，例如，学生实体与课程实体具有选修的联系，读者与图书具有借阅的联系等，这些联系在概念模型中也要体现出来，具体表现为实体（型）内部的联系和实体（型）之间的联系（Relationship）。

实体间的联系是错综复杂的，但就两个实体型联系的类型来说，联系分为以下三类：

（1）一对一联系（1∶1）。

对于两个实体集 A 和 B，如果实体集 A 中的每一个实体，实体集 B 中至多有一个（也可以没有）实体与之对应，反之亦然，则称实体集 A 与实体集 B 具有一对一联系，记为 1∶1。如图 1.6 所示的 A 和 B 两个实体型之间具有一对一联系。

例如，班级和班长两个实体型，一个班级只有一个班长，一个班长只能是一个班级的班长，所以，班级和班长是一对一联系。

（2）一对多联系（1∶n）。

对于两个实体集 A 和 B，如果实体集 A 中的每一个实体，实体集 B 中有多个（大于等于零）实体与之对应，反之，对于 B 中的每一个实体，实体集 A 中至多有一个实体与之对应，则称实体集 A 与实体集 B 具有一对多联系，记为 1∶n。如图 1.7 所示的 A 和 B 两个实体型具有一对多联系。

例如，班级和学生两个实体型，一个班级对应多个学生，一个学生属于一个班级，所以，班级和学生是一对多联系。

需要注意的是，一对多联系暗含多对一联系。

（3）多对多联系（$m:n$）。

对于两个实体集 A 和 B，如果实体集 A 中的每一个实体，实体集 B 中有多个实体与之对应，反之，实体集 B 中的每一个实体，实体集 A 中也有多个实体与之对应，则称实体集 A 与实体集 B 具有多对多联系，记为 $m:n$。如图 1.8 所示的 A 和 B 两个实体型具有多对多联系。

例如，学生和课程两个实体型，一个学生可以选修多门课程，反之，一门课程可以供多个学生选修，所以，学生和课程是多对多联系。

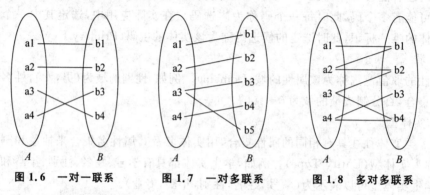

图 1.6 一对一联系　　　　图 1.7 一对多联系　　　　图 1.8 多对多联系

两个以上的实体型之间也存在一对一、一对多和多对多联系。例如，有三个实体，供应商、零件和项目，一个供应商可以给多个项目供应多种零件，每个项目可以使用多个供应商供应的零件，每种零件可以由不同的供应商供应，所以，供应商、零件和项目之间是多对多的联系。

同一个实体型内部各实体之间也存在一对一、一对多和多对多联系。例如，教师实体型，教师之间具有领导与被领导的联系，即某一干部教师领导若干名普通教师，而一名普通教师由一名干部教师直接领导，因此，教师内部存在一对多联系。

2. 概念模型的表示方法

概念模型是对信息世界的描述，应能够方便、准确地表示信息世界的概念和联系。概念模型的表示方法很多，其中最为著名的是 P. P. S. Chen 于 1976 年提出的实体-联系方法（Entity-Relationship Approach，简称 E-R 方法）。该方法用 E-R 图来描述信息世界，E-R 方法也称 E-R 模型。

E-R 图提供了表示实体、实体的属性以及实体之间联系的方法，E-R 图通用的表示方法如下：

1）实体型

实体型用矩形表示，在矩形框内写明实体名。例如，学生、课程实体型，可以表示为如图 1.9 所示。

2）属性

属性用椭圆表示，在椭圆内写明属性名，并用无向边将其与对应的实体连接起来。例如，学生实体具有学号、姓名、性别、专业属性，可以表示为如图 1.10 所示。

图 1.9 学生、课程实体   图 1.10 学生实体及属性

3) 联系

用菱形表示实体间的联系,在菱形框内写明联系名,并用无向边将其与相应的实体连接起来,同时在无向边旁标注联系的类型。若联系本身也具有属性,则把属性和联系用无向边连接起来。例如,学生实体型和课程实体型,一个学生可以学习多门课程,一门课程可以供多名学生学习,所以,学生和课程是多对多联系;当学生学习了一门课程时,会有一个成绩,学生和课程间的 E-R 图如图 1.11 所示。

多个实体间的联系用同样的方法表示,例如,上面讲到的供应商、零件和项目三个实体,用供应量表示某供应商向某项目供应的某零件的数量,则三者的联系可以表示为如图 1.12 所示。

同一个实体内部的联系也用相同的方法表示,例如,教师内部的联系可以表示为如图 1.13 所示。

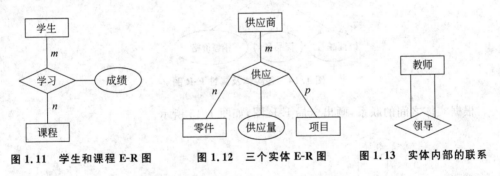

图 1.11 学生和课程 E-R 图   图 1.12 三个实体 E-R 图   图 1.13 实体内部的联系

【例 1.1】 有一个简单的超市管理系统,有职工、仓库、供应商、商品四个实体。

各实体的属性:职工具有职工号、姓名、职务(包括仓库管理员、销售员)、参加工作时间、性别属性;仓库有仓库号、仓库名、面积、地址属性;供应商有供应商号、供应商名、负责人、供应商地址属性;商品有商品号、商品名、销售价格属性。

实体间的联系:职工实体内部具有领导与被领导的联系;一个仓库管理员只管理一个仓库,一个仓库有多个管理员;一种商品只存放在一个仓库中,一个仓库可以存放多种商品,每种商品存入仓库时都要记录进货日期;一个供应商可以供应多种商品,一种商品可以由多个供应商供应,供应商供应某商品时用供应量表示供应商品的数量,用进货价表示进货的价格;销售员可以销售多种商品,每种商品可以由多名销售员销售,用销售日期表示售货员卖出商品的日期。

给出此简单超市管理系统的 E-R 图。

先画出各个实体及其属性图,如图 1.14 所示。

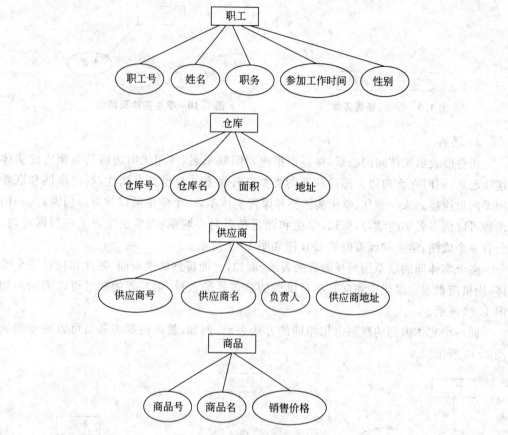

图 1.14　各实体及属性 E-R 图

根据实体之间的联系,画出全局 E-R 图,如图 1.15 所示。

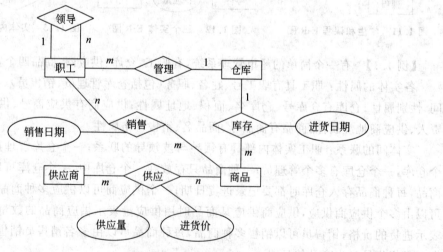

图 1.15　全局 E-R 图

1.3.3　常见的数据模型

数据模型是对客观事物及其联系的数据描述，是概念模型的数据化。数据模型用来描述数据、组织数据和对数据进行操作，所以，一般地，数据模型是严格定义概念的集合，这些概念精确地描述系统的静态特性、动态特性和完整性约束条件。

数据模型通常由数据结构、数据操作和数据完整性约束三要素组成。

数据结构是对计算机的数据组织方式和数据之间联系进行框架性描述的集合，是对数据库静态特征的描述。它研究存储在数据库中的对象类型的集合，这个集合主要包括两类：一类是与数据类型、内容、性质有关的对象，例如数据项、记录、关系等；另一类是与数据之间联系有关的对象，例如网状模型中的系统。数据结构是刻画一个数据模型性质最重要的方面，因此在数据库管理系统中，人们通常按照其数据结构的类型来命名数据模型，例如，层次模型、网状模型和关系模型。

数据操作是指对数据库中各种对象的实例允许执行的操作的集合，包括操作方法及有关的操作规则，例如插入、删除、修改、检索、更新等操作。数据模型必须定义这些操作的确切含义、操作符号、操作规则以及实现操作的语言。数据操作是对数据库动态特性的描述。

数据完整性约束是关于数据状态和状态变化的一组完整性约束规则的集合，以保证数据库中数据的正确性、有效性和一致性。数据模型中的数据及其联系都要遵循完整性规则的约束。例如，性别的取值必须为男或女，主码不能取空值等。

常见的数据模型有层次模型、网状模型、关系模型和面向对象模型。其中，层次模型和网状模型称为非关系模型，在 20 世纪 70 年代至 20 世纪 80 年代初非常流行，在数据库系统产品中占据了主导地位，现在已逐步被关系模型的数据库系统取代。面向对象的方法和技术在计算机各个领域的应用，也促使数据库中面向对象数据模型的研究和发展。

1. 层次模型

层次模型是数据库系统中最早出现的数据模型，层次数据库系统的典型代表是 1968 年 IBM 公司推出的 IMS(Information Management System)数据库管理系统，这是一个大型的商用数据库管理系统，曾得到广泛应用。

层次模型用树形结构来表示各实体以及实体间的联系。在非关系模型中，实体用记录表示，实体的属性对应记录的字段，实体之间的联系在非关系模型中转换成记录之间的联系。非关系模型的数据结构的单位是如图 1.16 所示的基本层次联系。其中，A_i 位于联系 R_{ij} 的始点，称为双亲结点，B_j 位于联系 R_{ij} 的终点，称为子女结点。

1) 层次模型的数据结构

满足下面两个条件的基本层次联系的集合称为层次模型。

(1) 有且仅有一个结点没有双亲结点，这个结点称为根结点。

(2) 根结点以外的其他结点有且仅有一个双亲结点。

图 1.17 所示是一个层次模型的例子，其中 A 是根结点，B_1、B_2、B_3 具有相同的双亲结点，称为兄弟结点，B_2、C_1、C_2、C_3、C_4 没有子女结点，称为叶结点。

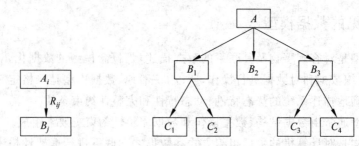

图 1.16　基本层次联系　　　　　　图 1.17　层次模型示例

从图 1.17 可以看出,层次模型像一棵倒立的树,结点之间的联系为父子关系或主从关系,所以联系类型只能是一对多(或一对一)联系。通常把表示对应联系"一"的结点放在上方,是双亲结点;把表示"多"的结点放在下方,是子女结点。一个双亲结点可以有多个子女结点,一个结点有且只能有一个双亲结点。

层次模型的一个基本特点是:任何一个给定的记录值,只有按其路径查看时,才能显出它的全部意义,没有一个子女记录值能够脱离双亲记录值而独立存在。

例如,用层次模型表示一个院系数据库。该数据库有五个记录型,分别是系、教研室、班级、教师和学生。其中:系有系编号、系名称、办公地点字段;教研室有教研室编号、教研室名称、地址字段;班级有班级号、班级名字段;教师有教师号、教师名、性别、职称字段;学生有学号、姓名、性别字段。该院系的层次数据模型如图 1.18 所示。

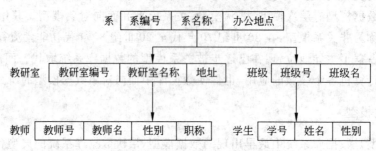

图 1.18　院系层次数据模型

该层次模型对应的记录值如图 1.19 所示。

由层次模型的特点知道,在层次模型中只能表示一对多(含一对一)联系,那多对多联系在层次模型中如何处理呢?用层次模型表示多对多联系,必须将其分解为多个一对多联系,这时将不可避免地产生冗余性和不一致性。

2) 层次模型的操作和完整性约束

层次模型的数据操作主要有查询、插入、删除和更新。在进行数据操作时要满足层次模型的完整性约束条件。

(1) 进行插入操作时,如果没有相应的双亲结点值就不能插入子女结点值。例如上面例子中,如果系新进教师还没分配到某个教研室,则不能将教师信息输入到数据库中。

(2) 进行删除操作时,如果删除双亲结点值,则相应的子女结点值也同时被删除。例如上面例子中,如果删除某班级数据,则该班级内的所有学生数据也随之丢失。

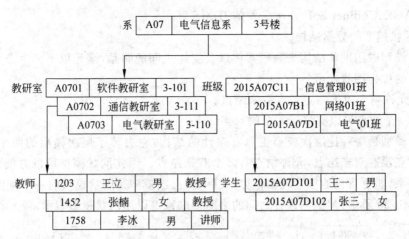

图 1.19　院系数据库部分记录

（3）进行修改操作时，如果记录之间有关系，应修改所有相关记录，以保证数据的一致性。一般这种情况在多对多时会遇到。

3）层次模型的优缺点

层次模型的优点：

（1）层次模型本身比较简单。

（2）对于实体间联系固定，且预先定义好的应用系统，采用层次模型来实现，其效率更高。

（3）层次数据模型提供了良好的完整性支持。

层次模型的缺点：

（1）现实世界非常复杂，很多联系是非层次的，如多对多联系，层次模型表示这类联系的方法很笨拙。

（2）对插入和删除操作限制比较多。

（3）查询操作不灵活，查询子女结点必须通过双亲结点。

（4）层次命令趋于程序化，编写程序时，程序员必须熟悉数据库的完整逻辑结构，开发效率降低。

综上可见，层次模型对于具有一对多层次关系的系统描述性能较高，这是层次数据库的突出优点。

2. 网状模型

在现实世界中，事物的联系错综复杂，很难用层次关系直接表示它们之间的联系，于是产生了网状模型，网状模型很好地克服了这一弊端。

网状模型的典型代表是 20 世纪 70 年代数据系统语言研究会（Conference On Data Systems Language，CODASYL）下属的数据库任务组（DataBase Task Group，DBTG）提出的 DBTG 系统，DBTG 系统虽然不是实际的软件系统，但是它提出的基本概念、方法和技术具有普遍意义，后来不少系统都采用 DBTG 模型或简化的 DBTG 模型，例如 HP 公司的 IMAGE、Cullinet Software 公司的 IDMS 等。

1）网状模型的数据结构

网状模型中用网状结构来表示实体以及实体之间的联系,满足以下两个条件的基本层次联系的称为网状模型：

（1）允许一个以上结点没有双亲结点。

（2）一个结点可以有多于一个的双亲结点。

网状模型是一种比层次模型更具普遍性的结构,它去掉了层次模型的两个限制,允许多个结点没有双亲结点,允许结点有多个双亲结点。因此网状模型可以方便地表示多对多的联系,能更直接地描述现实世界,实际上,层次模型是网状模型的一个特例。

如图 1.20 所示,学生和课程之间的多对多联系可以用网状模型表示。

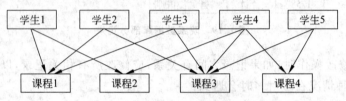

图 1.20　学生和课程之间的多对多联系

实际的商品化的网状数据库系统对网状数据结构都有不同的限制,例如,HP 公司的 IMAGE 3000 数据库管理系统限制网状结构的层次只有两层。而 DBTG 模型不能直接表示如图 1.20 所示的记录之间多对多的联系,图 1.20 所示的联系可以用图 1.21 表示。此时两个联系都是一对多的联系。该网状模型对应的记录值如图 1.22 所示。

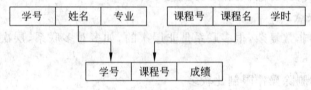

图 1.21　学生和课程的网状模型

2）网状模型的操作与完整性约束

网状模型的数据操作主要有查询、添加、删除和更新。

网状数据模型一般来说没有层次模型那样严格的完整性约束,但具体的网状数据库系统对数据操作增加了一些限制,提供了一定的完整性约束。DBTG 系统在进行添加、删除和更新操作时,要求满足以下完整性约束条件：

（1）支持记录码的概念。码即唯一标识记录的数据项集合。例如,学生记录中,学号是码。

（2）保证一个联系中双亲记录和子女记录之间是一对多联系。

（3）支持双亲记录和子女记录之间某些约束条件。例如,学生选修的课程必须在课程中存在才能选修成功。

3）网状模型的优缺点

网状模型的优点：

（1）能够表示实体间的多种联系,更好地描述现实世界。

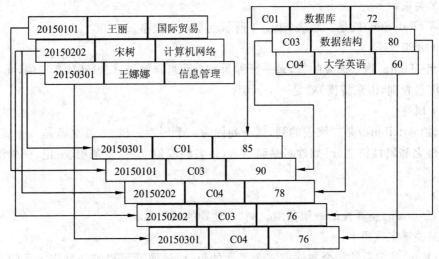

图 1.22　学生和课程网状模型对应的记录值

（2）具有良好的性能,存取效率较高。

网状模型的缺点:

（1）结构比较复杂,随着应用的扩大,数据库的结构变得越来越复杂。

（2）其 DDL、DML 复杂,用户不易使用,编写应用程序比较复杂,开发效率较低。

3. 关系模型

关系模型是目前最重要的数据模型,目前,几乎所有的数据库管理系统都支持关系模型。关系模型在 1970 年首次由美国 IBM 公司 San Jose 研究室的 E. F. Codd 提出,开创了数据库关系方法和关系数据理论的研究,为数据库技术奠定了理论基础。20 世纪80 年代以来,计算机厂商新推出的数据库管理系统几乎都支持关系模型,非关系系统的产品也大都加上了关系接口。

1）关系模型的数据结构

关系模型是建立在严格的数学理论基础之上的,严格的定义将在第 2 章介绍,这里简单介绍关系模型涉及的基本概念。

从用户角度看,关系模型中数据的逻辑结构是一张二维表,由行和列组成。关系模型中就是用二维表表示实体以及实体之间的联系。下面以表 1.1 为例,介绍关系模型的一些基本概念。

表 1.1　学生关系

学　号	姓　名	性别	出生日期	所在系	籍　贯
20150101	王丽	女	1995-01-25	信息管理	山东济南
20150102	赵楚明	男	1996-02-07	信息管理	河南郑州
20150303	王艳	女	1994-08-16	计算机应用	上海
20150304	张翰清	男	1990-04-17	计算机应用	深圳

（1）关系。

关系（Relation）就是二维表，表1.1所示就是一个关系。

（2）元组。

元组（Tuple）是二维表的行，每一行称为一个元组。例如，（20150101，王丽，女，1995-01-25，信息管理，山东济南）就是一个元组。

（3）属性。

属性（Attribute）是二维表的列，每一列称为一个属性。例如，姓名就是一个属性，属性有属性名和属性值之分，如姓名是属性名，姓名的取值王丽、赵楚明、王艳、张翰清就是属性值。

（4）域。

域（Domain）是属性的取值范围。例如，性别的域为男和女。

（5）关键字或码。

码（Key）是关系的一个属性或多个属性的组合，该属性可以唯一确定关系的一个元组。例如，学号是表1.1关系的码。

（6）候选关键字或候选码。

如果一个关系中存在多个属性或属性的组合都能唯一确定一个元组，这些属性或属性组合称为该关系的候选关键字或候选码。例如，如果表1.1中的姓名不允许重名，则姓名和学号都是关系的候选码。

（7）主码或主键。

在一个关系的若干候选码中选定一个作为元组的标识，被选定的候选码称为关系的主码或主键。一般习惯选择号码作为一个关系的主码，例如，选择学号作为表1.1的主码。

（8）主属性和非主属性。

在一个关系中，包含在某个候选码中的各个属性称为主属性；不包含在任何候选码中的属性称为非主属性。例如，学号、姓名是主属性，性别、出生日期、所在系、籍贯是非主属性。

（9）关系模式。

关系模式是对关系的描述，用关系名和包含的属性名来表示，一般表示为：关系名（属性名1，属性名2，…，属性名n），例如表1.1的关系模式可以表示为：学生（学号，姓名，性别，出生日期，所在系，籍贯）。

2）关系模型的操作与完整性约束

关系数据模型的操作主要有查询、插入、修改和删除数据。

在进行数据操作时要满足关系数据模型的完整性约束条件，关系模型的完整性约束条件包括三类：实体完整性、参照完整性和用户定义完整性。其具体的含义将在后面章节介绍。

3）关系模型的优缺点

关系模型的优点：

（1）关系模型建立在严格的数学基础之上，具有坚实的理论基础。

（2）关系模型概念单一，无论实体还是联系都用关系表示，对数据进行操作时，操作对象和操作结果都是关系，所以数据结构简单、清晰，用户易懂易用。

（3）关系模型的存取路径对用户透明，从而具有更高的数据独立性，简化了程序员的工作和数据库开发建立工作。

关系模型的缺点：其最主要的缺点是查询效率往往不如非关系模型。关系模型的连接等查询操作开销较大，因此为了提高性能，必须对用户的查询请求进行优化，增加了开发数据库管理系统的难度。

4. 面向对象模型

随着数据库技术在各个领域的广泛应用，层次、网状和关系模型的数据库系统对层出不穷的新一代数据库应用显得力不从心。例如在计算机辅助设计、计算机集成制造、地理信息系统、知识库系统和实时系统等领域，这些应用往往都要求数据库系统具有更强大的数据管理能力，它们通常要求能够存储和处理复杂对象，这些对象内部结构复杂，很难用普通的关系结构来表示，且相互间的联系也复杂多样。某些领域需要数据库系统能够支持复杂的数据类型，特别是抽象数据类型、用户自定义数据类型等，这些在传统数据库系统中都难以实现。

面向对象程序设计方法在计算机各个领域的成功应用，给遇到挑战的数据库技术带来启发和希望，人们探索把面向对象程序设计方法和数据库技术相结合的新一代数据库应用技术，于是面向对象数据库系统（Object Oriented DataBase System，OODBS）的研究应运而生。所以，面向对象模型是面向对象程序设计方法在计算机各个领域的广泛应用的背景下发展的，也就是说，面向对象数据库系统是数据库技术与面向对象程序设计方法相结合的产物。

面向对象数据模型和面向对象数据库系统的研究主要有三条研究路线：①是以关系数据库为基础的扩展关系模型，它以关系数据库系统为基础，扩展了抽象数据类型，使之具有面向对象的特性，目前 DB2、Oracle、Sybase 等关系数据库厂商，都在不同程度上扩展了关系模型，推出对象关系数据库产品；②是以面向对象程序设计语言为基础，研究持久的程序设计语言，支持面向对象模型；③是建立新的面向对象数据库系统，支持面向对象数据模型。

面向对象模型是用面向对象的观点来描述现实世界，包括现实世界对象的逻辑组织、对象间限制、联系等。由于面向对象模型比较复杂，且不是本书研究的重点内容，在此，仅给出面向对象模型的基本概念，不做详细讲解。

面向对象模型主要有以下基本概念。

1）对象

对象（Object）是指现实世界的实体，即现实世界的任意实体都被统一地模型化为一个对象。每一个对象都有一个唯一的标识，称为对象标识。例如，学生张亮就是一个对象。

2）封装

每一个对象是其状态和行为的封装（Encapsulate），状态是该对象的一系列属性值的集合,行为是该对象的方法的集合。例如,学生张亮封装有学号、姓名、年龄、性别等属性,还封装有选修课程、参加社会实践活动等方法。

3) 类

类(Class)是具有相同属性和方法的对象的集合。一个对象是一个类的一个实例,即类是"型",对象是"值"。例如,全体学生有共同的属性和方法,是一个学生类,每一个具体的学生,例如张亮、王芳等就是学生类的一个对象。

4) 消息

消息(Message)是对象与外部的通信方式。由于对象是封装的,对象与外部的通信一般只能通过消息传递,消息从外部传递给对象,存取和调用对象中的属性和方法,在内部执行相应的操作,操作的结果仍以消息的形式返回。

1.4 本章小结

本章对数据库技术进行了概述性的介绍。

首先介绍了数据库的基本概念,阐述了数据库技术产生和发展的背景,使读者清楚地了解数据库系统的优点。

其次介绍了数据库系统的组成,使读者了解到数据库系统不仅涉及数据库,还包括计算机和人,是一个人机系统;阐述了数据库系统的体系结构,介绍了数据库系统的三级模式结构和两级映像,使读者了解到正是数据库的三级模式和两级映像结构保证了数据库具有较高的逻辑独立性和物理独立性。

最后介绍了数据模型,数据模型是数据库系统的核心和基础。通过信息在三种世界的转换,读者了解了数据库解决现实问题的过程,要重点掌握概念模型的基本概念和表示方法,即 E-R 图的表示方法。在数据模型部分对主流的各种数据模型进行了介绍,要重点掌握各个模型的数据结构、数据操作和完整性约束,以及各个数据模型的优缺点。

本章学习重点应放在基本概念和基本知识的掌握方面,为后面章节的学习打下坚实的基础,初学者可能对有些概念和理论一时不好理解,可以在后面学习应用部分时再回来进一步理解和掌握这些内容。

习 题 1

一、选择题

1. 数据管理技术发展不包括(　　)。
   A. 人工管理阶段　　　　　　　　　B. 文件系统阶段
   C. 机器管理阶段　　　　　　　　　D. 数据库系统阶段
2. DB、DBMS 和 DBS 之间的关系可以是(　　)。
   A. DB 包括 DBMS 和 DBS　　　　　B. DBMS 包括 DB 和 DBS
   C. DBS 包括 DB 和 DBMS　　　　　D. DBS 与 DB 和 DBMS 无关

3. 使用二维表格结构表达数据和数据间联系的数据模型是(　　)。

　　A. 层次模型　　　　B. 网状模型　　　　C. 关系模型　　　　D. 实体-联系模型

4. 在数据库系统中,用(　　)描述全部数据的整体逻辑结构。

　　A. 外模式　　　　　B. 模式　　　　　　C. 内模式　　　　　D. 数据模式

5. 关系模型中,"元组"指的是(　　)。

　　A. 表中的一行　　　　　　　　　　B. 表中的一列

　　C. 表中的一个数据　　　　　　　　D. 表中的一部分

6. 在数据库系统中,用(　　)描述用户局部数据的逻辑结构,它是用户和数据库系统间的接口。

　　A. 外模式　　　　　B. 模式　　　　　　C. 内模式　　　　　D. 数据模式

7. 在 E-R 模型中,矩形表示的是(　　)。

　　A. 实体　　　　　　B. 联系　　　　　　C. 属性　　　　　　D. 关系

8. 数据库系统中,当内模式发生变化时,采用(　　)来保证数据的物理独立性。

　　A. 修改模式定义　　　　　　　　　B. 修改模式/内模式映像

　　C. 修改应用程序　　　　　　　　　D. 修改外模式定义

9. 现有关系模式:选修(学号,课程号,成绩),如果一个学生可以选修多门课程,一门课程供多个学生选修,该关系模式中可以作为主码的是(　　)。

　　A. 学号　　　　　　　　　　　　　B. 课程号

　　C. 成绩　　　　　　　　　　　　　D. 学号、课程号组合

10. 数据库的概念模型独立于(　　)。

　　A. 信息世界　　　　　　　　　　　B. 现实世界

　　C. 机器世界和具体的 DBMS　　　　D. E-R 图

11. (　　)是存储在计算机内有结构的数据的集合。

　　A. 数据库系统　　　　　　　　　　B. 数据库

　　C. 数据库管理系统　　　　　　　　D. 数据

12. 下列关于数据库的说法不正确的是(　　)。

　　A. 数据库避免了一切数据的重复

　　B. 若系统是完全可以控制的,则系统可确保更新时的一致性

　　C. 数据库中的数据可以共享

　　D. 数据库减少了数据库冗余

二、简答题

1. 简述 DB、DBS、DBMS、DBA、DDL、DML 缩写的含义。

2. 数据库的发展历史分哪几个阶段? 各有什么特点?

3. 数据库管理系统的主要功能有哪些?

4. 简述数据库系统的三级模式结构和两级映像。

5. 简述数据库系统的组成。

6. 简述数据与程序的物理独立性,数据与程序的逻辑独立性。

7. 什么是概念模型？解释概念模型中的术语：实体、属性、码、域、实体型、实体集、联系。

8. 描述概念模型常用的方法是什么？

9. 实体的联系主要有哪几种？

10. 数据模型通常由哪几部分组成？

11. 常用的数据模型有哪几种？各有什么特点？

12. 解释关系模型中的概念：关系、关系模式、元组、属性、主码、域。

13. 为某工厂设计物资管理系统，涉及的实体主要有以下几个。

仓库，仓库号、面积、仓库地址；零件，零件号、零件名称、型号、单价；供应商，供应商号、供应商名称、供应商地址；项目，项目号、项目名称、项目地址、项目工期；职工，职工号、姓名、职务、性别。

实体之间的联系为：一个仓库可以存放多种零件，一种零件可以存放在多个仓库中，用库存量来表示某种零件在某个仓库中的数量；一个仓库有多个职工管理仓库，一个职工只能在一个仓库工作，每个仓库都有一个职工作为仓库主管，负责仓库的所有管理工作；一个供应商可以给多个项目供应多种零件，每个项目可以使用多个供应商供应的多种零件，每种零件可以由多个供应商供给多个项目。

试给出该物资管理系统的 E-R 图。

14. 某学校的教学管理系统，涉及的实体有以下几个。

系，系号、系名；学生，学号、姓名、出生日期、性别；教师，教师号、姓名、性别、职称；课程，课程号、课程名、学时、学分。

实体之间的联系为：一个系有多名学生，一个学生只可以在一个系注册；一个系有多名教师，一个教师只属于一个系；一个学生可以选修多门课程，一门课程可供多名学生选修；一个教师可以教授多门课程，一门课程可以由多名教师教授。

试给出该教学管理系统的 E-R 图。

15. 试给出一个简单图书管理系统的概念模型。要求该模型至少有三个实体，根据具体情况分析各实体的属性以及实体之间的联系。

第2章

关系数据库

本章学习目标
- 理解关系的概念。
- 理解关系的完整性。
- 掌握专门的关系运算。
- 掌握关系的规范化。

关系数据库系统是目前使用最广泛的数据库系统。关系数据库是运用数学方法来处理数据库中的数据。关系模型是建立在关系代数的基础上，有较强的理论依据。本章介绍关系数据库的基本知识：关系的概念、关系的完整性、关系代数和关系的规范化理论。

2.1 关系的概念

2.1.1 笛卡儿积

1. 域

定义 2.1 域是一组具有相同数据类型的值的集合。

域的表示形式：域名＝{值 1，值 2，值 3，$\cdots$，值 n}。

例如：$D_1=\{$刘雁，李兵$\}$，$D_2=\{$一班，二班，三班$\}$。

在关系中用域表示属性的取值范围，域中所包含的值的个数称为域的基数。那么 D_1 的基数是 2，D_2 的基数是 3。

2. 笛卡儿积

定义 2.2 给定一组域 $D_1,D_2,D_3,\cdots,D_n$，这 n 个域的笛卡儿积为

$$D_1 \times D_2 \times D_3 \times \cdots \times D_n = \{(d_1,d_2,d_3,\cdots,d_n) \mid d_i \in D_i, i=1,2,3,\cdots,n\}$$

其中：

(1) 每一个元素 $(d_1,d_2,d_3,\cdots,d_n)$ 称为一个 n 元组，简称元组。

(2) 元组中的每一个值 d_i 称为一个分量，它来自相应的域，即 $d_i \in D_i$。

说明：笛卡儿积也是一个集合。

若 $D_i(i=1,2,3,\cdots,n)$ 是有限集，D_i 中所含元素的个数称为 D_i 的基数，记为 $m_i(i=1,2,3,\cdots,n)$，则笛卡儿积 $D_1 \times D_2 \times D_3 \times \cdots \times D_n$ 的基数 M 为

$$M = \prod_{i=1}^{n} m_i$$

【例 2.1】　设域 $D_1 = \{a,b\}$，$D_2 = \{0,1\}$，求 $D_1 \times D_2$。

$$D_1 \times D_2 = \{(a,0),(a,1),(b,0),(b,1)\}$$

将 $D_1 \times D_2$ 用二维表表示，如表 2.1 所示。

表 2.1　$D_1 \times D_2$ 的二维表表示

D_1	D_2	D_1	D_2
a	0	b	0
a	1	b	1

$D_1 \times D_2$ 的基数为 $M = 2 \times 2 = 4$，即 $D_1 \times D_2$ 有 4 个元组。

【例 2.2】　设学生域 $D_1 = \{刘雁,李斯\}$，班级域 $D_2 = \{一班,二班\}$，班长域 $D_3 = \{李力,杨明\}$，求 $D_1 \times D_2 \times D_3$ 的二维表表示。

$D_1 \times D_2 \times D_3$ 的二维表表示如表 2.2 所示。

表 2.2　$D_1 \times D_2 \times D_3$ 的二维表表示

D_1	D_2	D_3	D_1	D_2	D_3
刘雁	一班	李力	李斯	一班	李力
刘雁	一班	杨明	李斯	一班	杨明
刘雁	二班	李力	李斯	二班	李力
刘雁	二班	杨明	李斯	二班	杨明

$D_1 \times D_2 \times D_3$ 的基数为 $M = 2 \times 2 \times 2 = 8$，即 $D_1 \times D_2 \times D_3$ 有 8 个元组。

3. 笛卡儿积的运算规则

（1）对任意集合 A，根据定义有

$$A \times \Phi = \Phi, \Phi \times A = \Phi \quad (\Phi \text{ 表示空集})$$

（2）一般地说，笛卡儿积运算不满足交换律，即

$$A \times B \neq B \times A \quad (当 A \neq \Phi, B \neq \Phi, A \neq B 时)$$

（3）笛卡儿积运算不满足结合律，即

$$(A \times B) \times C \neq A \times (B \times C) \quad (当 A \neq \Phi, B \neq \Phi, C \neq \Phi 时)$$

（4）笛卡儿积运算对并和交运算满足分配律，即

$$A \times (B \cup C) = (A \times B) \cup (A \times C)$$

$$(B \bigcup C) \times A = (B \times A) \bigcup (C \times A)$$
$$A \times (B \bigcap C) = (A \times B) \bigcap (A \times C)$$
$$(B \bigcap C) \times A = (B \times A) \bigcap (C \times A)$$

2.1.2 关系的数学定义

定义 2.3 笛卡儿积 $D_1 \times D_2 \times D_3 \times \cdots \times D_n$ 的任意一个子集称为定义在域 $D_1, D_2,$ $D_3, \cdots, D_n$ 上的 n 元关系,表示为

$$R(D_1, D_2, D_3, \cdots, D_n)$$

其中,R 为关系名,n 为关系的目或度。关系中的每个元素都是关系中的一个元组。

把关系看成一个二维表,表的每一行对应一个元组,表的每一列对应一个域。因为域可以相同,但列名不能相同,所以要给每一列起一个唯一的名字,称为属性名。

那么,n 元关系可表示为 $R(A_1, A_2, A_3, \cdots, A_n)$,其中,$A_i(i=1,2,3,\cdots,n)$ 为属性名。

从定义 2.3 可知,关系是笛卡儿积的任意子集,但在实际应用中,有一些子集是没有实际意义的。例如,在例 2.2 中,每名学生只能属于一个班级,一名班长不能兼做两个班的班长,所以根据实际情况,选取一个有实际意义的子集,如表 2.3 所示。

表 2.3 例 2.2 的一个有意义的子集

D_1	D_2	D_3
刘雁	一班	李力
李斯	二班	杨明

所以,关系是从笛卡儿积中选取的有意义的子集。

2.1.3 关系模式

在关系数据库中,关系的结构是用关系模式来描述的。

定义 2.4 关系的描述称为关系模式。它可以形式化地表示为

$$R(U, D, \text{DOM}, F)$$

其中,R 为关系名,U 为组成该关系的属性名集合,D 为属性组 U 中属性所来自的域,DOM 为属性到域的映像集合,F 为属性间数据的依赖关系集合。

关系模式通常简记为 $R(U)$ 或 $R(A_1, A_2, A_3, \cdots, A_n)$。其中,$R$ 为关系名,$A_1, A_2,$ $A_3, \cdots, A_n$ 为属性名。

域名及属性到域的映像常常直接说明为属性的类型、长度。

定义 2.5 一组关系模式的集合构成关系数据库模式,它是对关系数据库结构的描述。对应于关系数据库模式的当前值就是关系数据库的内容,也称关系数据库的实例。

关系和关系数据库都有型和值之分。关系的型是关系模式,值是关系中所有元组的集合;关系数据库的型是关系数据库模式,值是关系数据库的内容。型是静态的、相对稳定的,而值是动态的、随时间变化的。在实际中,对于关系模式和关系常常不做严格区分,有时用关系模式表示关系。

2.1.4　关系的性质

在关系数据库中,关系必须具有如下性质:

(1) 关系中的每个属性值必须是不可再分的数据项。

(2) 属性必须是同质的,即同一属性的各个值应是相同类型的数据,并且都来自同一个域。

(3) 在同一个关系中不能出现相同的属性名。

(4) 关系中不允许有完全相同的元组,即每一个元组在关系中必须是唯一的。

(5) 在一个关系中,元组的次序是任意的。

(6) 在一个关系中,属性的次序是任意的。

【例 2.3】　判断表 2.4 所示的职工工资表是否满足关系的性质,如果不满足,指出不满足哪一条性质。

表 2.4　职工工资表

职工号	姓　名	工　资	
		基本工资	岗位工资
1701	王丽	3000	1000
1702	张海欧	2800	(同上)
1703	刘玲	4000	1500
1704	王建立	3900	1500
1705	范佳	5000	2000
1705	范佳	5000	2000

表 2.4 所示的不满足关系的性质的情况为:

(1) 工资又分为基本工资和岗位工资,不满足性质 1。

(2) 岗位工资列不是同类型数据,不满足性质 2。

(3) 存在相同的元组,不满足性质 4。

2.2　关系的完整性

关系的完整性是对关系的某种约束条件,防止关系中出现不符合既定规则的数据即非法数据。关系有三类完整性约束:实体完整性、参照完整性和用户自定义完整性。其中,前两类完整性是关系必须满足的完整性约束条件,应该由关系系统自动支持;而用户自定义完整性可以由用户根据实际需求,确定是否添加完整性约束条件。

2.2.1　实体完整性

现实世界中的一个实体集就是一个基本关系,如学生的集合是一个实体集,对应学生关系。实体是可区分的,即它们具有某种唯一性标识。在关系模型中,用主码作为实体唯一性标识。主码的属性值不能取空值(NULL,即不知道或者无意义的值)。

实体完整性规则：若属性(指一个或一组属性)A 是基本关系 R 的主属性，则属性 A 不能取空值。

这里的属性包括基本关系的所有主属性，而不仅仅是主码整体。

【例 2.4】　对于关系选修(学号,课程号,成绩)，其中主码用下画线表示，列举违反实体完整性约束的数据。

列举的关系选修如表 2.5 所示。

表 2.5　列举的关系选修

学　号	课程号	成　绩
NULL	NULL	62
NULL	1201	78
2015110101	NULL	90

因为关系的主码是(学号,课程号)，所以如表 2.5 所示的三个元组中的数据，都违反了实体完整性约束。

在实际操作中，如果设置了选修关系的主码，当输入表 2.5 所示的元组后，系统将自动弹出错误提示框，要求用户重新输入，这样就避免了非法数据的出现。

2.2.2　参照完整性

现实世界的实体之间往往存在某种联系，在关系模型中实体及实体间的联系都是用关系来描述的，这样就自然存在关系与关系间的引用。

【例 2.5】　假设一个学生只能属于一个专业，学生实体和专业实体可以用下面的关系表示：

学生(学号,姓名,性别,专业号,出生日期)

专业(专业号,专业名)

在实际中，学生关系中的"专业号"与专业关系中的"专业号"相对应，学生关系的"专业号"的取值只能有两类取值：第一类是取空值；第二类是取专业关系中"专业号"已有的值。也就是说学生关系中的"专业号"的取值需要参照专业关系的"专业号"的取值，其中，专业关系是被参照关系，学生关系是参照关系。

【例 2.6】　在学生(学号,姓名,性别,专业号,出生日期,班长)关系中，"学号"属性是主码，"班长"属性表示该学生所在班级的班长的学号，"班长"必须是学生关系中已存在的学生的学号。也就是说学生关系中的"班长"的取值需要参照学生关系的"学号"的取值，学生关系既是参照关系，又是被参照关系。

定义 2.6　设 F 是基本关系 R 的一个或一组属性，但不是关系 R 的码。K 是基本关系 S 的主码。如果 F 与 K 相对应，则称 F 是 R 的外码，并称基本关系 R 为参照关系，基本关系 S 为被参照关系或目标关系。关系 R 和 S 可以是同一关系。R 和 S 可表示为

$$R(\underline{A_1}, A_2, F, \cdots), S(\underline{K}, \cdots)$$

其中，属性 F 的取值参照属性 K 的值。

说明：F 和 K 的名称可以不同，但在实际应用中，如果 R 和 S 不是同一关系时，它们

往往取相同的名称。

综上所述,可以得出外码和主码之间的引用规则:参照完整性规则。

参照完整性规则:如果属性(一个或一组属性)F 是基本关系 R 的外码,它与基本关系 S 的主码 K 对应,则对于 R 中的每个元组在 F 上的值必须为:或者取空值(F 的每个属性都为空);或者等于 S 中某个元组的主码值。关系 R 和 S 可以是同一关系。

2.2.3 用户自定义完整性

用户自定义完整性是针对某一具体关系数据库的约束条件,它反映某一具体应用所涉及的数据必须满足的语义要求,例如"成绩"属性,如果大学生主体,则可能要求成绩范围为 $0\sim100$,而如果高中生主体,则可能成绩范围为 $0\sim150$。不同的应用有着不同的具体要求,这些约束条件就是用户根据需要自己定义的。对于这类完整性,关系模型只提供定义和检验这类完整性的机制,使用户能够满足自己的需求,而关系模型自身并不去定义任何这类完整性规则。

2.3 关 系 代 数

关系代数是一种抽象的查询语言,用对关系的运算来表达查询,作为研究关系数据语言的数学工具。

关系代数的运算对象是关系,运算结果也为关系。关系代数用到的运算符包括四类:集合运算符、专门的关系运算符、比较运算符和逻辑运算符。

比较运算符和逻辑运算符是用来辅助专门的关系运算符进行操作的,所以按照运算符的不同,主要将关系代数分为传统的集合运算和专门的关系运算两类。

2.3.1 传统的集合运算

传统的集合运算是二目运算,包括并、交、差、广义笛卡儿积。

设关系 R(如表 2.6 所示)和关系 S(如表 2.7 所示)具有相同的目 n(即两个关系都有 n 个属性),且相应的属性取自同一个域。

表 2.6 关系 R

A	B	C
1	a	4
2	b	5
3	c	6

表 2.7 关系 S

A	B	C
1	a	4
7	d	8
3	c	6

1. 并

关系 R 与关系 S 的并是由属于 R 或属于 S 的元组组成的新关系,且在新关系中消除重复元组,其结果关系具有 n 个属性,记作 $R \cup S$。$R \cup S$ 运算结果如表 2.8 所示。

$$R \cup S = \{t \mid t \in R \lor t \in S\}$$

2. 交

关系 R 与关系 S 的交是由既属于 R 又属于 S 的元组组成,其结果关系具有 n 个属性,记作 $R \cap S$。$R \cap S$ 的运算结果如表 2.9 所示。

$$R \cap S = \{t \mid t \in R \land t \in S\}$$

3. 差

关系 R 与关系 S 的差是由属于 R 而不属于 S 的所有元组组成,其结果关系具有 n 个属性,记为 $R\text{-}S$。$R\text{-}S$ 的运算结果如表 2.10 所示。

$$R\text{-}S = \{t \mid t \in R \land t \notin S\}$$

表 2.8 $R \cup S$

A	B	C
1	a	4
2	b	5
3	c	6
7	d	8

表 2.9 $R \cap S$

A	B	C
1	a	4
3	c	6

表 2.10 $R\text{-}S$

A	B	C
2	b	5

4. 广义笛卡儿积

关系的笛卡儿积称为广义笛卡儿积,这是二目运算,但对参加运算的关系没有特殊要求。

设关系 R(如表 2.11 所示)有 r 个属性,关系 S(如表 2.12 所示)有 s 个属性,则关系 R 和 S 的广义笛卡儿积(记作 $R \times S$)是一个具有 $(r+s)$ 个属性的关系,且 $R \times S$ 的每一个元组的前 r 列是 R 的一个元组,后 s 列是 S 的一个元组。如果 R 有 i 个元组,S 有 j 个元组,则 $R \times S$ 有 $i \times j$ 个元组,如表 2.13 所示。

$$R \times S = \{\widehat{tr\,ts} \mid tr \in R \land ts \in S\}$$

其中,$\widehat{tr\,ts}$ 为元组连接,是一个具有 $(r+s)$ 个属性值的元组,tr 表示前 r 个属性来自 R 的一个元组,ts 表示后 s 个属性是 S 的一个元组。

表 2.11 关系 R

A	B	C	D
1	a	4	7
2	e	5	8
3	f	6	9

表 2.12 关系 S

E	B	F
1	e	4
2	f	5
8	g	6

表 2.13　$R \times S$

A	R.B	C	D	E	S.B	F
1	a	4	7	1	e	4
1	a	4	7	2	f	5
1	a	4	7	8	g	6
2	e	5	8	1	e	4
2	e	5	8	2	f	5
2	e	5	8	8	g	6
3	f	6	9	1	e	4
3	f	6	9	2	f	5
3	f	6	9	8	g	6

2.3.2　专门的关系运算

专门的关系运算包括选择、投影、连接等。

设有学生关系，如表 2.14 所示。

表 2.14　学生

学　号	姓名	性别	出生日期	政治面貌	籍贯
201511010101	王丽丽	女	1995-03-03	党员	山东
201511010102	张欧	男	1996-09-08	团员	河南
201511010103	刘嘉玲	女	1996-04-24	团员	天津
201511010201	王建立	男	1996-07-12	预备党员	北京
201511010202	范佳伟	男	1994-04-21	党员	山东
201512050101	韩燕	女	1995-02-04	团员	河南
201512050102	王伟	女	1996-09-25	团员	天津
201512050103	李方军	男	1997-09-13	团员	上海
201512060101	王密度	男	1995-02-23	预备党员	安徽
201512060102	郝菊红	女	1995-03-16	团员	山东
201512060103	赵鹏程	男	1995-02-26	团员	北京

1. 选择

选择又称限制。它是在关系 R 中选择满足给定条件的诸元组，记作

$$\sigma_F(R) = \{t \mid t \in R \wedge F(t) = \text{'真'}\}$$

其中，F 表示选择条件，它是一个逻辑表达式，其基本形式为：$X\theta Y$，取逻辑值'真'或

'假'。θ 表示比较运算符,它可以是 $>$、$\geqslant$、$<$、$\leqslant$、$=$ 或 $\neq$。X、Y 是属性名或常量或简单函数。属性名也可以用它的序号来代替。当有多个选择条件时,可用逻辑运算符 $\wedge$(与)、$\vee$(或)、$\neg$(非)将多个条件连接起来。

因此,选择运算实际上是从关系 R 中选取使选择条件 F 为真的元组。这是从行的角度进行的运算。

【例 2.7】 选择所有的男学生信息。

$$\sigma_{性别='男'}(学生) \quad 或 \quad \sigma_{3='男'}(学生)$$

其中,3 表示性别在学生关系中的属性序号。

结果如表 2.15 所示。

表 2.15　例 2.7 结果

学　号	姓名	性别	出生日期	政治面貌	籍贯
201511010102	张欧	男	1996-09-08	团员	河南
201511010201	王建立	男	1996-07-12	预备党员	北京
201511010202	范佳伟	男	1994-04-21	党员	山东
201512050103	李方军	男	1997-09-13	团员	上海
201512060101	王密度	男	1995-02-23	预备党员	安徽
201512060103	赵鹏程	男	1995-02-26	团员	北京

【例 2.8】 选择所有的男团员信息。

$$\sigma_{性别='男'\wedge 政治面貌='团员'}(学生) \quad 或 \quad \sigma_{3='男'\wedge 5='团员'}(学生)$$

结果如表 2.16 所示。

表 2.16　例 2.8 结果

学　号	姓名	性别	出生日期	政治面貌	籍贯
201511010102	张欧	男	1996-09-08	团员	河南
201512050103	李方军	男	1997-09-13	团员	上海
201512060103	赵鹏程	男	1995-02-26	团员	北京

2. 投影

投影运算是从关系 R 中选择出若干属性列组成新的关系,记作

$$\Pi_A(R) = \{t[A] \mid t \in R\}$$

其中,A 为 R 中的属性列;t 是 R 的一个元组;$t[A]$ 是元组在属性 A 上的诸分量。

投影运算是从列的角度进行的运算。投影之后不仅取消了原关系中的某些列,还可能取消某些重复行,使运算结果中不存在相同的元组。

【例 2.9】 查询学生表中的学号和姓名。

$$\Pi_{学号,姓名}(R) \quad 或 \quad \Pi_{1,2}(R)$$

查询结果如表 2.17 所示。

表 2.17　例 2.9 结果

学　号	姓名	学　号	姓名	学　号	姓名
201511010101	王丽丽	201511010202	范佳伟	201512060101	王密度
201511010102	张欧	201512050101	韩燕	201512060102	郝菊红
201511010103	刘嘉玲	201512050102	王伟	201512060103	赵鹏程
201511010201	王建立	201512050103	李方军		

3. 连接

连接运算是从两个关系的广义笛卡儿积中选取满足一定条件的元组,记作

$$R \underset{A\theta B}{\bowtie} S = \{\widehat{tr\ ts} \mid tr \in R \land ts \in S \land tr[A]\,\theta\,ts[B]\}$$

或

$$R \underset{A\theta B}{\bowtie} S = \sigma_{A\theta B}(R \times S)$$

其中,θ 是比较运算符;A 和 B 分别为 R 和 S 上度数相等且可比的属性组。

连接运算是从关系 R 和 S 的笛卡儿积($R \times S$)中选取(R 关系)在 A 属性组上的值与(S 关系)在 B 属性组上的值满足比较关系 θ 的元组。

根据 θ 条件不同,连接运算又分为多种类型,这里只讨论常用的连接运算:等值连接、自然连接和外连接。

1) 等值连接

θ 为"$=$"的连接运算称为等值连接。它是从关系 R 与 S 的笛卡儿积中选取 A 与 B 属性值相等的那些元组。

【例 2.10】　设关系 R 和关系 S 如表 2.11 和表 2.12 所示,计算等值连接 $R \underset{R.B=S.B}{\bowtie} S$。

从表 2.13 所示的笛卡儿积中选取 $R.B = S.B$ 的元组,就是等值连接的结果,如表 2.18 所示。

表 2.18　等值连接的结果

A	R.B	C	D	E	S.B	F
2	e	5	8	1	e	4
3	f	6	9	2	f	5

2) 自然连接

自然连接是一种特殊的等值连接,它要求两个关系中进行比较的分量必须是相同的属性组,并且要在结果中把重复的属性去掉。

【例 2.11】　设关系 R 和关系 S 如表 2.11 和表 2.12 所示,计算自然连接 $R \bowtie S$。

从表 2.18 所示的等值连接结果中去除重复的属性,就是自然连接的结果,如

表 2.19 所示。

表 2.19 自然连接的结果

A	B	C	D	E	F
2	e	5	8	1	4
3	f	6	9	2	5

关系 R 和 S 的自然连接相当于关系 R 和 S 首先做属性相同的等值连接,然后对等值连接结果再做过滤相同属性的投影操作。

3) 外连接

在关系 R 和 S 做自然连接时,因关系 R 和 S 中存在不满足 $R.B=S.B$ 的元组,因而被舍弃,例如关系 R 中的第一个元组和关系 S 中的第三个元组。但有时需要保留这些元组,因而提出了外连接运算。

外连接运算是指在关系 R 和 S 做自然连接时,把原来被舍弃的元组保留在结果关系中。在外连接运算结果中,没有相应属性值的属性上填空值(NULL)。外连接包括三种运算:左外连接、右外连接和全外连接。

左外连接运算是指在关系 R 和 S 做自然连接时,只把左边关系中原来被舍弃的元组保留在结果关系中。

右外连接运算是指在关系 R 和 S 做自然连接时,只把右边关系中原来被舍弃的元组保留在结果关系中。

全外连接运算是指在关系 R 和 S 做自然连接时,把左边关系和右边关系中原来被舍弃的元组全部保留在结果关系中。

【例 2.12】 设关系 R 和关系 S 如表 2.11 和表 2.12 所示,计算左外连接、右外连接和全外连接。

左外连接、右外连接、全外连接的运算结果分别如表 2.20~表 2.22 所示。

表 2.20 左外连接结果

A	B	C	D	E	F
2	e	5	8	1	4
3	f	6	9	2	5
1	a	4	7	NULL	NULL

表 2.21 右外连接结果

A	B	C	D	E	F
2	e	5	8	1	4
3	f	6	9	2	5
NULL	g	NULL	NULL	8	6

表 2.22　全外连接结果

A	B	C	D	E	F
2	e	5	8	1	4
3	f	6	9	2	5
1	a	4	7	NULL	NULL
NULL	g	NULL	NULL	8	6

2.4　关系的规范化

客观世界的实体间存在着复杂的联系,一方面实体和实体间存在一定的联系,另一方面实体的内部各属性之间也存在一定的联系。一个关系内部属性与属性间的约束关系(主要通过属性间值的相等与否体现出来的)称为数据依赖。

根据现实世界存在的数据依赖进行关系模式的规范化处理,从而得到一个合理的数据库模式设计效果,这就是关系规范化的目的。所以,数据依赖是数据库模式设计的关键。

数据依赖有多种类型,其中最重要的是函数依赖和多值依赖。这里主要介绍函数依赖。

2.4.1　函数依赖理论

1. 函数依赖

定义 2.7　设 $R(U)$ 是属性集 U 上的关系模式,X 和 Y 是 U 的子集。若对于 $R(U)$ 的任意一个可能的关系 r,r 中不可能存在两个元组在 X 上的属性值相等,而在 Y 上的属性值不等,则称"X 函数确定 Y"或"Y 函数依赖于 X",记作 $X \rightarrow Y$。

说明:

(1) 函数依赖不是指关系模式 R 的某个或某些关系实例满足的约束条件,而是指 R 的所有关系实例均要满足的约束条件。

(2) 函数依赖是语义范畴的概念。只能根据数据的语义来确定函数依赖。例如"姓名→年龄"这个函数依赖只有在不允许有同名的条件下才成立。

(3) 数据库设计者可以对现实世界作强制的规定。例如,规定不允许同名出现,函数依赖"姓名→年龄"成立。那么所插入的元组必须满足规定的函数依赖,若发现有同名存在,则拒绝装入该元组。

2. 平凡的函数依赖和非平凡的函数依赖

定义 2.8　在 $R(U)$ 中,X、Y 是 U 的子集,如果 $X \rightarrow Y$,且 Y 不是 X 的子集,则称 $X \rightarrow Y$ 是非平凡的函数依赖。

若 $X{\rightarrow}Y$,但 Y 是 X 的子集,则称 $X{\rightarrow}Y$ 是平凡的函数依赖。

对于任一关系模式,平凡函数依赖都是必然成立的,它不反映新的语义。这里只讨论非平凡的函数依赖。

例如,在关系"选修(学号,课程号,成绩)"中,(学号,课程号)→成绩,是非平凡函数依赖;(学号,课程号)→学号,是平凡函数依赖。

若 $X{\rightarrow}Y$,则 X 称为这个函数依赖的决定属性组,也称决定因素。若 $X{\rightarrow}Y$,并且 $Y{\rightarrow}X$,则记作 $X{\leftarrow}{\rightarrow}Y$。若 Y 不函数依赖于 X,则记作 $X\nrightarrow Y$。

3. 完全函数依赖和部分函数依赖

定义 2.9 在关系模式 $R(U)$ 中,如果 $X{\rightarrow}Y$,并且对于 X 的任何一个真子集 Z,都有 $Z{\rightarrow}Y$ 不成立,则称 Y 完全函数依赖于 X,记作 $X\xrightarrow{F}Y$。如果 $X{\rightarrow}Y$,但对于 X 的某一个真子集 Z,有 $Z{\rightarrow}Y$ 成立,则称 Y 部分函数依赖于 X,记作 $X\xrightarrow{P}Y$。

例如,在关系"选修(学号,课程号,成绩)"中,由于学号$\nrightarrow$成绩,课程号$\nrightarrow$成绩,因此 (学号,课程号)$\xrightarrow{F}$成绩。

例如,在关系"成绩(学号,课程号,成绩,所在系)"中,由于(学号,课程号)→所在系,学号→所在系,所以(学号,课程号)$\xrightarrow{P}$所在系。

4. 传递函数依赖

定义 2.10 在关系模式 $R(U)$ 中,如果 $X{\rightarrow}Y,Y{\rightarrow}Z$,且 $Y\nsubseteq X,Y\nrightarrow X,Z\nsubseteq Y$,则称 Z 传递函数依赖于 X,记作 $X\xrightarrow{T}Z$。如果不加条件 $Y\nrightarrow X$,若 $Y{\rightarrow}X$,即 $X{\leftarrow}{\rightarrow}Y$,则 Z 直接依赖于 X。

例如,在关系"学生(学号,所在系,系主任)"中,学号→所在系,所在系→系主任,则"系主任"传递函数依赖于"学号",即学号$\xrightarrow{T}$系主任。

5. 码

码是关系模式中的一个重要概念,有关码的定义有许多形式,这里用函数依赖的概念定义码。

定义 2.11 设 K 为关系模式 $R(U,F)$ 中的属性或属性组合。若 U 完全函数依赖于 K,则 K 称为 R 的一个候选码。若关系模式 R 有多个候选码,则选定其中的一个作为主码。

包含在任何一个候选码中的属性称为主属性,不包含在任何码中的属性称为非主属性或非码属性。

定义 2.12 关系模式 R 中属性或属性组 X 并非 R 的码,但 X 是另一个关系模式的码,则称 X 是 R 的外部码,也称外码。

主码和外部码一起提供了表示关系间联系的手段。

例如,在关系模式"选修(学号,课程号,成绩)"中,"学号"不是主码,但"学号"是关系模式"学生(学号,姓名,性别,出生日期,政治面貌,籍贯)"的主码,那么"学号"就是关系模式"选修"的外部码,这样关系模式"学生"和"选修"之间的联系就通过"学号"体现出来。

2.4.2　范式及关系规范化

为使数据库模式设计合理可靠、简单实用,长期以来形成了关系数据库设计理论,即规范化理论。

关系必须规范化,即关系模型中的每一个关系模式都必须满足一定的要求,从而使之达到一定的规范化程序,提高数据的结构化、共享性、一致性和可操作性。

在关系数据库的规范化中为不同程度的规范化要求设立的不同标准称为范式。关系规范化按照规范程度的不同分为六个等级,每个等级用一个范式表示,分别为第一范式(1NF)、第二范式(2NF)、第三范式(3NF)、第四范式(4NF)、第五范式(5NF)和基于 3NF 演化而来的鲍依斯—科得范式(BCNF)。

各种范式之间的联系为:$5NF \subset 4NF \subset BCNF \subset 3NF \subset 2NF \subset 1NF$,如图 2.1 所示。

一个低一级范式的关系模式,通过模式分解可以转换为若干个高一级范式的关系模式的集合,这种过程称为规范化。

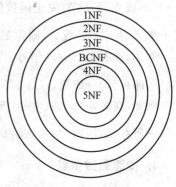

图 2.1　范式之间的联系

1. 1NF

定义 2.13　如果一个关系模式 R 的所有属性都是不可分的基本数据项,则 $R \in 1NF$。第一范式是对关系模式的最起码的要求。不满足第一范式的数据库模式不能称为关系数据库,但是满足第一范式的关系模式并不一定是一个好的关系模式。

例如,如表 2.23 所示的职工工资表,工资一项包括两部分(基本工资和岗位工资),不满足每个属性不可分,是非规范化表,不属于第一范式。规范化后的表如表 2.24 所示。

表 2.23　职工工资表(非规范化)

职工号	姓名	工　资	
		基本工资	岗位工资
1701	王丽	3000	1000
1702	张海欧	2800	1000
1703	刘玲	4000	1500
1704	王建立	3900	1500

表 2.24　职工工资表(规范化)

职工号	姓名	基本工资	岗位工资
1701	王丽	3000	1000
1702	张海欧	2800	1000
1703	刘玲	4000	1500
1704	王建立	3900	1500

2. 2NF

定义 2.14　若关系模式 $R \in 1NF$，且每一个非主属性完全函数依赖于码，则 $R \in 2NF$。

例如，关系模式"选修(<u>学号，课程号</u>，成绩，所在系，宿舍楼)"，假设每个系的学生住在同一个宿舍楼。函数依赖包括：

(学号，课程号) $\xrightarrow{F}$ 成绩，学号 → 所在系

(学号，课程号) $\xrightarrow{P}$ 所在系，学号 → 宿舍楼

(学号，课程号) $\xrightarrow{P}$ 宿舍楼，所在系 → 宿舍楼

"选修"表的码为(学号，课程号)，关系模式"选修"满足 1NF。非主属性"所在系"和"宿舍楼"部分函数依赖于码(学号，课程号)，因此，关系模式"选修"不属于 2NF。

关系模式"选修"不属于 2NF，将产生以下几个问题。

1）插入异常

例如，若学号='201511010110'、所在系='数学系'、宿舍楼='3♯'的学生还未选课，由于课程号是主属性不能为空值，所以该学生的信息无法插入到"选修"表中。

2）删除异常

假设某个学生本来只选修了"1204"课程。现在"1204"课程他也不选修了，那么"1204"这个数据项就要删除，而课程号是主属性，删除"1204"，整个元组就必须一起删除，使得该学生的"所在系"和"宿舍楼"信息也被删除了，即不应删除的信息也被删除了，造成删除异常。

3）数据冗余度大

如果每一个学生都选修了多门课程，那么"所在系"和"宿舍楼"就要重复多次存储，造成数据冗余度大。

4）修改复杂

例如某个学生转系，在修改此学生元组的"所在系"值的同时，还可能需要修改"宿舍楼"。如果这个学生选修了 N 门课，则必须无遗漏地修改 N 个元组中全部的"所在系"和"宿舍楼"信息，使得修改复杂化。

产生以上问题的主要原因是"所在系""宿舍楼"部分函数依赖于码。

解决的方法是投影分解法，即每个非主属性与它所依赖的主属性组成新的关系，新关系要尽可能少，新关系的主码为函数依赖左侧的属性或属性组。则"选修"可分解为两个关系模式：选修(<u>学号，课程号</u>，成绩)和住所(<u>学号</u>，所在系，宿舍楼)，这样消除了部分函数依赖，这两个关系模式都属于 2NF。

这样分解可以在一定程度上减轻原 1NF 关系中存在的插入异常、删除异常、数据冗余度大、修改复杂等问题，但并不能完全消除关系模式中的各种异常情况和数据冗余。

3. 3NF

定义 2.15　关系模式 $R(U,F)$ 中若不存在这样的码 X、属性组 Y 及非主属性 $Z(Z$ 不

是 Y 的子集),使得 $X{\rightarrow}Y$、$Y{\rightarrow}Z$ 成立,并且 X 不函数依赖于 Y,则称 $R(U,F){\in}3NF$。

若 $R{\in}2NF$,并且消除非主属性传递函数依赖于码,则 $R{\in}3NF$。

例如,在"住所(学号,所在系,宿舍楼)"中,存在

$$学号{\rightarrow}所在系,所在系{\rightarrow}宿舍楼,所在系{\nrightarrow}学号$$

可得

$$学号\xrightarrow{T}宿舍楼$$

由定义 2.15 可知,"住所"不属于 3NF,仍然有 2NF 存在的异常问题。解决的方法同样是采用投影分解法,即将起传递作用的函数关系中的决定方和右侧属性取出单独构成一个新的关系,再将它的决定方和关系中余下的属性(包括主码)构成另一个关系模式。则"住所"可分解为两个关系模式:

系宿舍(所在系,宿舍楼),系学生(学号,所在系)

分解消除了传递函数依赖后,两个关系模式都属于 3NF。

4. BCNF

定义 2.16 设关系模式 $R(U,F){\in}1NF$,如果对于 R 的每个函数依赖 $X{\rightarrow}Y$,若 Y 不属于 X,则 X 必含有候选码,那么 $R{\in}BCNF$。

若 $R{\in}BCNF$,每一个决定属性集(因素)都包含(候选)码,R 中的所有属性(主属性、非主属性)都完全函数依赖于码,$R{\in}3NF$ 也成立。

若 $R{\in}3NF$,则 $R{\in}BCNF$ 不一定成立。

例如,"选课(学生,课程,教师)"中,假设每一名教师只教一门课,每门课对应有多名教师,某一名学生选定某门课,就对应一名固定的教师。由语义可得的函数依赖关系有

教师{\rightarrow}课程,(学生,课程){\rightarrow}教师,(学生,教师){\rightarrow}课程

在关系模式"选课"中,(学生,课程)、(学生,教师)都是候选码,不存在部分函数依赖和传递函数依赖,所以"选课"属于 3NF,但是不属于 BCNF,因为在函数依赖关系"教师{\rightarrow}课程"中存在的决定因素"教师"中不包含码。

不属于 BCNF 的关系模式,仍然存在不合适的地方,可采用投影分解成为 BCNF。"选课"可以分解为(教师,课程)、(学生,教师)。

在函数依赖范畴内,仅考虑函数依赖这一种数据依赖,属于 BCNF 的关系模式已实现了彻底的分离,如果考虑其他数据依赖,如多值依赖,属于 BCNF 的关系模式就不算是很完美了。4NF 研究的就是关系模式中的多值依赖,5NF 研究的是关系模式中连接依赖的问题。本章只介绍函数依赖。

根据各种范式的定义,关系模式的规范化过程如图 2.2 所示。

使用范式时不是范式等级越高越好,要根据实际情况进行选择。使用范式时要注意以下问题:

(1) 从 1NF 到 BCNF 范式,规范化程度逐渐提高。

(2) 规范化程度越高,越能消除插入、删除、修改的异常。

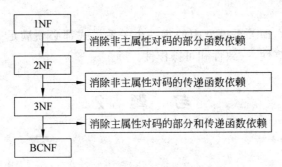

图 2.2 关系模式的规范化过程

（3）规范化程度越高，关系拆分得越多，会增加表间关系的复杂性，增加查询信息所花费的时间。

（4）不是规范化程度越高越好，实际应用中，要在插入、删除、修改异常和查询时间之间权衡，选择适当的规范化。

2.5 本章小结

本章系统介绍了关系数据库的基本知识。

笛卡儿积 $D_1 \times D_2 \times D_3 \times \cdots \times D_n$ 的任意一个子集称为定义在域 $D_1, D_2, D_3, \cdots, D_n$ 上的 n 元关系。关系是笛卡儿积的任意子集，但在实际应用中，有一些子集是没有实际意义的。所以，关系是从笛卡儿积中选取的有意义的子集。

在关系数据库中，关系的结构是用关系模式来描述的。一组关系模式的集合构成关系数据库模式，它是对关系数据库结构的描述。对应于关系数据库模式的当前值就是关系数据库的内容，也称关系数据库的实例。关系和关系数据库都有型和值之分。关系的型是关系模式，值是关系中所有元组的集合；关系数据库的型是关系数据库模式，值是关系数据库的内容。

关系的完整性是在关系上设置某种约束条件，防止关系中出现不符合既定约束规则的数据，即非法数据。关系有三类完整性约束：实体完整性，参照完整性和用户自定义完整性。

关系代数是研究关系数据语言的数学工具。关系代数的运算对象是关系，运算结果也为关系。关系代数用到的运算符包括四类：集合运算符、专门的关系运算符、比较运算符和逻辑运算符。按照运算符的不同，主要将关系代数分为传统的集合运算（并、交、差、广义笛卡儿积）和专门的关系运算（选择、投影、连接等）两类。

数据依赖是数据库模式设计的关键。这里主要介绍函数依赖（包括完全函数依赖、传递函数依赖等）。

在关系数据库的规范化中，按照规范程度的不同分为六个等级，分别为第一范式（1NF）、第二范式（2NF）、第三范式（3NF）、第四范式（4NF）、第五范式（5NF）和鲍依斯—科得范式（BCNF）。各种范式之间有如下联系：5NF ⊂ 4NF ⊂ BCNF ⊂ 3NF ⊂

2NF$\subset$1NF。

关系必须规范化,即关系模型中的每一个关系模式都必须满足一定的要求,从而提高数据的结构化、共享性、一致性和可操作性。

习　题　2

一、选择题

1. 关系数据库管理系统应该能实现的专门关系运算包括(　　)。
  A. 排序、索引、统计   B. 选择、投影、连接
  C. 关联、更新、排序   D. 显示、打印、制表

2. 在一个关系中如果有这样一个属性存在,它的值能唯一地标识关系中的每一个元组,称这个属性为(　　)。
  A. 候选码   B. 数据项   C. 主属性   D. 主属性值

3. 同一个关系模式的任意两个元组值(　　)。
  A. 不能全同   B. 可全同   C. 必须全同   D. 以上都不是

4. 一个关系数据库文件中的各条记录(　　)。
  A. 前后顺序不能任意颠倒,一定要按照输入的顺序排列
  B. 前后顺序可以任意颠倒,不影响数据库中的数据关系
  C. 前后顺序可以任意颠倒,但排列顺序不同,统计处理的结果就可能不同
  D. 前后顺序不能任意颠倒,一定要按照候选码字段值的顺序排列

5. 自然连接是构成新关系的有效方法。一般情况下,当对关系 R 和 S 使用自然连接时,要求 R 和 S 含有一个或多个共有的(　　)。
  A. 元组   B. 行
  C. 记录   D. 属性

表 2.25　关系 R

A	B	C
a	b	c
d	a	f
c	b	d

6. 等值连接与自然连接是(　　)。
  A. 相同的   B. 不同的

7. 设有表 2.25 所示的关系 R,经操作 $\Pi_{A,B}(\sigma_{B='b'}(R))$ 的运算结果是(　　)。

A.

A	C
a	c
c	d

B.

A	B	C
a	b	c
c	b	d

C.

A	B
a	b
c	b

D.

A	B
a	b
d	a

8. 如表 2.26～表 2.28 所示,两个关系 R_1 和 R_2 进行(　　)运算后可以得到 R_3。

表 2.26 R_1		

表 2.27 R_2		

表 2.28 R_3		

    A. 交   B. 并   C. 笛卡儿积   D. 连接

9. 设有属性 A,B,C,D,以下表示中不是关系的是(   )。

    A. $R(A)$ B. $R(A,B,C,D)$

    C. $R(A\times B\times C\times D)$ D. $R(A,B)$

10. 关系模式的任何属性(   )。

    A. 不可再分   B. 可再分

    C. 命名在该关系模式中可以不唯一   D. 以上都不是

11. 实体完整性要求主属性不能取空值,这一点可以通过(   )来保证。

    A. 定义外码   B. 定义主码

    C. 用户定义的完整性   D. 关系系统自动

12. 一组具有相同数据类型的值的集合称为(   )。

    A. 关系   B. 属性   C. 分量   D. 域

13. 在一个关系中,不能有相同的(   )。

    A. 域   B. 属性   C. 分量   D. 数据项

14. 关系规范化中的删除操作异常是指(   ),插入操作异常是指(   )。

    A. 不该删除的数据被删除   B. 不该插入的数据被插入

    C. 应该删除的数据未被删除   D. 应该插入的数据未被插入

15. 设计性能较优的关系模式称为规范化,规范化主要的理论依据是(   )。

    A. 关系规范化理论   B. 关系运算理论

    C. 关系代数理论   D. 数理逻辑

16. 关系数据库规范化是为解决关系数据库中(   )问题而引入的。

    A. 插入、删除和数据冗余   B. 提高查询速度

    C. 减少数据操作的复杂性   D. 保证数据的安全性和完整性

17. 关系模式 1NF 是指(   )。

    A. 不存在传递依赖现象   B. 不存在部分依赖现象

    C. 不存在非主属性   D. 不存在组合属性

18. 关系模式中 2NF 是指(   )。

    A. 满足 1NF 且不存在非主属性对码的传递依赖现象

    B. 满足 1NF 且不存在非主属性对码部分依赖现象

    C. 满足 1NF 且不存在非主属性

    D. 满足 1NF 且不存在组合属性

19. 关系模式中 3NF 是指(   )。

    A. 满足 2NF 且不存在非主属性对码的传递依赖现象

    B. 满足 2NF 且不存在非主属性对码部分依赖现象

    C. 满足 2NF 且不存在非主属性

    D. 满足 2NF 且不存在组合属性

20. 关系模型中的关系模式至少是(　　)。

    A. 1NF   B. 2NF   C. 3NF   D. BCNF

21. 关系模式中,满足 2NF 的模式(　　)。

    A. 可能是 1NF   B. 必定是 1NF   C. 必定是 3NF   D. 必定是 BCNF

22. 若关系模式 $R \in 1NF$,且 R 中若存在 $X \rightarrow Y$,则 X 必含码,称该模式(　　)。

    A. 满足 3NF   B. 满足 BCNF   C. 满足 2NF   D. 满足 1NF

23. 候选码中的属性称为(　　)。

    A. 非主属性   B. 主属性   C. 复合属性   D. 关键属性

24. 关系模式中各级模式之间的关系为(　　)。

    A. 3NF⊂2NF⊂1NF   B. 3NF⊂1NF⊂2NF

    C. 1NF⊂2NF⊂3NF   D. 2NF⊂1NF⊂3NF

25. 消除了部分函数依赖的 1NF 的关系模式,必定是(　　)。

    A. 1NF   B. 2NF   C. 3NF   D. BCNF

26. 关系模式的候选码可以有(　　),主码有(　　)。

    A. 0 个   B. 1 个   C. 1 个或多个   D. 多个

27. 候选码中的属性可以有(　　)。

    A. 0 个   B. 1 个   C. 1 个或多个   D. 多个

二、简答题

1. 名词解释:域、关系模式、实体完整性、参照完整性、函数依赖、平凡函数依赖、非平凡的函数依赖、部分函数依赖、完全函数依赖、传递函数依赖、范式。

2. 简述关系的性质。

3. 传统的集合运算和专门的关系运算有哪些?

4. 简述笛卡儿积、等值连接、自然连接三者之间的区别。

5. 简述关系的规范化过程。

6. 设有四个关系如表 2.29~表 2.32 所示。

请用关系代数完成下列查询:

(1) 查询 P001 零件的供应商号和项目号。

(2) 查询供应商 S001 为项目 J001 提供的零件和供应数量。

(3) 查询供应商 S002 供应的齿轮的数量。

(4) 查询青岛的供应商为热电厂项目提供的零件号和数量。

(5) 查询无线电项目需要的零件号。

(6) 查询供应商名、零件名、项目名、供应数量。

表 2.29　供应商

供应商号	供应商名	城市
S001	众合	上海
S002	吉安	北京
S003	特仑苏	天津
S004	楷集	青岛
S005	安和	成都
S006	松鹤	青岛
S007	嘉华	北京
S008	兴隆	青岛

表 2.30　项目

项目号	项目名	项目地址
J001	热电厂	青岛
J002	机车厂	天津
J003	一汽	长春
J004	造船厂	上海
J005	无线电	成都
J006	通用	上海

表 2.31　零件

零件号	零件名	规格	颜色	重量
P001	螺丝刀	pls-1	红	15
P002	齿轮	pcl-2	银	19
P003	螺丝刀	pls-2	绿	14
P004	螺母	plm-1	灰	10
P005	齿轮	pcl-1	灰	20
P006	阀门	pfm-1	红	30
P007	凸轮	ptl-2	银	100
P008	阀门	pfm-2	白	28

表 2.32　供应情况表

供应商号	零件号	项目号	供应数量
S001	P003	J001	20
S002	P002	J005	25
S003	P001	J002	23
S004	P003	J003	12
S005	P005	J006	16
S006	P004	J002	15
S007	P003	J002	43
S008	P001	J004	24
S002	P006	J005	34
S001	P007	J006	23
S005	P008	J002	41
S004	P006	J006	23
S006	P008	J001	31

7. 设有关系模式 R(职工号,职工名,工龄,项目名,项目经理),若规定:每个职工可以参加多个项目,每个项目经理只能负责一个项目,一个项目只有一位项目经理。

(1) 写出关系模式 R 的主码。

(2) 分析 R 最高属于第几范式,说明理由。

(3) 若不是 3NF,将其规范为 3NF。

8. 关系 $R(A,B,C,D,E,F,G)$ 上的函数依赖集 $F = \{AC \rightarrow BEFG, A \rightarrow B, C \rightarrow DEF, E \rightarrow F\}$。试将 R 分解成一组等价的 3NF 模式。

第3章

chapter 3

数据库设计

本章学习目标
- 熟悉数据库设计各个阶段的任务。
- 掌握数据库设计的具体方法和步骤。

本章首先向读者介绍数据库设计的各个阶段,包括需求分析、概念结构设计、逻辑结构设计、物理结构设计、数据库实施、数据库运行和维护;然后以教学管理系统为例,介绍数据库设计的具体方法和步骤。

3.1 数据库设计概述

数据库设计是一个复杂的系统工程。数据库应用系统的开发既是一项软件工程,遵循软件工程开发的一般原则和方法,又有其自身特点。仿照软件生存周期的阶段划分原则和设计方法,把数据库应用系统从开始规划、设计、实现、维护到最后被新的系统取代而停止使用的整个时期,称为数据库应用系统的生存周期。

数据库设计通常分为五个阶段:需求分析,概念结构设计,逻辑结构设计,物理结构设计,数据库实施、运行和维护。

3.2 需 求 分 析

需求分析就是分析用户对数据库的具体需求,主要包括功能需求和应用需求两个方面,这是整个数据库设计的起点和基础。需求分析的结果是否准确反映用户的实际需求,将直接影响以后各个阶段的设计,甚至直接影响到整个数据库系统设计的成败。

在进行需求分析时,首先要调查用户的实际要求,与用户达成共识,然后再进行实际调查。调查用户的组织机构、人员情况,分析用户的业务活动,收集用户对数据的处理要求和数据安全性与完整性要求,了解系统的软硬件环境配置,以此确定系统的详细任务。

可以用数据流图来描述用户的业务流程和处理逻辑,进一步明确系统的边界。数据流图有四种基本元素:数据源点或终点、数据处理、数据存储、数据流。

还可以用数据字典对数据流图中的元素进行更详细的描述。数据字典是对数据流图的有力补充,它主要包含数据项、数据流、数据表和数据处理等。

需求分析阶段的最后可以形成一份完整的文档资料——需求分析说明书,作为数据库后续设计阶段的重要依据。

3.3　概念结构设计

概念结构是一种能反映用户观点并更接近于现实世界的数据模型,也称概念模型。概念结构设计阶段的主要任务是根据用户需求分析阶段形成的系统需求分析说明书,把用户的信息需求抽象为独立于具体机器、独立于具体 DBMS 的信息结构。

概念模型应该能真正充分地反映现实世界,包括事务和事务之间的联系,能满足用户对数据的处理要求,同时还要易于理解,易于修改,易于向关系等各种数据模型转换。目前,最常用来描述概念模型的是 E-R 图。

进行概念结构设计有多种方法,如自顶向下、自底向上、逐步扩张、混合策略等。其中,自底向上的概念结构设计方法主要分为三步:

第一步,设计局部 E-R 图。

第二步,把各局部 E-R 图合并成总体 E-R 图。

第三步,对总体 E-R 图进行优化。

局部 E-R 图的设计就是从不同用户的数据观点出发,将数据库应用系统划分成多个不同的局部应用,设计出符合不同用户需求的局部概念结构。其主要包括确定局部 E-R 图描述的范围,确定局部 E-R 图中的实体,定义实体的属性和定义实体间的联系。

总体 E-R 图的设计是指将设计好的各个局部 E-R 图进行集成,最终形成一个完整的能支持各个局部概念结构的数据库概念结构的过程。集成过程中可能需要消除各局部 E-R 图之间存在的不一致和矛盾之处,如消除命名冲突、消除属性特征冲突、消除结构冲突等。

各局部 E-R 图合并成总体 E-R 图时,可能还会存在冗余的属性和冗余的联系,这样就会产生冗余数据,所以要对合并后的总体 E-R 图进行优化,以提高数据的完整性。

3.4　逻辑结构设计

概念结构设计得到的是独立于任何一种数据模型、与任何一种 DBMS 都无关的概念模型。而逻辑结构设计的目的就是要把这种概念模型转换为由具体 DBMS 支持的数据模型。

目前,由于 DBMS 一般采用关系型,所以数据库逻辑结构设计的任务就是按照一定的规则,将概念结构设计阶段设计好的 E-R 图转换成一组关系模式,并利用关系数据库的规范化理论对其进行分析,经优化处理后,最终得出满足数据要求的特定关系模型。

关系模型是一组关系模式的集合，一个 E-R 图中有实体、属性、联系等多个要素，实体间的联系又分为一对一、一对多、多对多等几种类型。所以将 E-R 图转化为关系数据模型实际上就是将实体、属性和实体之间的联系转化为关系模式。转换规则如下：

（1）一个实体转换为一个关系模式，实体的属性是关系模式的属性，实体的关键字是该关系模式的关键字。

（2）一个一对一联系（1∶1）可以转换为一个独立的关系模式，也可以与任意一端对应的关系模式合并。

例如，将图 3.1 所示的 E-R 图转换为关系模式。

对应的关系模式可以有以下几种转换形式。

形式一：

班级（<u>班级编号</u>，班主任，入学时间）

班长（<u>学号</u>，姓名，性别，联系方式）

担任（<u>班级编号</u>，<u>学号</u>，任职时间）

形式二：

班级（<u>班级编号</u>，班主任，入学时间，学号，任职时间）

班长（<u>学号</u>，姓名，性别，联系方式）

形式三：

班级（<u>班级编号</u>，班主任，入学时间）

班长（<u>学号</u>，姓名，性别，联系方式，班级编号，任职时间）

（3）一个一对多联系（1∶n）可以转换为一个独立的关系模式，也可以与 n 端对应的关系模式合并。

例如，将图 3.2 所示的 E-R 图转换为关系模式。

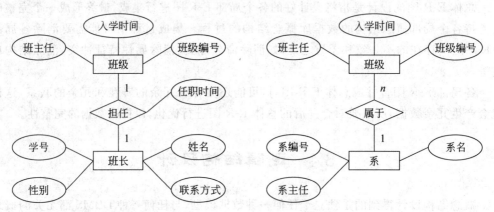

图 3.1　1∶1 联系的 E-R 图　　　图 3.2　1∶n 联系的 E-R 图

对应的关系模式可以有以下几种转换形式。

形式一：

班级（<u>班级编号</u>，班主任，入学时间）

系（<u>系编号</u>，系名，系主任）

属于（<u>班级编号</u>，系编号）

形式二：

班级（<u>班级编号</u>，班主任，入学时间，系编号）

系（<u>系编号</u>，系名，系主任）

（4）一个多对多联系（$m:n$）转换为一个独立的关系模式，其属性为两端实体的关键字属性加上联系本身的属性。

例如，将图 3.3 所示的 E-R 图转换为关系模式。

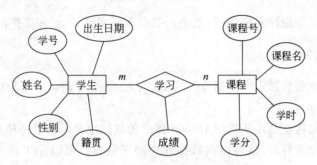

图 3.3 $m:n$ 联系的 E-R 图

对应的关系模式如下：

学生（<u>学号</u>，姓名，性别，出生日期，籍贯）

课程（<u>课程号</u>，课程名，学时、学分）

学习（<u>学号，课程号</u>，成绩）

把 E-R 图转换成关系模式以后，还要从功能和性能两个方面对关系模式进行评价。一般要求范式级别达到 3NF 或 BCNF，如果不满足，就要对关系模式进行规范化处理，尽量减少或消除关系模式中存在的各种存储异常，以提高数据库的性能。

在规范化处理中，注意保持函数依赖和无损连接要求。一般来说，关系模式的规范化程度越高，关系模式分解得就越彻底。但在实际应用中必然会出现过多的连接运算，从而降低系统的查询性能，所以评价时往往要在功能和性能之间进行权衡。

经过以上步骤，最终得出一组功能基本满足用户需求、性能相对优良的关系模式，逻辑结构设计即告结束。

3.5 物理结构设计

逻辑结构设计完成以后，就进入数据库物理结构的设计阶段。

所谓物理结构设计，就是在物理存储设备上选取和设计一个占用较少存储空间、具有尽可能高的查询效率和较低维护代价的数据库物理结构，并对设计好的物理结构从时间和空间效率等方面进行评价，以便确定是否对其逻辑结构或物理结构进行进一步的优化。

数据库物理结构设计主要包括选择存储结构、确定存取方法、选择存取路径和确定数据的存放位置等。

数据库物理结构设计取决于特定的 DBMS。为了完成数据库的物理设计工作，设计人员必须了解所选用 RDBMS 的存储组织方式、存储结构和存取方法；了解数据库应用系统对处理频率和响应时间的要求；了解外存设备的特性等。

在数据库物理结构设计过程中需要对设计方案进行反复修改、评价，从中选出最优。

3.6　数据库实施、运行和维护

数据库物理结构设计完成以后，就进入数据库的实施、运行和维护阶段。

1. 数据库实施

数据库实施主要包括定义数据库结构、数据入库、编写调试应用程序、数据库试运行等几个方面。

定义数据库结构就是用所选的 DBMS 提供的数据定义语言严格描述数据库的结构。

数据库结构定义好后，就可以向数据库中装载数据。可以手工录入数据，也可以批量导入数据。但无论采用何种方式，都要保证数据的正确性。

数据库应用程序的设计应该与数据库设计并行进行，调试应用程序时可以先使用模拟数据。

应用程序调试完成，载入一部分数据以后，就可以开始数据库的试运行。试运行阶段需要对整个系统的功能、性能等进行测试，并给出评价结论。

2. 数据库运行和维护

数据库试运行评价合格以后，基本就可以投入正式运行。在运行阶段，还要对数据库进行必要的维护。维护工作由数据库管理员完成，主要包括数据库的转储和恢复、数据库的重组、数据库的安全性和完整性控制、数据库性能的分析和改进等。

设计一个高效实用的数据库应用系统，往往是上述几个阶段不断反复的过程。

3.7　数据库设计实例

本节以教学管理系统为例，介绍数据库设计的具体方法和步骤。

1. 需求分析

某学校要开发一个小型教学管理系统，主要实现学生信息管理、课程信息管理、成绩信息管理、相关信息查询、系统维护等功能。具体描述如下。

(1) 学生信息管理：主要实现学生信息的添加、修改、删除、浏览等功能。学生信息包括学号、姓名、性别、出生日期、政治面貌、籍贯、所在系、所学专业等。

(2) 课程信息管理：主要实现课程信息的添加、修改、删除、浏览等功能。课程信息包括课程号、课程名、学时、学分等。

(3) 成绩信息管理：主要实现成绩信息的添加、修改、删除、浏览、统计等功能。

（4）相关信息查询：主要供学生用户查询个人成绩信息、查询相关课程的成绩信息等。

（5）系统维护：主要实现系统维护功能。

2. 概念结构设计

在需求分析的基础上，进行数据库概念结构设计。共抽象出四个实体：学生实体、课程实体、专业实体、系实体。对应的属性如下。

（1）学生实体：学号、姓名、性别、出生日期、政治面貌、籍贯。

（2）课程实体：课程号、课程名、学时、学分。

（3）专业实体：专业编号、专业名称。

（4）系实体：系编号、系名称。

各个实体的 E-R 图如图 3.4～图 3.7 所示。

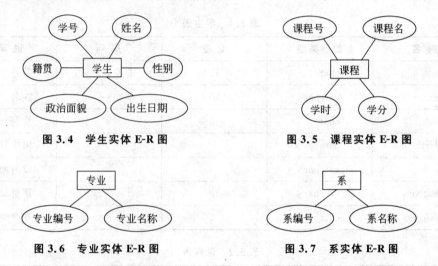

图 3.4　学生实体 E-R 图　　　　　图 3.5　课程实体 E-R 图

图 3.6　专业实体 E-R 图　　　　　图 3.7　系实体 E-R 图

其中，学生实体和课程实体之间存在多对多的学习联系，联系的属性可以通过成绩反映出来；专业实体和学生实体之间存在一对多的属于联系，系实体和专业实体之间存在一对多的属于联系。

系统总体 E-R 图如图 3.8 所示。

图 3.8　系统总体 E-R 图

3. 逻辑结构设计

将概念结构设计得到的 E-R 图转换为对应的关系模型，可以设计出本系统数据库的逻辑结构。根据转换规则并经过优化,最终得到如下五个关系模式。其中,带下画线的为各关系模式的关键字。

(1) 学生(<u>学号</u>,姓名,性别,出生日期,政治面貌,籍贯,专业编号);

(2) 课程(<u>课程号</u>,课程名,学时、学分);

(3) 专业(<u>专业编号</u>,专业名称,系编号);

(4) 系(<u>系编号</u>,系名称);

(5) 学习(<u>学号</u>,<u>课程号</u>,成绩)。

4. 物理结构设计

将逻辑结构设计的关系模型转换为具体的关系数据库管理系统(RDBMS)所支持的关系数据模型,即表。这里共创建五个表,即学生表 Student、课程表 Course、成绩表 Score、专业表 Major 和系表 Department。具体结构如表 3.1~表 3.5 所示。

表 3.1　学生表

列 名	数据类型	宽 度	规 则	说 明
Sno	char	12	非空、唯一	学号
Sname	varchar	10	非空	姓名
Ssex	char	2		性别
Sbirth	date			出生日期
Spoli	varchar	8		政治面貌
Snative	varchar	10		籍贯
Majorno	char	2		专业编号

表 3.2　课程表

列 名	数据类型	宽 度	规 则	说 明
Cno	char	4	非空、唯一	课程号
Cname	varchar	30		课程名
Chour	int			学时
Ccredit	int			学分

表 3.3　成绩表

列 名	数据类型	宽 度	规 则	说 明
Sno	char	12	非空、唯一	学号
Cno	char	4	非空、唯一	课程号
Grade	int			成绩

表 3.4 专业表

列 名	数据类型	宽 度	规 则	说 明
Majorno	char	2	非空、唯一	专业编号
Majorname	varchar	20		专业名称
Deptno	char	2		系编号

表 3.5 系表

列 名	数据类型	宽 度	规 则	说 明
Deptno	char	2	非空、唯一	系编号
Deptname	varchar	20		系名称

在具体开发时，根据需求还要对表设置完整性约束、创建相关表的索引文件等。

5. 数据库实施

在 SQL Server 2014 中新建关系数据库 tech，创建五个表，即学生表 Student、课程表 Course、成绩表 Score、专业表 Major 和系表 Department。具体结构如图 3.9～图 3.13 所示。

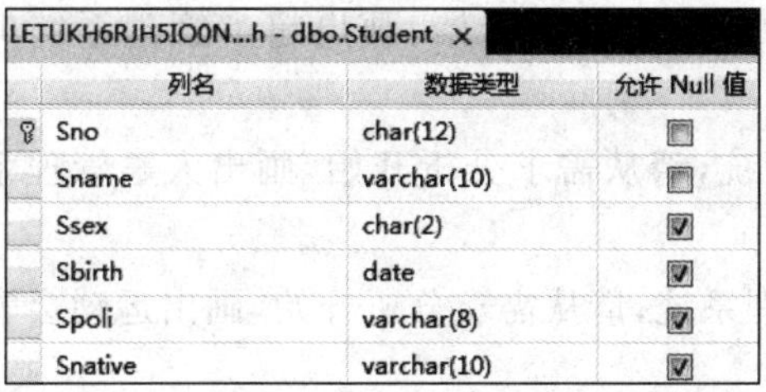
LETUKH6RJH5IO0N...h - dbo.Student

列名	数据类型	允许 Null 值
Sno	char(12)	☐
Sname	varchar(10)	☐
Ssex	char(2)	☑
Sbirth	date	☑
Spoli	varchar(8)	☑
Snative	varchar(10)	☑

图 3.9 Student 表

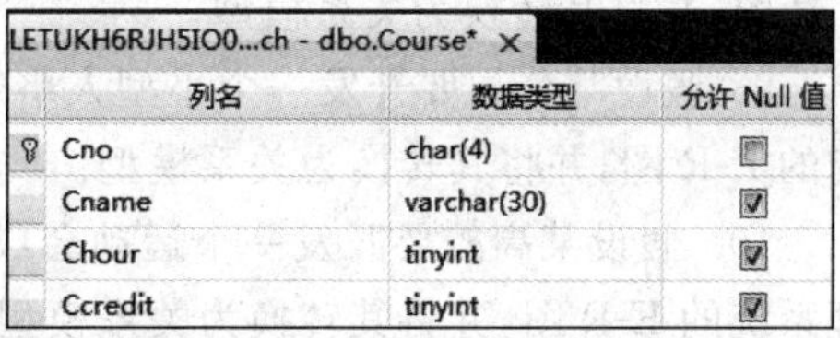
LETUKH6RJH5IO0...ch - dbo.Course*

列名	数据类型	允许 Null 值
Cno	char(4)	☐
Cname	varchar(30)	☑
Chour	tinyint	☑
Ccredit	tinyint	☑

图 3.10 Course 表

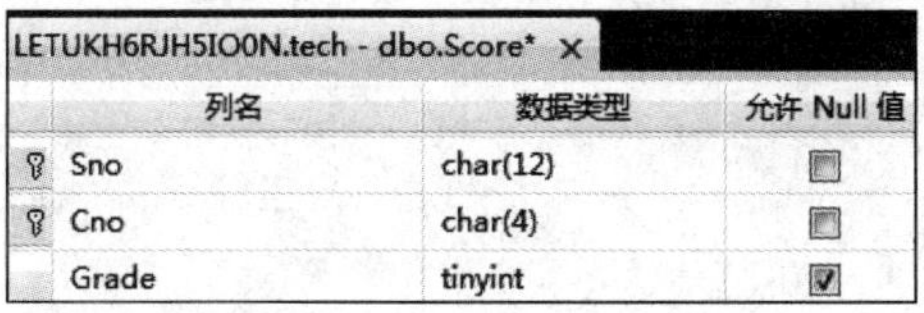
LETUKH6RJH5IO0N.tech - dbo.Score*

列名	数据类型	允许 Null 值
Sno	char(12)	☐
Cno	char(4)	☐
Grade	tinyint	☑

图 3.11 Score 表

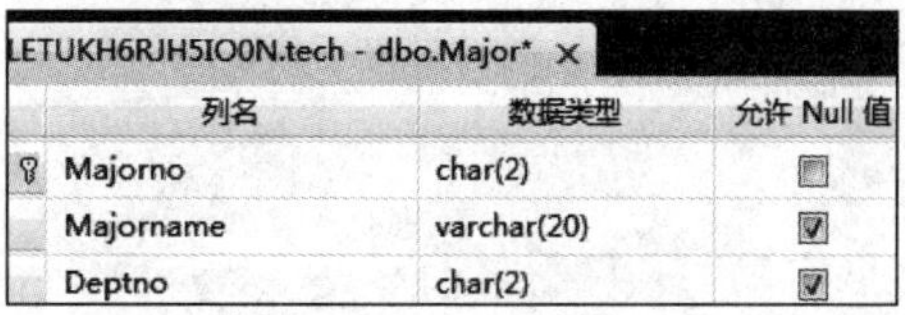
LETUKH6RJH5IO0N.tech - dbo.Major*

列名	数据类型	允许 Null 值
Majorno	char(2)	☐
Majorname	varchar(20)	☑
Deptno	char(2)	☑

图 3.12 Major 表

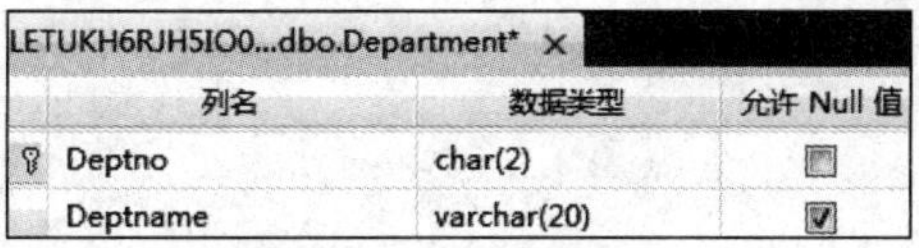
LETUKH6RJH5IO0...dbo.Department*

列名	数据类型	允许 Null 值
Deptno	char(2)	☐
Deptname	varchar(20)	☑

图 3.13 Department 表

3.8　本章小结

本章首先介绍了数据库设计的各个阶段。其中：需求分析阶段应主要了解需求分析的描述工具和需求分析的阶段成果——需求分析说明书；概念结构设计应重点掌握概念模型即 E-R 图的设计与优化；逻辑结构设计应重点掌握由 E-R 图转换为关系数据模型即关系模式的规则。然后以教学管理系统为例，介绍了数据库设计的具体方法和步骤。

本章学习重点应放在数据库的概念结构设计和逻辑结构设计上。

习　题　3

1. 简述数据库设计过程。
2. 需求分析的任务是什么？
3. 概念结构设计的任务是什么？
4. 什么是数据库的逻辑结构设计？
5. 简述把 E-R 图转换为关系模型的转换规则。
6. 将习题 1 简答题 13 中物资管理系统的 E-R 图转换为一组关系模式。
7. 将习题 1 简答题 14 中教学管理系统的 E-R 图转换为一组关系模式。
8. 假设要开发一个小型超市管理系统，请从需求分析开始，画出超市管理系统的 E-R 图，并将其转换为关系模型。
9. 假设某公司要开发一个小型人事管理系统，请从需求分析开始，画出人事管理系统的 E-R 图，并将其转换为关系模型。
10. 假设某高校要开发一个运动会成绩管理系统，请从需求分析开始，画出运动会管理系统的 E-R 图，并将其转换为关系模型。

第 4 章

SQL Server 2014 概述

本章学习目标
- 了解 SQL Server 数据库的发展历史。
- 掌握 SQL Server 2014 安装过程。
- 掌握常用的 SQL Server 管理工具。

SQL Server 系列软件是 Microsoft 公司推出的关系型数据库管理系统。2014 年 4 月 16 日于旧金山召开的一场发布会上，Microsoft 公司宣布正式推出 SQL Server 2014。从 SQL Server 2008 到 SQL Server 2014，中间还跨越了 SQL Server 2008 R2 和 SQL Server 2012 两个版本。本章主要介绍 SQL Server 2014 的发展历程、安装与配置以及各个组件工具的功能。

4.1 SQL Server 2014 简介

SQL Server 是一个关系数据库管理系统，它最初是由 Microsoft、Sybase 和 Ashton-Tate 三家公司共同开发的，于 1988 年推出了第一个 OS/2 版本。在 Windows NT 推出后，Microsoft 与 Sybase 在 SQL Server 的开发上就分道扬镳了，Microsoft 将 SQL Server 移植到 Windows NT 系统上，专注于开发推广 SQL Server 的 Windows NT 版本，Sybase 则较专注于 SQL Server 在 UNIX 操作系统上的应用。数据库引擎是 SQL Server 系统的核心服务，负责完成数据的存储、处理和安全管理。

4.1.1 SQL Server 发展史

SQL Server 从 20 世纪 80 年代后期开始开发，SQL Server 6.0 是第一个完全由 Microsoft 公司开发的版本，1996 年发布了 SQL Server 6.5，该版本提供了廉价的可以满足众多小型商业应用的数据库方案。1997 年发布的 SQL Server 7.0 在数据存储和数据库引擎方面发生了根本性的变化，提供了面向中、小型商业应用数据库功能支持。2000 年发布了 SQL Server 8.0，也就是 SQL Server 2000，其以后发布的版本都以发布年份命名，下面重点介绍 SQL Server 2000 及以后版本的特点。

SQL Server 2000 版本继承了 SQL Server 7.0 版本的优点，同时又增加了许多更先进的功能,具有使用方便、可伸缩性好、与相关软件集成度高等优点,可跨越从运行 Microsoft Windows 98 的普通办公计算机到运行 Microsoft Windows 2000 的大型多处理器的服务器等多种平台使用。

SQL Server 2005 是一个全面的数据库平台,使用集成的商业智能(Business Intelligence,BI)工具提供了企业级的数据管理。SQL Server 2005 数据库引擎为关系型数据和结构化数据提供了更安全可靠的存储功能,使得可以构建和管理用于业务的高可用和高性能的数据的应用程序,SQL Server 2005 不仅可以有效地执行大规模联机事务处理,而且可以完成数据仓库和电子商务应用等许多具有挑战性的工作,SQL Server 2005 结合了分析、报表、集成和通知功能,可以为企业构建和部署经济有效的商业智能解决方案。

SQL Server 2008 在原有 SQL Server 2005 的架构上做了进一步的更改,除了继承 SQL Server 2005 的优点以外,还提供了许多的新特性、新功能,如新添了数据集成功能,改进了分析服务、报表服务以及 Office 集成等,使得 SQL Server 上升到新的高度。

SQL Server 2012 在原有的 SQL Server 2008 的基础上又做了更大的改进,除了保留 SQL Server 2008 的风格外,还在管理、安全以及多维数据分析、报表分析等方面有了进一步的提升。它是一个能用于大型联机事务处理、数据仓库和电子商务等方面的数据库平台,也是一个能用于数据集成、数据分析和报表解决方案的商业智能平台。

2014 年 4 月 16 日 Microsoft 公司宣布正式推出 SQL Server 2014。SQL Server 2014 版本提供了企业驾驭海量资料的关键技术——In-Memory 增强技术,内建的 In-Memory 技术能够整合云端各种资料结构,其快速运算效能及高度资料压缩技术,可以帮助客户加速业务和向全新的应用环境切换。同时提供与 Microsoft Office 连接的分析工具,通过与 Excel 和 Power BI for Office 365 的集成,SQL Server 2014 提供让业务人员可以自主将资料进行即时决策分析的商业智能功能,帮助企业员工轻松运用熟悉的工具,把周遭的资讯转换成环境智慧,将资源发挥出更大的营运价值,进而提升企业产能和灵活度。此外,SQL Server 2014 还启用了全新的混合云解决方案,可以充分获得来自云计算的种种益处,例如云备份和灾难恢复。

4.1.2 SQL Server 2014 版本

SQL Server 2014 主要有六个版本,分别是 Enterprise、Business Intelligence、Standard、Web、Developer 和 Express,其中每个版本又都有 64 位和 32 位两种版本。不同版本的 SQL Server 2014 能够满足单位和个人独特的性能、运行时间以及价格需求,用户可以根据需求,选择不同的版本,下面主要介绍不同版本的特点。

1. Enterprise 版本

作为高级版本,SQL Server 2014 Enterprise 版提供了全面的高端数据中心功能,性能极为快捷,虚拟化不受限制,还具有端到端的商业智能,可为关键任务工作负荷提供较高服务级别,支持最终用户访问深层数据。

2. Business Intelligence 版本

SQL Server 2014 Business Intelligence 版提供了综合性平台,可支持组织构建和部署安全、可扩展且易于管理的 BI 解决方案。它提供基于浏览器的数据浏览与可见性等卓越功能、功能强大的数据集成功能,以及增强的集成管理。

3. Standard 版本

SQL Server 2014 Standard 版提供了基本数据管理和商业智能数据库,使部门和小型组织能够顺利运行其应用程序并支持将常用开发工具用于内部部署和云部署,有助于以最少的 IT 资源获得高效的数据库管理。

4. Web 版本

对于为从小规模至大规模 Web 资产提供可伸缩性、经济性和可管理性功能的 Web 宿主和 Web VAP 来说,SQL Server 2014 Web 版是一项总拥有成本较低的选择。

5. Developer 版本

SQL Server 2014 Developer 版支持开发人员基于 SQL Server 构建任意类型的应用程序。它包括 Enterprise 版的所有功能,但有许可限制,只能用作开发和测试系统,而不能用作生产服务器。SQL Server Developer 是构建和测试应用程序的人员的理想之选。

6. Express 版本

SQL Server 2014 Express 是入门级的免费数据库,是学习和构建桌面及小型服务器数据驱动应用程序的理想选择。它是独立软件供应商、开发人员和热衷于构建客户端应用程序的人员的最佳选择。如果需要使用更高级的数据库功能,则可以将 SQL Server Express 无缝升级到其他更高端的 SQL Server 版本。SQL Server Express LocalDB 是 Express 的一个轻型版本,该版本具备所有可编程性功能,在用户模式下运行,并且具有快速的零配置安装和必备组件要求较少的特点。

4.1.3　SQL Server 2014 新增性能

1. 内存优化

内存优化是 SQL Server 2014 中新增的显著功能,内存中 OLTP(On-Line Transaction Processing,联机事务处理系统)是集成到 SQL Server 引擎中的内存优化的数据库引擎,针对 OLTP 进行了优化。内存中的 OLTP 可大幅度提高 OLTP 数据库应用程序性能。若要使用内存中的 OLTP,可将经常访问的表定义为内存优化表。内存优化表具有完全事务性和持久性,可通过与访问基于磁盘的表一样的方式使用 Transact-SQL(又称 T-SQL)对其进行访问。查询可引用内存优化表和基于磁盘的表。事务可更新内存优化表和基于磁盘的表中的数据。内存中 OLTP 的特点如下:

（1）内存中 OLTP 将提高具有短时间运行事务的 OLTP 中的性能。

（2）内存中 OLTP 将改善的编程模式包括并发情景、点查找、存在许多插入和更新的工作负荷以及存储过程中的业务逻辑。

（3）与 SQL Server 相集成意味着可以在同一个数据库中同时具有内存优化表以及基于磁盘的表，并且可以跨这两种类型的表进行查询。

（4）在 SQL Server 2014 中，对于 T-SQL 支持的内存中 OLTP 外围应用存在一些限制。

内存中 OLTP 可借助以下手段实现显著的性能和可伸缩性提升：

（1）专为访问内存常驻数据而优化的算法。

（2）用于消除逻辑锁的积极并发控制。

（3）消除所有物理锁和闩锁的免锁对象。执行事务性工作的线程不使用锁或闩锁进行并发控制。

（4）本机编译存储过程，在访问内存优化表时，其性能明显高于解释型存储过程。

2. Windows Azure 中的 SQL Server 数据文件

Windows Azure 中的 SQL Server 数据文件可为作为 Windows Azure Blob 存储的 SQL Server 数据库文件提供本机支持。通过此功能，可以在本地或在 Windows Azure 中虚拟机上运行的 SQL Server 中创建数据库，而将数据存储在 Windows Azure Blob 中的专用存储位置。此增强功能使用分离和附加操作，简化了计算机之间的数据库移动。此外，它还允许将数据库备份文件从 Windows Azure 存储还原或还原到 Windows Azure 存储，为数据库备份文件提供了备选存储位置。因此，它在数据虚拟化、数据移动、安全性、可用性、轻松降低成本以及维护方面都具备优势，可实现高可用性和弹性扩展，支持几种混合解决方案。

3. 将 SQL Server 数据库托管在 Windows Azure 虚拟机中

使用将 SQL Server 数据库部署到 Windows Azure 虚拟机（Virtual Machine，VM）向导，可将数据库从 SQL Server 实例托管到 Windows Azure 虚拟机中。此向导利用完整数据库备份操作，可始终复制 SQL Server 用户数据库中的完整数据架构和数据。无法使用此向导进行差异备份，此向导将不会覆盖具有相同数据库名称的现有数据库。若要替换 VM 上的现有数据库，必须先删除现有数据库或更改数据库名称。

4. 备份和还原增强功能

SQL Server 2014 包含针对 SQL Server 备份和还原的以下增强功能。

1）SQL Server 备份到 URL

SQL Server 备份到 URL 功能是在 SQL Server 2012 SP1 CU2 中引入的，只有 T-SQL、PowerShell 和 SMO 支持这一功能。在 SQL Server 2014 中，可以使用 SQL Server Management Studio 来备份到 Windows Azure Blob 存储服务或从中还原。备份任务和维护计划都可使用该新选项。

2）SQL Server 托管备份到 Windows Azure

SQL Server 是基于 Microsoft Azure 的 SQL Server 托管备份，SQL Server 提供这种服务来管理和安排数据库和日志的备份。在本版本中，只支持备份到 Windows Azure 存储。Microsoft Azure 的 SQL Server 托管备份可在数据库和实例级别同时进行配置，从而既能实现在数据库级别的精细控制，又能实现实例级别的自动化。Microsoft Azure 的 SQL Server 托管备份既可在本地运行的 SQL Server 实例上配置，也可在 Windows Azure 虚拟机上运行的 SQL Server 实例上配置。建议对在 Windows Azure 虚拟机上运行的 SQL Server 实例使用此服务。

3）备份加密

可以选择在备份过程中对备份文件进行加密。目前支持的加密算法包括 AES 128、AES 192、AES 256 和 Triple DES。要在备份过程中进行加密，必须使用证书或非对称密钥。

5. 针对基数估计的新设计

称作基数估计器的基数估计逻辑已在 SQL Server 2014 中重新设计，以便改进查询计划的质量，并因此改进查询性能。新的基数估计器纳入在新型 OLTP 和数据仓库工作负荷中表现优异的假设和算法。它基于针对新型工作负荷的深入基数估计研究，以及在过去 15 年在改进 SQL Server 基数估计器方面的学习。尽管大多数查询将会从更改或保持不更改中受益，但与以前的基数估计器相比，少数查询可能会显得退步。

6. 延迟持续性

SQL Server 2014 将部分或所有事务指定为延迟持久事务，从而能够缩短延迟。延迟持久事务在事务日志记录写入磁盘之前将控制权归还给客户端。持续性可在数据库级别、提交级别或原子块级别进行控制。

7. AlwaysOn 增强功能

SQL Server 2014 包含针对 AlwaysOn 故障转移群集实例和 AlwaysOn 可用性组的以下增强功能：

（1）"添加 Azure 副本向导"简化了用于 AlwaysOn 可用性组的混合解决方案创建。

（2）辅助副本的最大数目从 4 增加到 8。

（3）断开与主副本的连接时，或者在缺少群集仲裁期间，可读辅助副本保持可用于读取工作负荷。

（4）故障转移群集实例（FCI）可使用群集共享卷（CSV）作为群集共享磁盘。

（5）提供了一个新的系统函数 sys. fn_hadr_is_primary_replica 和一个新的 DMV sys. dm_io_cluster_valid_path_names。

（6）以下 DMV 已得到增强，现在返回 FCI 信息：sys. dm_hadr_cluster、sys. dm_hadr_cluster_members 和 sys. dm_hadr_cluster_networks。

8. 分区切换和索引生成

SQL Server 2014 可以重新生成已分区表的单独分区。

9. 管理联机操作的锁优先级

修改表定义语句 ALTER TABLE 中的选项 WITH ONLINE＝{ON|OFF}，当取值为 ON 选项，现在可以包含 WAIT_AT_LOW_PRIORITY 选项，该选项允许指定重新生成过程对于所需锁应等待多长时间。WAIT_AT_LOW_PRIORITY 选项还允许配置与该重新生成语句相关的阻止过程的终止。

10. 列存储索引

提供以下新功能供列存储索引使用。

1）聚集列存储索引

使用聚集列存储索引可提高主要执行大容量加载和只读查询的数据仓库工作负荷的数据压缩和查询性能。由于聚集列存储索引是可更新的，因此工作负荷可执行许多插入、更新和删除操作。

2）SHOWPLAN

SHOWPLAN 显示有关列存储索引的信息。EstimatedExecutionMode 和 ActualExecutionMode 属性具有两个可能值：Batch 或 Row。Storage 属性具有两个可能值：RowStore 和 ColumnStore。

3）存档的数据压缩

ALTER INDEX…REBUILD 提供新的 COLUMNSTORE_ARCHIVE 数据压缩选项，可进一步压缩列存储索引的指定分区。这可用于存档，或者用于要求更小数据存储大小并且可以付出更多时间来进行存储和检索的其他情形。

11. T-SQL 增强功能

对于基于磁盘的表，现在允许 CLUSTERED 和 NONCLUSTERED 索引的内联规范。创建具有内联索引的表等效于发布一个 CREATE TABLE 命令，其后跟随 CREATE INDEX 语句。内联索引不支持包含列和筛选条件；SELECT … INTO 语句得到了改进，现在可以并行操作。数据库的兼容性级别必须至少为 110。

12. 安全性改进

安全性改进主要体现在以下方面。

（1）增加新的服务器级权限 CONNECT ANY DATABASE。将 CONNECT ANY DATABASE 授予某个登录名，该登录名必须连接到当前存在的所有数据库和将来可能创建的任何新数据库。不要在任何数据库中授予超过连接的任何权限。与 SELECT ALL USER SECURABLES 或 VIEW SERVER STATE 结合使用，可以允许审核进程查看所有数据或 SQL Server 实例上的所有数据库状态。

（2）增加新的服务器级权限 IMPERSONATE ANY LOGIN。授予权限后，当连接到数据库时，允许中间层进程模拟连接到它的客户端账户。被拒绝时，高特权的登录名可以阻止模拟其他登录名。例如，具有 CONTROL SERVER 权限的登录名可以阻止模拟其他登录名。

（3）增加新的服务器级权限 SELECT ALL USER SECURABLES。授予权限后，使用相应登录名可以查看用户可连接到的所有数据库中的数据。

SQL Server 2014 还提供了其他的一些新功能，有兴趣的读者可以参考 SQL Server 2014 联机丛书，在此不再一一罗列。

4.2 SQL Server 2014 安装

SQL Server 2014 的版本有多个，可根据不同的需求选择安装不同的版本。本节介绍安装中文简体 SQL Server 2014 Enterprise Edition(X64)的过程。

4.2.1 SQL Server 2014 运行环境

运行环境需求主要指系统安装时对硬件、操作系统、网络及其他软件的要求。不同版本的 SQL Server 2014 的运行环境需求也不太一样，这里介绍的是适合所有版本的最低需求。

1. 硬件需求

SQL Server 2014 对于硬件的需求如表 4.1 所示。

表 4.1 SQL Server 2014 硬件需求

组　件	需　　　求
硬盘	SQL Server 2014 要求最少 6GB 的可用硬盘空间。磁盘空间要求将随所安装的 SQL Server 2014 组件不同而发生变化
驱动器	从磁盘进行安装时需要相应的 DVD 驱动器
监视器	SQL Server 2014 要求有 Super-VGA(800×600)或更高分辨率的显示器
内存	最小值： • Express 版本，512MB； • 所有其他版本，1GB。 建议： • Express 版本：1GB； • 所有其他版本：至少 4GB 并且应该随着数据库大小的增加而增加，以便确保最佳的性能
处理器类型	• x64 处理器：AMD Opteron、AMD Athlon 64、支持 Intel EM64T 的 Intel Xeon、支持 EM64T 的 Intel Pentium IV； • x86 处理器：Pentium Ⅲ 兼容处理器或更快

续表

组　件	需　求
处理器速度	最小值： • x86 处理器：1.0GHz； • x64 处理器：1.4GHz。 建议：2.0GHz 或更快

2. 软件需求

SQL Server 2014 对于软件需求如表 4.2 所示。

表 4.2　SQL Server 2014 软件需求

组　件	需　求
操作系统	对于桌面版操作系统要求 Windows 7 及以上，对于服务器版操作系统要求 Windows Server 2008 及以上
.NET Framework	在选择 SQL Server 2014、数据库引擎、Reporting Services、Master Data Services、复制或 Data Quality Services 时，.NET 3.5 SP1 是 SQL Server Management Studio 所必需的，但不再由 SQL Server 安装程序安装。如果运行安装程序但没有.NET 3.5 SP1，SQL Server 安装程序会要求您下载并安装.NET 3.5 SP1，然后才能继续安装 SQL Server
Windows PowerShell	SQL Server 2014 不安装或启用 Windows PowerShell 2.0，但对于数据库引擎组件和 SQL Server Management Studio 而言，Windows PowerShell 2.0 是一个安装必备组件。如果安装程序报告缺少 Windows PowerShell 2.0，可以按照 Windows 管理框架页中的说明安装或启用它

4.2.2　SQL Server 2014 安装过程

当计算机满足 SQL Server 2014 安装条件时就可以进行安装了，下面介绍 SQL Server 2014 在 Windows 7 操作系统的安装步骤。

(1) 开始安装后，会打开"SQL Server 安装中心"窗口，进入"计划"选项页，如图 4.1 所示。

(2) 当计算机的前期准备工作已经做好时，跳过"计划"选项，直接选择"安装"选项，进入如图 4.2 所示的"安装"选项页。这里有四个选项，可以根据需要选择，我们选择第一项"全新 SQL Server 独立安装或向现有安装添加功能"。

(3) 选择全新安装后，弹出如图 4.3 所示的"产品密钥"界面。默认选择第二项"输入产品密钥"。

(4) 单击"下一步"按钮进入"许可条款"界面，选中"我接受许可条款"复选框，如图 4.4 所示。

(5) 单击"下一步"按钮，安装程序会检查"全局规则"，没有问题则直接进入 Microsoft Update 界面，可以选择是否检查更新，如图 4.5 所示。

(6) 单击"下一步"按钮安装程序会进行"安装规则"检查，如果系统没有问题则直接

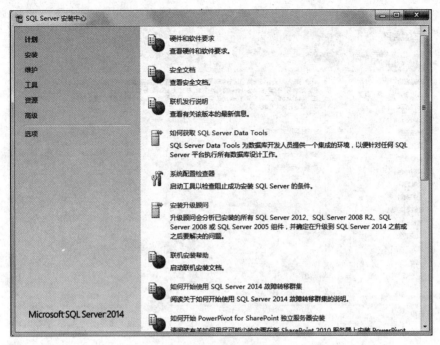

图 4.1　"计划"选项页

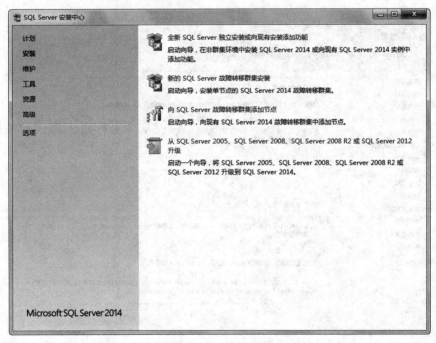

图 4.2　"安装"选项页

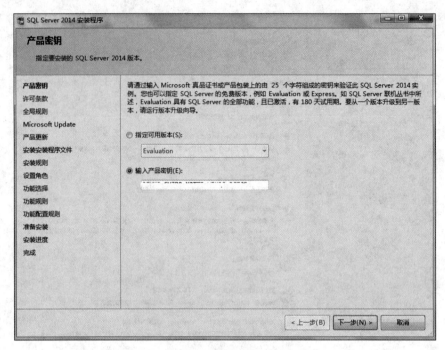

图 4.3 "产品密钥"界面

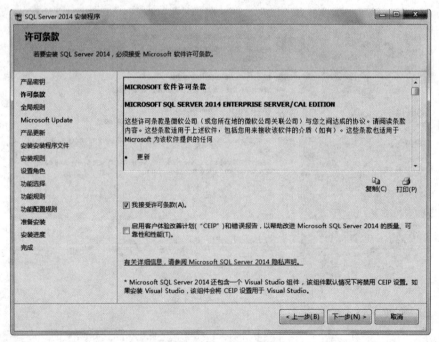

图 4.4 "许可条款"界面

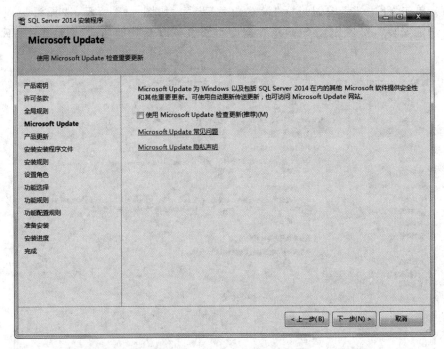

图 4.5 Microsoft Update 界面

进入"设置角色"界面,此时,单击"上一步"按钮可以看到如图 4.6 所示的"安装规则"检查成功界面。

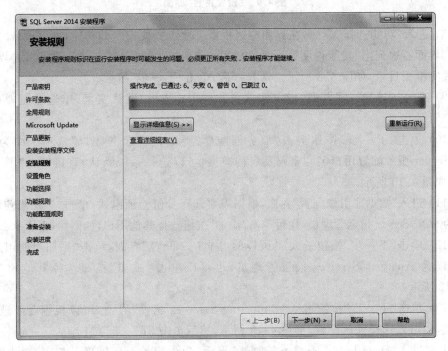

图 4.6 "安装规则"界面

(7) 单击"下一步"按钮进入"设置角色"界面,如图 4.7 所示,选择第一项"SQL Server 功能安装",安装 SQL Server 数据库引擎服务以及其他功能,然后单击"下一步"按钮。

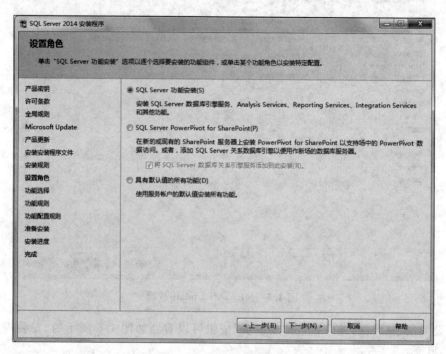

图 4.7 "设置角色"界面

(8) 进入"功能选择"界面,在界面左边根据需要选择要安装的功能,可以单击"全选"按钮。界面右边列出"功能说明""所选功能的必备组件"以及"磁盘空间要求",在界面下端选择实例根目录,如图 4.8 所示。选择好后,单击"下一步"按钮。

(9) 进入"实例配置"界面,指定实例名称和 ID,选择"默认实例"单选按钮即可,如图 4.9 所示。

(10) 单击"下一步"按钮进入"服务器配置"界面,在"服务账户"选项卡中为每个 SQL Server 服务配置用户名和密码及启动类型,可以选择系统默认,直接单击"下一步"按钮,如图 4.10 所示。

(11) 进入"数据库引擎配置"界面,根据需要选择身份验证模式,单击"添加当前用户"按钮为 SQL Server 指定管理员,也可单击"添加"按钮选择其他用户,如图 4.11 所示。

(12) 单击"下一步"按钮进入"Analysis Services 配置"界面,单击"添加当前用户"按钮,可以为 Analysis Services 设置管理员,也可以单击"添加"按钮选择其他用户,如图 4.12 所示。

(13) 单击"下一步"按钮进入"Reporting Services 配置"界面,可以根据需要选择安装模式,也可以选择默认设置,如图 4.13 所示,然后单击"下一步"按钮。

(14) 进入"Distributed Replay 控制器"界面,为该服务设置管理员权限,单击"下一步"按钮。

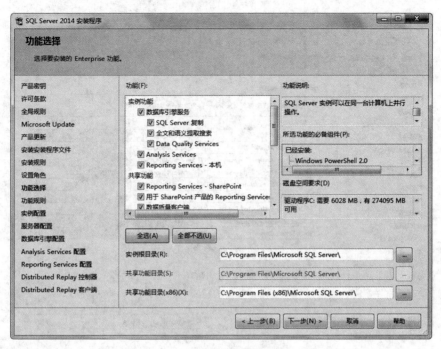

图 4.8 "功能选择"界面

图 4.9 "实例配置"界面

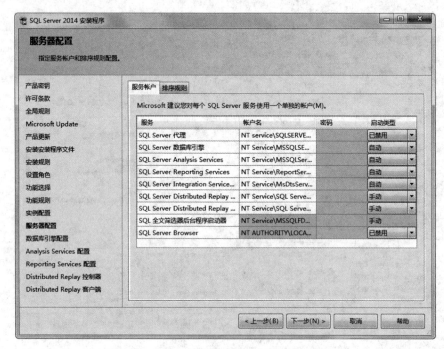

图 4.10 "服务器配置"界面

图 4.11 "数据库引擎配置"界面

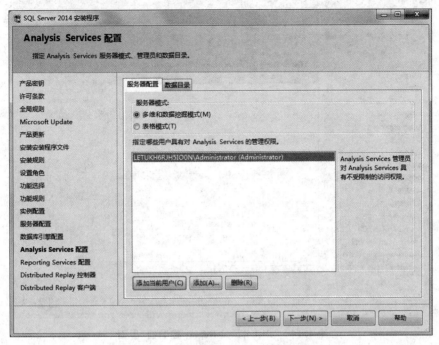

图 4.12　"Analysis Services 配置"界面

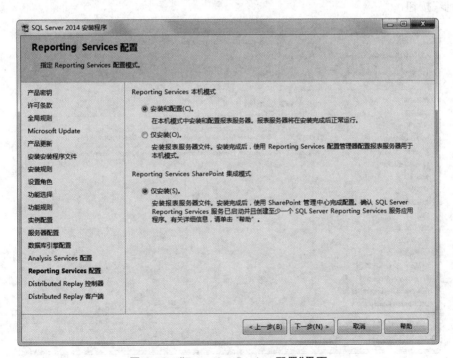

图 4.13　"Reporting Services 配置"界面

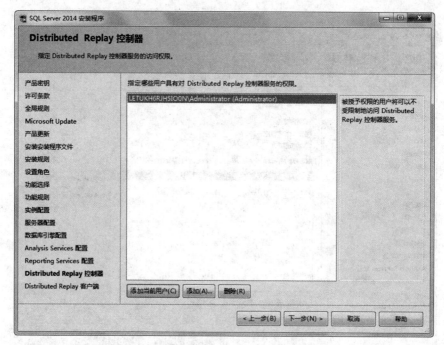

图 4.14　"Distributed Replay 控制器"界面

（15）进入"Distributed Replay 客户端"界面，设置控制器名称，如图 4.15 所示，单击"下一步"按钮。

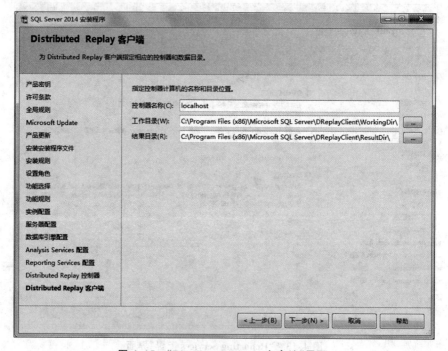

图 4.15　"Distributed Replay 客户端"界面

（16）进入"准备安装"界面，软件列出所有准备好的配置信息，如图 4.16 所示，单击"安装"按钮开始 SQL Server 安装。

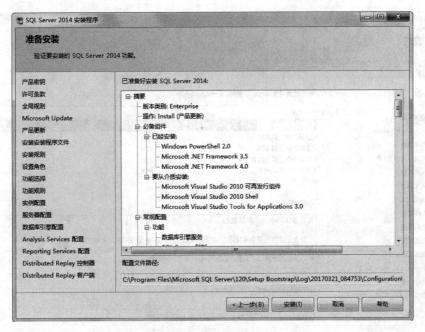

图 4.16 "准备安装"界面

（17）进入"安装进度"界面，如图 4.17 所示。根据硬件环境的差异，安装过程可能需要 10～30min。

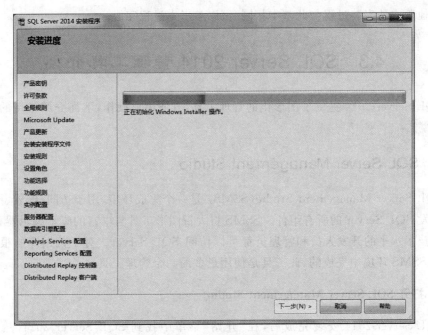

图 4.17 "安装进度"界面

（18）安装完成之后，会列出成功安装的各功能，单击"关闭"按钮即可结束整个安装过程，如图 4.18 所示。

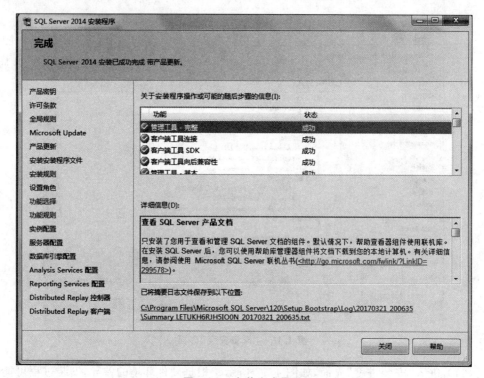

图 4.18　安装完成界面

其他版本的安装过程与此基本相同，可以参考本过程完成。

4.3　SQL Server 2014 管理工具介绍

SQL Server 2014 提供了图形化的管理工具，方便用户操作，下面介绍常用的几个管理工具。

4.3.1　SQL Server Management Studio

SQL Server Management Studio(SSMS) 是一个集成环境，用于访问、配置、控制、管理和开发 SQL Server 的所有组件。SSMS 将大量图形工具与丰富的脚本编辑器相结合，使各种技术水平的开发人员和管理员都可以访问 SQL Server。对于数据库的很多操作都是在 SSMS 环境中完成的，此工具是使用最多的一个管理工具。

1. 打开 SQL Server Management Studio

SQL Server 2014 安装完成后，在"开始"菜单中找到 SQL Server 2014，然后单击 SQL Server 2014 Management Studio，出现如图 4.19 所示的"连接到服务器"对话框。

图 4.19　"连接到服务器"对话框

说明：

- "服务器类型"的可选择项有数据库引擎、Analysis Services（分析服务）、Reporting Services（报表服务）、Integration Services（集成服务），默认类型是数据库引擎。
- "服务器名称"的格式为"计算机名/实例名"，如果使用的是默认实例，可以只使用计算机名。
- "身份验证"的可选择项有 SQL Server 身份验证、Windows 身份验证，默认是 Windows 身份验证。
- "登录名"sa 代表数据库系统的系统管理员，"密码"为安装 SQL Server 2014 时设置的 sa 的密码，密码可以修改。用户也可以使用其他用户的登录名和密码进行登录。

单击"连接"按钮，就可以打开 SSMS 环境，在"对象资源管理器"中显示连接到的数据引擎实例，如图 4.20 所示。

2. 对象资源管理器和文档窗口

对象资源管理器是服务器中所有数据库对象的树视图。此树视图可以包括 SQL Server 数据库引擎、Analysis Services、Reporting Services 和 Integration Services 的数据库。对象资源管理器包括连接的所有服务器的信息。打开 SSMS 时，系统会提示将对象资源管理器连接到上次使用的设置。

文档窗口是 SSMS 中的最大部分。文档窗口可能包含查询编辑器和浏览器窗口。默认情况下，将显示已与当前计算机上的数据库引擎实例连接的"摘要"页。

3. 已注册的服务器窗口

在"视图"菜单上单击"已注册的服务器"，这时，"已注册的服务器"窗口显示在"对象

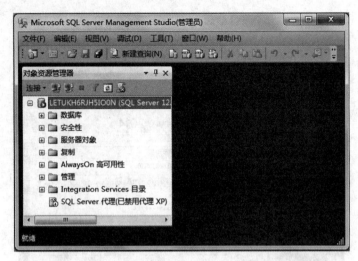

图 4.20　Microsoft SQL Server Management Studio 界面

资源管理器"的上面或旁边。可以将其拖放到不同的位置。"已注册的服务器"窗口列出的是经常管理的服务器。可以在此列表中添加和删除服务器。列出的服务器中仅包含运行 SQL Server 的计算机上的 Management Studio 实例,如图 4.21 所示。

图 4.21　"已注册的服务器"窗口

　　如果未显示所需的服务器,请在"已注册的服务器"窗口中右击"数据库引擎",在弹出的快捷菜单中选择"任务",再单击"更新本地服务器注册"。

　　若要新建注册服务器,在"已注册的服务器"窗口中右击"本地服务器组",在弹出的快捷菜单中选择"新建服务器注册",出现如图 4.22 所示的"新建服务器注册"对话框,在"服务器名称"下拉列表框中选择或输入服务器名称,设置身份验证模式,单击"保存"按钮即可。

4.3.2　SQL Server 配置管理器

　　SQL Server 配置管理器是一种管理工具,用于管理与 SQL Server 相关联的服务、配置 SQL Server 使用的网络协议以及从 SQL Server 客户端计算机管理网络连接配置。

　　SQL Server 配置管理器是一种可以通过"开始"菜单访问的 Microsoft 管理控制台

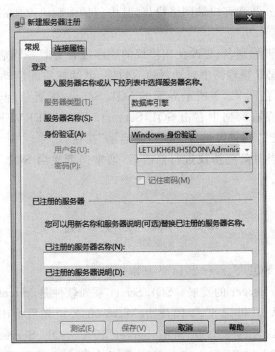

图 4.22　"新建服务器注册"对话框

管理单元,也可以将其添加到任何其他 Microsoft 管理控制台的显示界面中。例如,Microsoft 管理控制台(mmc.exe)使用 Windows 文件夹下的 System32 子文件夹中的 SQLServerManager12.msc 文件打开 SQL Server 配置管理器。

　　通过菜单打开配置管理器的方法:选择"开始"→"所有程序"→SQL Server 2014→"配置工具"→"SQL Server 2014 配置管理器",即可打开图 4.23 所示的配置管理器界面。

图 4.23　SQL Server 配置管理器

使用 SQL Server 配置管理器可以实现如下功能:
(1)可以启动、暂停、恢复或停止服务,还可以查看或更改服务属性。

　　(2) 可以管理服务器和客户端网络协议,其中包括强制协议加密、查看别名属性或启用/禁用协议等功能。

　　(3) 可以创建或删除别名、更改使用协议的顺序或查看服务器别名的属性。

　　在 SQL Server 配置管理器中启动、停止、暂停、继续或重新启动 SQL Server 数据库引擎实例的方法为:在图 4.23 所示界面的 SQL Server 配置管理器的左窗格中,单击"SQL Server 服务",在右窗格中右击 SQL Server(MSSQLSERVER)或某个命名实例,然后单击"启动""停止""暂停""继续"或"重新启动"按钮。

　　需要注意的是,当对某些协议进行修改后,通常需要重启 SQL Server 服务,所做的更改才会生效。

4.4　本章小结

　　本章主要介绍了 SQL Server 2014 的基本知识。

　　首先介绍了 SQL Server 的发展。SQL Server 系列软件是 Microsoft 公司推出的关系型数据库管理系统,从 20 世纪 80 年代开始,Microsoft 公司先后推出了 SQL Server 6.0、SQL Server 6.5、SQL Server 7.0、SQL Server 2000、SQL Server 2005、SQL Server 2008、SQL Server 2012 和 SQL Server 2014 等各个版本。随着不同版本的相继推出,SQL Server 数据库的功能也越来越完善,SQL Server 2014 为市场带来了部署到核心数据库中的新内存功能,包括内存 OLTP,它是对市场上大多数综合内存数据库解决方案的现有内存数据仓库和 BI 功能的补充,SQL Server 2014 还提供新的云功能,以简化 SQL Server 数据库对云技术的采用并帮助用户开创新的混合方案。

　　其次,详细介绍了 SQL Server 2014 Enterprise Edition(X64)在 Windows 7 操作系统的安装过程,不同版本的安装过程会稍有不同,读者可以参考此安装过程实现。

　　最后,介绍了 SQL Server 2014 提供的一些管理工具。

习　题　4

1. 简述 Microsoft SQL Server 发展历史。
2. 简述 Microsoft SQL Server 2014 的主要版本。
3. 简述 Microsoft SQL Server 2014 的新功能。
4. 简述 SSMS 的使用方法。
5. 简述如何启动、暂停、重启或停止 SQL Server 服务。
6. 在个人计算机上安装需要的版本 SQL Server 2014。

第 5 章

数据库和表

本章学习目标

- 熟练掌握数据库的创建、修改、删除。
- 熟练掌握表的创建、修改、删除。
- 掌握表的五种约束的添加、删除。
- 熟练掌握表中数据的操作。
- 掌握数据库的分离和附加。

　　SQL Server 数据库是有组织的数据的集合。表是数据库的主要对象之一。如何使用 SQL Server 2014 设计、创建具体的数据库和表,将前面章节学习的数据库设计理论运用到具体的实践中,是本章要学习的内容。本章主要介绍数据库的操作、表的操作以及表中数据的操作等内容。

5.1　数据库概述

5.1.1　系统数据库

　　成功安装 SQL Server 2014 后,启动 SSMS,展开"数据库"下的"系统数据库",发现系统已经自动创建了四个系统数据库,分别是 master、model、msdb 和 tempdb。下面分别介绍这四个系统数据库。

1. master 数据库

　　master 数据库是 SQL Server 2014 中最重要的数据库,记录了 SQL Server 2014 实例的所有系统级信息,例如登录账户、连接服务器和系统配置设置,还记录了所有其他数据库是否存在以及这些数据库文件的位置和 SQL Server 2014 实例的初始化信息。

　　如果 master 数据库不可用,SQL Server 2014 则无法启动,所以禁止用户对它进行直接修改。如果要修改,必须先做一个完整的备份。

2. model 数据库

　　model 数据库是用作 SQL Server 2014 实例上创建的所有数据库的模板。对 model

数据库进行的修改(如数据库大小、排序规则、恢复模式和其他数据库选项)将应用于以后创建的所有数据库。

3. msdb 数据库

msdb 数据库是 SQL Server 2014 代理程序调度警报和作业以及记录操作时使用的数据库。

4. tempdb 数据库

tempdb 数据库是一个临时数据库,用于保存临时对象或中间结果集。具体的存储内容如存储创建的临时对象(包括表、表变量或游标等)、存储在创建或重建索引时产生的临时排序结果等。

5.1.2 数据文件和文件组

在计算机中,数据库是以文件形式存储在磁盘上的。SQL Server 2014 将数据库映射为一组操作系统文件。每个 SQL Server 2014 数据库至少具有两个操作系统文件:一个数据文件和一个事务日志文件。为了便于分配和管理,可以将数据文件集合起来放到文件组中,但事务日志文件不属于任何文件组。

1. 数据文件

数据文件包含数据和对象,例如表、索引、存储过程和视图等。一个数据库可以有一个或多个数据文件。但每个数据库都必须有且只有一个主数据文件,主数据文件的扩展名是.mdf。次数据文件是可选的,由用户定义并存储用户数据,可以添加多个次数据文件。次数据文件的扩展名是.ndf。

1)主数据文件

主数据文件包含数据库的启动信息,并指向数据库中的其他文件。用户数据和对象可存储在此文件中,也可以存储在次数据文件中。

2)次数据文件

次数据文件又称辅助数据文件,可以保存在不同的磁盘驱动器上。另外,当数据库文件超过了单个 Windows 文件的最大大小时,可以使用次数据文件,这样数据库就能继续增长。

2. 事务日志文件

事务日志文件保存用于恢复数据库中的所有事务所需的信息。每个数据库必须至少有一个事务日志文件。事务日志文件的扩展名是.ldf。

3. 文件组

文件组是数据库组织文件的一种管理机制,是文件的集合,用于简化数据存放和管理。文件组分为主文件组和用户定义文件组。

1）主文件组

每个数据库有一个主文件组。主文件组包含主数据文件和未放入其他文件组的所有次数据文件。

2）用户定义文件组

用户可以创建文件组，可以将次数据文件集合起来，以便于管理、数据分配和放置。

例如，在后面章节讲到的例 5.2 的三个文件 data1.ndf、data2.ndf 和 data3.ndf 分配给了文件组 fgroup1 和 fgroup2，保存在同一个文件夹 C:\DATA 中，也可以分别保存在三个磁盘上。

文件和文件组使我们能够轻松地在新磁盘上添加新文件。

5.2　数据库的操作

在 SQL Server 2014 中，系统管理员可以创建新的数据库，并且可以对数据库进行修改、删除等操作。创建数据库时，需要确定数据库名、数据库文件名和存储位置、数据库初始大小、数据库最大大小、数据库是否允许增长及增长方式等参数。数据库的操作主要有两种方式：一是使用 SSMS 工具；二是使用 T-SQL 语句。

1. 创建数据库

1）使用 SSMS 工具

【例 5.1】　创建"学生管理"数据库。

（1）启动 SSMS，成功连接到服务器后，在"对象资源管理器"中，连接到数据库引擎的实例，然后展开该实例。右击"数据库"，弹出快捷菜单，如图 5.1 所示。

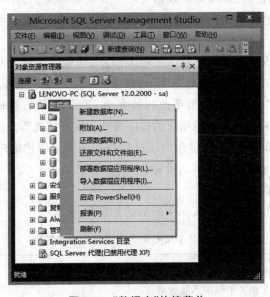

图 5.1　"数据库"快捷菜单

（2）选择"新建数据库"，就进入"新建数据库"窗口的"常规"选择页，如图 5.2 所示，输入数据库名称，例如，"学生管理"。

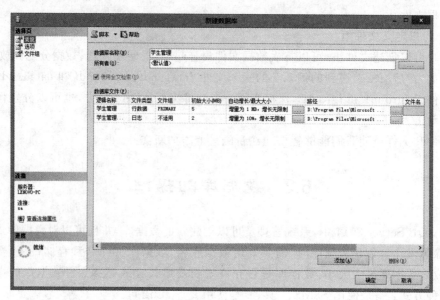

图 5.2　"创建数据库"的"常规"选择页

说明：

- "逻辑名称"是在 T-SQL 语句中引用物理文件时所使用的名称。
- "文件名"是保存在路径所指位置的操作系统文件名，在计算机的操作系统中可以找到的物理文件。
- 单击"添加"按钮，可以添加次数据文件。如果要将添加的次数据文件分配给用户新建的文件组，需要切换到"文件组"选择页，建立新的文件组。这里暂不添加次数据文件。

（3）在如图 5.2 所示的窗口中显示的相关信息，是输入了数据库名称后的系统默认值，若要通过接受所有默认值创建数据库，请单击"确定"按钮；否则，若要更改所有者、自动增长、路径，请单击"…"按钮，若要更改初始大小、文件名，可直接输入修改值。

（4）"选项"选择页，可以设置数据库的排序规则和恢复模式等。这里均选择默认设置。

（5）"文件组"选择页，显示文件组的统计信息。如果要创建用户定义文件组，可单击相应的"添加"按钮。这里均选择默认设置。

2）使用 T-SQL 语句

在 T-SQL 语句中，将采用如表 5.1 所示的约定符号。

表 5.1　在 T-SQL 语句中采用的约定符号

约　　定	用　　途
＜　＞（尖括号）	在相关子句中不能省略
|（竖线）	分隔括号或大括号中的语法项，只能使用其中一项

续表

约　定	用　途
[ ]（方括号）	可选语法项
{ }（大括号）	必选语法项
[,...n]	指示前面的项可以重复 n 次,各项之间以逗号分隔
[...n]	指示前面的项可以重复 n 次,每一项由空格分隔
;（分号）	T-SQL 语句终止符。虽然在此版本的 SQL Server 中大部分语句不需要分号,但将来的版本需要分号
<label>::=	语法块的名称。此约定用于对可在语句中的多个位置使用的过长语法段或语法单元进行分组和标记。可使用语法块的每个位置由括在尖括号内的标签指示：<label>

创建数据库可以使用 CREATE DATABASE 语句,其基本语法格式如下：

```
CREATE DATABASE database_name
[ON [PRIMARY] <filespec> [,...n] [<filegroup><filespec> [,...n]] [,...n]
[LOG ON <filespec> [,...n]]]
```

其中各参数含义如下：

- database_name：指定所创建的数据库的逻辑名称。
- ON 子句：指定数据库的数据文件和文件组。
- LOG ON 子句：指定数据库的事务日志文件的属性。
- <filespec>::=
  {(NAME=logical_file_name,
  FILENAME='os_file_name'
  [,SIZE=size[KB|MB|GB|TB]]
  [,MAXSIZE={max_size[KB|MB|GB|TB]|UNLIMITED}]
  [,FILEGROWTH=growth_increment[KB|MB|GB|TB|%]])}

【例 5.2】　创建 TEST1 数据库,包含的文件和文件组如表 5.2 所示。

表 5.2　TEST1 数据库

参　数	取　值				
	主数据文件	次数据文件 1	次数据文件 2	次数据文件 3	事务日志文件
逻辑名称	TEST1	data1	data2	data3	TEST1_log
文件组	PRIMARY	fgroup1	fgroup1	fgroup2	不适用
初始大小	5MB	4MB	6MB	3MB	2MB
自动增长	1MB	20%	30%	1MB	10%
最大大小	10MB	10MB	10MB	UNLIMITED	200GB
路径	C:\DATA	C:\DATA	C:\DATA	C:\DATA	C:\DATA
文件名	TEST1	data1	data2	data3	TEST1_log

（1）在 C：盘上新建一个文件夹 DATA。

（2）在 SSMS 窗口中，单击"新建查询"，输入 T-SQL 语句：

```
CREATE DATABASE TEST1
ON PRIMARY
(NAME='TEST1',FILENAME='C:\DATA \TEST1',SIZE=5MB,MAXSIZE=10MB,FILEGROWTH=1MB),
FILEGROUP fgroup1
(NAME='data1',FILENAME='C:\DATA \data1',SIZE=4MB,MAXSIZE=10MB,FILEGROWTH=20%),
(NAME='data2',FILENAME='C:\DATA \data2',SIZE=6MB,MAXSIZE=10MB,FILEGROWTH=30%),
FILEGROUP fgroup2
(NAME='data3',FILENAME='C:\DATA\data3',SIZE=3MB,MAXSIZE=UNLIMITED,
    FILEGROWTH=1MB)
LOG ON
(NAME='TEST1_log',FILENAME='C:\DATA\TEST1_log',SIZE=2MB,MAXSIZE=200GB,
    FILEGROWTH=10%)
GO
```

（3）单击"！执行（X）"按钮。

新建的 TEST1 数据库中的文件如图 5.3 所示。

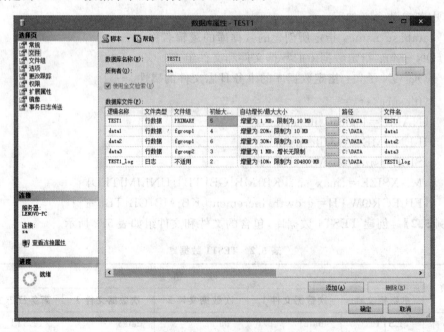

图 5.3　TEST1 数据库的文件

说明：

- 一个文件只能存在于一个文件组中，一个文件组只能被一个数据库使用。
- 用户可以定义多个文件组，一个文件组中可以放多个文件。
- 不同的文件可以保存在不同的磁盘上。
- 一个数据库至少有一个数据文件和一个事务日志文件。

2. 修改数据库

1）使用 SSMS 工具

【**例 5.3**】　修改"学生管理"数据库。修改主数据文件"学生管理"的初始大小、文件增长、最大文件大小，各项取值自定。添加一个用户定义文件组 sfgroup，添加一个数据文件 stu1，并将其分配到 sfgroup 文件组中。

（1）打开 SSMS，在"对象资源管理器"中，右击"学生管理"数据库，在弹出的快捷菜单中选择"属性"，进入"数据库属性-学生管理"窗口的"常规"选择页。

（2）在"文件"选择页中单击"学生管理"主数据文件的"初始大小"，可设置新的初始大小，例如设置为 6MB，如图 5.4 所示。

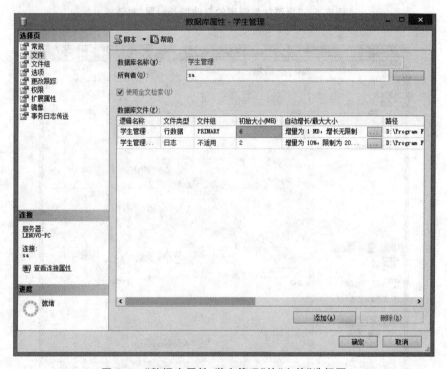

图 5.4　"数据库属性-学生管理"的"文件"选择页

（3）单击"学生管理"主数据文件的"自动增长/最大大小"中的"…"按钮，打开"更改学生管理的自动增长设置"对话框，如图 5.5 所示，设置新的自动增长和最大文件大小。例如，设置为按 10％增长、最大文件大小限制为 10MB，单击"确定"按钮。

（4）在"文件组"选择页中，单击上面的"添加文件组"按钮，输入用户定义文件组名称"sfgroup"，如图 5.6 所示。

（5）在"文件"选择页中，如图 5.3 所示，单击"添加"按钮，单击"逻辑名称"框，输入次数据文件的逻辑名称"stu1"。添加文件的文件组默认是 PRIMARY，单击"文件组"框，在其右侧出现∨，单击∨，从中选择 sfgroup，即可完成将 stu1 文件分配给 sfgroup 文件组。

（6）单击"确定"按钮。

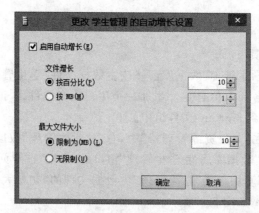

图 5.5 "更改学生管理的自动增长设置"对话框

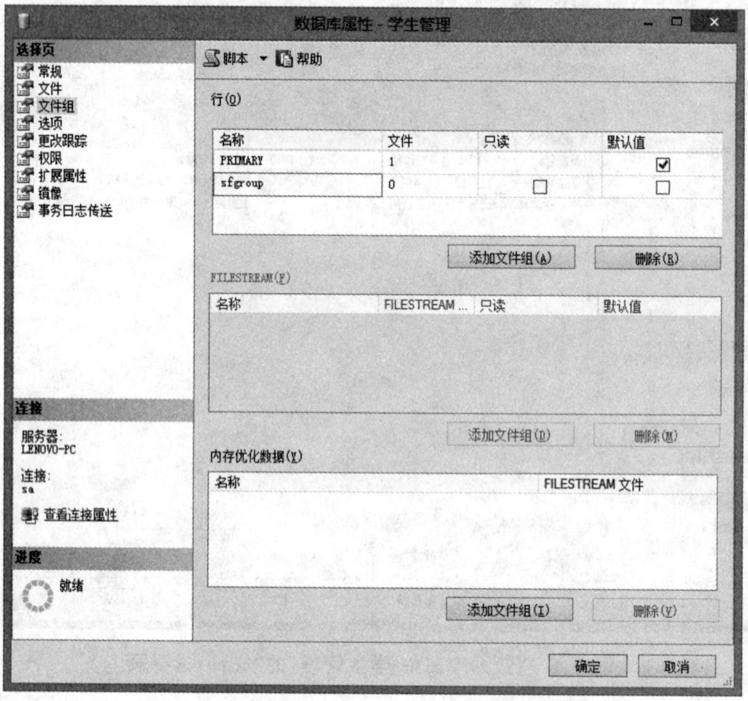

图 5.6 "数据库属性-学生管理"的"文件组"选择页

完成数据库修改后,可重新打开"学生管理"数据库的"属性"窗口,确认修改结果。

2)使用 T-SQL 语句

修改数据库可以使用 ALTER DATABASE 语句,其基本语法格式如下:

```
ALTER DATABASE {database_name|CURRENT}
{MODIFY NAME=new_database_name|COLLATE collation_name
|<add_or_modify_files>|<add_or_modify_filegroups>}
```

其中各参数含义如下:

- MODIFY NAME：重新指定数据库的名称。
- COLLATE：修改数据库的排序规则。
- ＜add_or_modify_files＞：添加或修改数据库文件子句。其格式为：

```
{ADD FILE <filespec>[,...n] [TO FILEGROUP {filegroup_name}]
|ADD LOG FILE <filespec>[,...n]|REMOVE FILE logical_file_name
|MODIFY FILE <filespec>}
```

- ＜add_or_modify_filegroups＞：添加或修改文件组子句。其格式为：

```
{ADD FILEGROUP filegroup_name|REMOVE FILEGROUP filegroup_name
|MODIFY FILEGROUP filegroup_name
{READONLY|READWRITE|DEFAULT|NAME=new_filegroup_name}}
```

（1）添加新的数据文件。

【例 5.4】 修改 TEST1 数据库，增加数据文件 data4.ndf，初始为 2MB，最大为 6MB，文件增长速度为 1MB。

```
USE TEST1
ALTER DATABASE CURRENT ADD FILE
(NAME='data4',
FILENAME='C:\DATA\data4.ndf',
SIZE=2MB,
MAXSIZE=6MB,
FILEGROWTH=1MB)
```

语句执行结果，TEST1 数据库的文件增加一个数据文件 data4.ndf，默认文件组为 PRIMARY。

（2）添加新的数据文件到指定文件组。

【例 5.5】 修改 TEST1 数据库，增加数据文件 data5.ndf，初始为 2MB，最大为 10MB，文件增长速度为 10％，并将其分配到文件组 fgroup2 中。

```
ALTER DATABASE TEST1 ADD FILE
(NAME='data5',
FILENAME='C:\DATA\data5.ndf',
SIZE=2MB,
MAXSIZE=10MB,
FILEGROWTH=10%)
TO FILEGROUP fgroup2
```

（3）修改数据文件的文件增长速度。

【例 5.6】 修改 TEST1 数据库，修改数据文件 data5.ndf 的文件增长速度为 20％。

```
ALTER DATABASE TEST1 MODIFY FILE
(NAME='data5',
FILEGROWTH=20%)
```

注意：用 MODIFY FILE 修改文件时，

① 重新指定的大小必须大于当前大小。

② 每次都必须指定要修改的文件的逻辑名称，以标识要修改的文件。

3. 删除数据库

1）使用 SSMS 工具

【例 5.7】　删除"学生管理"数据库。

（1）打开 SSMS，在"对象资源管理器"中，右击"学生管理"数据库，在弹出的快捷菜单中选择"删除"，进入"删除对象"窗口的"常规"选择页。

（2）单击"确定"按钮，即可删除指定的数据库。

2）使用 T-SQL 语句

删除数据库可以使用 DROP DATABASE 语句，其基本语法格式如下：

```
DROP DATABASE database_name [,...n]
```

【例 5.8】　使用 T-SQL 语句删除 TEST1 数据库。

```
DROP DATABASE TEST1
```

注意：

（1）删除数据库操作，不仅将数据库从 SQL Server 实例中删除，而且还删除该数据库使用的物理磁盘文件。

（2）无法删除系统数据库。

（3）不能删除当前正在使用的数据库。

5.3　表的操作

表是包含数据库中所有数据的数据库对象。数据在表中的逻辑组织方式与在电子表格中相似，都是按行和列的格式组织的。每一行代表一条唯一的记录，每一列代表记录中的一个字段。例如，在学生数据的表中，每一行代表一名学生，各列分别代表该学生的信息，如学号、姓名、出生日期、籍贯等。每一列需要指定数据类型，SQL Server 中常用的数据类型如表 5.3 所示。关于数据类型的详细介绍见后面的章节。

表 5.3　SQL Server 中常用的数据类型

数据类型	说　　明
int	整数
decimal(p,s)	浮点数，p 为指定精度（数字的位数），s 为小数点后数字的位数
char(n)	固定长度字符串，n 为长度
varchar(n)	可变长度字符串，n 为最大长度
date	日期

5.3.1 表操作

在 SQL Server 2014 中,系统管理员可以创建数据库表,并且可以对表进行修改、删除等操作。创建表的操作主要有两种方式:一是使用 SSMS 工具;二是使用 T-SQL 语句。

1. 创建表

1) 使用 SSMS 工具

【**例 5.9**】 创建"学生管理"数据库,在数据库中创建"学生"表,如图 5.7 所示,设置学号为表的主键。

(1) 打开 SSMS,创建用户数据库"学生管理"。

(2) 单击数据库"学生管理"前面的"+"号,右击"表",在弹出的快捷菜单中选择"新建"→"表",即打开表设计器,输入如图 5.7 所示的表信息。

说明:

- Null 表示空值,是一种特殊取值,表示数据是不确定的。
- 允许 Null 值,若某列的复选框没有"√",表示该列的取值不能为空,否则,表示该列的取值可以为空值(即不确定)。
- 列名,不要加空格。

(3) 在表设计器中,可以在"列属性"页中修改当前所选择列的属性,例如,选择"性别"列,如图 5.8 所示。

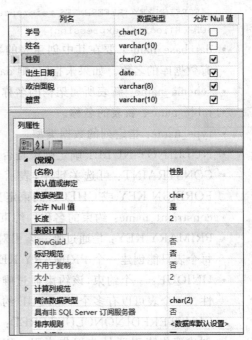

列名	数据类型	允许 Null 值
学号	char(12)	☐
姓名	varchar(10)	☐
性别	char(2)	☑
出生日期	date	☑
政治面貌	varchar(8)	☑
籍贯	varchar(10)	☑
		☐

图 5.7 "学生"表的设计

图 5.8 列属性

说明：

- 名称：当前选择的列。
- 默认值或绑定：在添加记录时，如果没有指定该列的值，默认值为此值。例如，男。
- 允许 Null 值：指定是否允许该列取空值。
- 长度：指定数据类型的长度。
- 排序规则：指定该列的排序规则。

（4）选择"学号"列，单击工具栏上的 ? 按钮，或者右击选择"设置主键"，可将"学号"设置为表的主键。

（5）单击工具栏上的"保存"按钮 ，或者单击表设计器中的"关闭"按钮 ✕，系统将提示是否保存，选择保存则需要输入表名称，这里输入"学生"。

2）使用 T-SQL 语句

创建表可以使用 CREATE TABLE 语句，其基本语法格式如下：

```
CREATE TABLE
    [database_name.schema_name.|schema_name.]table_name ( <column_definition>)
```

其中各参数含义如下：

- `<column_definition>::=column_name <type_name> [NULL|NOT NULL]`
  `[<column_constraint>] DEFAULT constant_expression]`
- `<column_constraint>::=[CONSTRAINT constraint_name ]`
  `{{PRIMARY KEY|UNIQUE }[CLUSTERED|NONCLUSTERED]`
  `|[FOREIGN KEY ]REFERENCES referenced_table_name [(ref_column)]`
  `|CHECK(logical_expression)}`
- database_name：要在其中创建表的数据库的名称。database_name 必须指定现有数据库的名称。如果未指定，则 database_name 默认为当前数据库。
- schema_name：新表所属架构的名称。
- table_name：新表的名称。
- type_name：指定列的数据类型。
- NULL|NOT NULL：确定列中是否允许使用空值。
- CONSTRAINT：可选关键字，表示 PRIMARY KEY、NOT NULL、UNIQUE、FOREIGN KEY 或 CHECK 约束定义的开始。
- constraint_name：约束的名称。约束名称必须在表所属的架构中唯一。
- PRIMARY KEY：是通过唯一索引对给定的一列或多列强制实体完整性的约束。每个表只能创建一个 PRIMARY KEY 约束。
- UNIQUE：一个约束，该约束通过唯一索引为一个或多个指定列提供实体完整性。一个表可以有多个 UNIQUE 约束。
- CLUSTERED|NONCLUSTERED：指示为 PRIMARY KEY 或 UNIQUE 约束创建聚集索引还是非聚集索引。PRIMARY KEY 约束默认为 CLUSTERED，UNIQUE 约束默认为 NONCLUSTERED。

在 CREATE TABLE 语句中,可只为一个约束指定 CLUSTERED。如果在为 UNIQUE 约束指定 CLUSTERED 的同时又指定了 PRIMARY KEY 约束,则 PRIMARY KEY 将默认为 NONCLUSTERED。

【例 5.10】 在"学生管理"数据库中创建"课程"表,如表 5.4 所示。

表 5.4 "课程"表的设计信息

列 名	数据类型	长度	允许 Null 值	说 明
课程号	char	4	NOT NULL	主键
课程名	varchar	30		
学时	tinyint			
学分	tinyint			

```
CREATE TABLE 学生管理.dbo.课程
(课程号 char(4) NOT NULL PRIMARY KEY,
课程名 varchar(30),
学时 tinyint,
学分 tinyint)
```

注意:命令成功执行后,如果在"对象资源管理器"中找不到新建的"课程"表,刷新即可看到。

【例 5.11】 在"学生管理"数据库中创建"选修"表,如表 5.5 所示。

表 5.5 "选修"表的设计信息

列 名	数据类型	长 度	允许 Null 值	说 明
学号	char	12	NOT NULL	主键
课程号	char	4	NOT NULL	主键
成绩	tinyint			

```
USE 学生管理
CREATE TABLE 选修
(学号 char(12) NOT NULL,
课程号 char(4) NOT NULL,
成绩 tinyint,
PRIMARY KEY(学号,课程号))
```

注意:在例 5.10 中,新表指定了所属数据库和架构,这样无论当前使用的数据库是什么都可以在指定数据库"学生管理"中创建新表;在例 5.11 中,新表没有指定所属数据库,新建的表将属于当前正在使用的数据库。

2. 修改表

1) 使用 SSMS 工具

【例 5.12】 修改"课程"表的结构。

（1）确认是否允许修改表结构。

选择"工具"→"选项"，选择"设计器"中的"表设计器和数据库设计器"，在"表选项"中确保"阻止保存要求重新创建表的更改"复选框中无√后，单击"确定"按钮。

（2）修改表结构。

在"对象资源管理器"中，右击表"课程"，在弹出的快捷菜单中选择"修改"，即可在表设计器中打开"课程"表，修改表的结构，如修改列名、数据类型、是否允许为空值、添加列、右击列名选择插入列和删除列、添加（删除）主键等。

2）使用 T-SQL 语句

修改数据库表可以使用 ALTER TABLE 语句，其基本语法格式如下：

```
ALTER TABLE[ database_name.schema_name.|schema_name.]table_name
{ALTER COLUMN column_name type_name[ NULL|NOT NULL]
|ADD {<column_definition>|<table_constraint>}[,...n]
|DROP{[ CONSTRAINT] constraint_name[,...n]|COLUMN column_name}
```

其中各参数含义如下：

- ALTER COLUMN：修改已有列的属性。
- ADD：添加列或约束。
- DROP：删除列或约束。

其他参数与创建表的参数含义相同。

【例 5.13】 将"课程"表中的课程名宽度修改为 32 个字符。

```
ALTER TABLE 学生管理.dbo.课程
ALTER COLUMN 课程名 varchar(32)
```

说明：ALTER COLUMN 子句不能修改列名。

【例 5.14】 在"课程"表中添加一列"学分"。

```
ALTER TABLE 学生管理.dbo.选修
ADD 学分 tinyint
```

【例 5.15】 将"课程"表的"学分"列删除。

```
ALTER TABLE 学生管理.dbo.选修
DROP COLUMN 学分
```

3. 删除表

1）使用 SSMS 工具

在"对象资源管理器"中，右击要删除的表，在弹出的快捷菜单中选择"删除"，将显示一个消息框，提示确认删除，单击其中的"确定"按钮，即可删除该表。

2）使用 T-SQL 语句

删除数据库表可以使用 DROP TABLE 语句，其基本语法格式如下：

```
DROP TABLE [database_name.schema_name.|schema_name.]table_name[,...n]
```

【例 5.16】 删除"学生管理"数据库中的"选修"表。

```
DROP TABLE 学生管理.dbo.选修
```

5.3.2 约束

用户在使用数据库表时,有时可以通过限制列中数据、行中数据和表之间数据来保证数据的完整性。SQL Server 2014 提供了多种强制数据完整性的机制:

- NOT NULL;
- PRIMARY KEY 约束;
- UNIQUE 约束;
- FOREIGN KEY 约束;
- CHECK 约束;
- DEFAULT 约束。

其中,NOT NULL 在前面的 CREATE TABLE 和 ALTER TABLE 语句中已经使用过。下面介绍其他几种约束。

约束可以在创建表时添加,也可以在已有表上添加、删除。下面通过例题介绍其他几种约束的创建和删除。

1. PRIMARY KEY 约束(主键约束)

PRIMARY KEY 是通过主键对给定的一列或多列强制实体完整性的约束。每个表只能创建一个 PRIMARY KEY 约束。主键不允许空值,且不同两行的键值不能相同,即主键可以唯一标识一个元组(记录)。

前面在介绍创建表时,已经添加了主键约束,这里介绍删除主键约束和使用 T-SQL 语句在已有表上添加主键约束。

【例 5.17】 删除"学生管理"数据库中的"课程"表的主键约束。

(1) 使用 SSMS 工具。

方法一: 在表设计器中打开"课程"表,选择主键列"课程号",单击工具栏上的 ▮ ,单击"保存"按钮,即可删除主键约束。

方法二: 在"对象资源管理器"中,展开"课程"表前的"+"号,在"键"中找到要删除的主键约束,右击主键约束名,在弹出的快捷菜单中选择"删除",单击"确定"按钮完成删除。

注意: 如果采用第一种方法删除了主键约束,若再要用第二种方法删除主键约束,必须先重新创建主键约束。总之,对于提供多种方法完成的例题,都要考虑类似的情况。

(2) 使用 T-SQL 语句。

```
ALTER TABLE 课程
DROP CONSTRAINT PK_课程
```

注意:

① PK_课程是主键约束名,若用户未指定主键约束名,系统自动生成,其格式为:

PK_表名(使用 y 添加时)或 PK__表名__16 位十六进制数字(使用 T-SQL 语句添加时)。

② 为叙述方便,提到系统命名的约束名时,均忽略约束名中的数字,读者在上机操作时注意将"PK__表名__16 位十六进制数字"的约束名修改为"PK__表名",以便于在 T-SQL 语句中描述。

在"对象资源管理器"中,若数据库表已添加过主键约束,展开表前的"+"号,在"键"对象中可以看到。

【例 5.18】 使用 T-SQL 语句在"学生管理"数据库中的"课程"表上添加主键约束。

```
ALTER TABLE 课程
ADD CONSTRAINT PK_课程 PRIMARY KEY(课程号)
```

2. UNIQUE 约束(唯一性约束、候选键约束)

UNIQUE 约束用于强制非主键列的唯一性。例如,在"课程"表中,主键约束创建在"课程号"列上,如果还需要保证"课程名"是唯一的,那么可以在"课程名"列上添加 UNIQUE 约束。一个表可以有多个 UNIQUE 约束。

【例 5.19】 在"学生管理"数据库中的"课程"表的"课程名"列上添加 UNIQUE 约束。

(1) 使用 SSMS 工具。

在表设计器中打开"课程"表,右击"课程名"列,在弹出的快捷菜单中选择"索引/键",显示如图 5.9 所示的消息框。单击"添加"按钮,选择类型中的"唯一键",单击"关闭"按钮、"保存"按钮即可完成 UNIQUE 约束的添加。

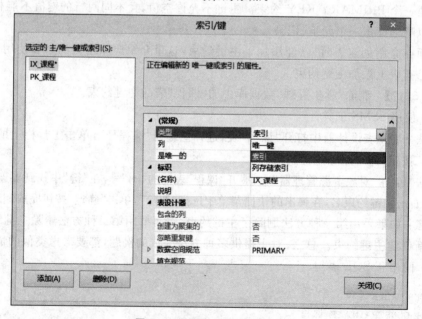

图 5.9 添加"UNIQUE 约束"

如果要修改 UNIQUE 约束的名称,可修改"标识"名称。

（2）使用 T-SQL 语句。

① 在创建表时添加 UNIQUE 约束。

例如，例 5.10 创建"课程"表的 T_SQL 语句修改为：

```
CREATE TABLE 学生管理.dbo.课程 1
 (课程号 char(4) NOT NULL PRIMARY KEY,
课程名 varchar(30) UNIQUE,
学时 tinyint,
学分 tinyint)
```

可以创建一个和"课程"表相同结构的"课程 1"表，不同的是"课程 1"表的"课程名"列添加了 UNIQUE 约束，UNIQUE 约束名称是系统自动生成的。

② 在已有表上添加 UNIQUE 约束。

在已有的"课程"表的"课程名"列上添加 UNIQUE 约束，使用 ALTER TABLE 语句。

```
ALTER TABLE 课程
ADD CONSTRAINT UQ_课程 UNIQUE(课程名)
```

【例 5.20】　删除"学生管理"数据库中的"课程"表的"课程名"列上的 UNIQUE 约束。

① 使用 SSMS 工具。

方法一：打开如图 5.9 所示的消息框，选择要删除的 UNIQUE 约束名称，单击"删除"按钮，单击"保存"按钮更改。

方法二：在"对象资源管理器"中，展开"课程"表前的"＋"号，在"键"中找到要删除的 UNIQUE 约束，右击 UNIQUE 约束名，在弹出的快捷菜单中选择"删除"，单击"确定"按钮完成删除。

② 使用 T-SQL 语句。

```
ALTER TABLE 课程
DROP CONSTRAINT UQ_课程
```

3. FOREIGEN KEY 约束（外键约束）

FOREIGN KEY 用于引用其他表，为列中的数据提供引用完整性的约束。FOREIGN KEY 约束要求列中的每个值在被引用表的对应列中都存在，并且被引用的列必须添加 PRIMARY KEY 约束或 UNIQUE 约束。

【例 5.21】　在"学生管理"数据库中有"学生""课程""选修"三个表，创建外键约束："选修"表的"学号"列引用"学生"表的"学号"列；"选修"表的"课程号"列引用"课程"表的"课程号"列。

注意：在创建上述引用关系之前，要确认"学生"表的"学号"列和"课程"表的"课程号"列都已添加了 PRIMARY KEY 约束或 UNIQUE 约束。

（1）使用 SSMS 工具。

① 在"对象资源管理器"中，展开"学生管理"数据库，右击"数据库关系图"，在弹出的快捷菜单中选择"新建数据库关系图"。

如果出现如图 5.10 所示的提示消息框,则需要为"学生管理"数据库指定所有者。右击"学生管理"数据库,在弹出的快捷菜单中选择"属性",切换到"文件"选择页,"所有者"当前为空,单击"所有者"名称框右侧的"..."按钮,对象类型选择"登录名",单击"浏览"按钮,在匹配的对象中选择"[sa]"单击"确定"按钮即可。修改数据库所有者的过程如图 5.11 所示。指定数据库所有者后,新建数据库关系图,显示图 5.12 所示的消息框,单击"是"按钮。

图 5.10 "新建数据库关系图"的提示消息框

图 5.11 设置数据库的所有者

图 5.12 创建"使用关系图的支持对象"提示消息框

② 出现的"添加表"对话框如图 5.13 所示,逐一添加"课程""选修""学生"表,关闭
"添加表"对话框。

图 5.13　"添加表"对话框

③ 用鼠标拖动"学生"表中的 🔑 到"选修"表的"学号"列,出现如图 5.14 所示的关系
对照表,确认表和列正确后,单击"确定"按钮。采用同样的方法建立"选修"表中"课程
号"列的外键关系。

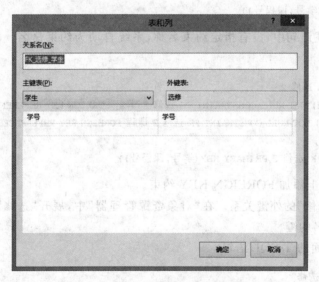

图 5.14　建立外键关系的"表和列"

④ 建立的数据库关系如图 5.15 所示,单击"保存"或"关闭"按钮,系统将提示输入关
系图名称,单击"确定"按钮。

注意：建立三者之间的外键关系后,即使删除刚刚建立的数据库关系图,外键关系仍
然存在。展开"选修"表的键,可以进行查看。

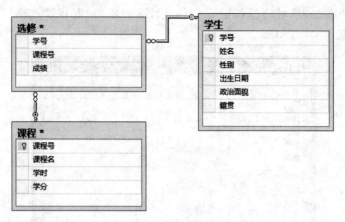

图 5.15　数据库关系图

（2）使用 T-SQL 语句。

① 在创建表时添加 FOREIGN KEY 约束。

例如，将例 5.11 创建"选修"表的 T_SQL 语句修改为：

```
USE 学生管理
CREATE TABLE 选修 1
(学号 char(12) NOT NULL FOREIGN KEY REFERENCES 学生(学号),
课程号 char(4) NOT NULL FOREIGN KEY REFERENCES 课程(课程号),
成绩 tinyint,
PRIMARY KEY(学号,课程号))
```

注意：在上述语句中，没有指定约束名称，系统自动为约束命名。也可指定约束名称，例如：

```
CREATE TABLE 选修 2
(学号 char(12) NOT NULL CONSTRAINT FK_选修 2_学生 FOREIGN KEY REFERENCES 学生(学号),
课程号 char(4) NOT NULL CONSTRAINT FK_选修 2_课程 FOREIGN KEY REFERENCES 课程(课程号),
成绩 tinyint,
CONSTRAINT PK_选修 2 PRIMARY KEY(学号,课程号))
```

② 在已有表上添加 FOREIGN KEY 约束。

首先删除"选修"的外键关系。在"对象资源管理器"中，展开"选修"表中的键，删除以"FK_"开头命名的键。

然后执行下面的 T-SQL 语句：

```
ALTER TABLE 选修
ADD CONSTRAINT FK_选修_学生 FOREIGN KEY(学号) REFERENCES 学生(学号),
CONSTRAINT FK_选修_课程 FOREIGN KEY(课程号) REFERENCES 课程(课程号)
```

【例 5.22】　删除例 5.21 在"学生管理"数据库中创建的外键约束。

（1）使用 SSMS 工具。

（在例 5.21 中介绍过。）

（2）使用 T-SQL 语句。

```
ALTER TABLE 选修
DROP CONSTRAINT FK_选修_学生,FK_选修_课程
```

4. CHECK 约束

CHECK 约束通过限制可输入一列或多列中的可能值来强制实现域完整性。列可以有任意多个 CHECK 约束，并且约束条件中可以包含用 AND 和 OR 组合起来的多个逻辑表达式。列上的多个 CHECK 约束按创建顺序进行验证。

【例 5.23】　在"课程"表的"课程号"列添加 CHECK 约束，强制"课程号"由 4 位数字构成。

（1）使用 SSMS 工具。

在表设计器中打开"课程"表，右击"课程号"，在弹出的快捷菜单中选择"CHECK 约束"，单击"添加"按钮，选择"表达式"，单击其右侧的"…"按钮，输入 CHECK 约束表达式：课程号 like '[0-9][0-9][0-9][0-9]'，如图 5.16 所示，单击"确定"按钮。如果输入的表达式正确，则关闭 CHECK 约束窗口，单击"保存"按钮。关于 CHECK 约束表达式中的格式符，读者可查阅在线资源。

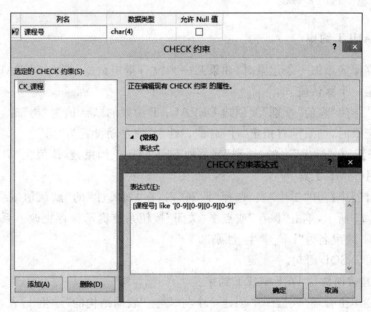

图 5.16　创建 CHECK 约束

（2）使用 T-SQL 语句。

① 在创建表时添加 CHECK 约束。

例如，将例 5.10 创建"课程"表的 T_SQL 语句修改为：

```
CREATE TABLE 学生管理.dbo.课程 2
(课程号 char(4) NOT NULL PRIMARY KEY CHECK(课程号 LIKE '[0-9][0-9][0-9][0-9]'),
```

```
课程名 varchar(30),
学时 tinyint,
学分 tinyint)
```

② 在已有表上添加 CHECK 约束。

首先删除采用第一种方式创建的"CK_课程"CHECK 约束：在"对象资源管理器"中，展开"课程"表，在"约束"中右击"CK_课程"，在弹出的快捷菜单中选择"删除"，单击"确定"按钮完成删除。

然后执行 T-SQL 语句：

```
ALTER TABLE 课程
ADD CONSTRAINT CK_课程 CHECK(课程号 LIKE '[0-9][0-9][0-9][0-9]')
```

【例 5.24】 删除"课程"表中"课程号"列上的"CK_课程"CHECK 约束。

(1) 使用 SSMS 工具。

(在例 5.23 中介绍过。)

(2) 使用 T-SQL 语句。

```
ALTER TABLE 课程
DROP CONSTRAINT CK_课程
```

5. DEFAULT 约束

当向数据库表添加一条记录时，如果某一列没有指定数据，那么 DEFAULT 约束可以给该列指定一个默认值。

例如，在"学生"表的"性别"上创建 DEFAULT 约束的默认值为"男"时，当向"学生"表添加一条记录时，如果没有指定"性别"值，"性别"值自动设置为"男"。

【例 5.25】 在"学生"表的"性别"列添加 DEFAULT 约束，默认值为"男"。

(1) 使用 SSMS 工具。

在表设计器中打开"学生"表，选择"性别"列，在"列属性"的"默认值或绑定"项输入"男"，如图 5.17 所示，单击"保存"或点击"关闭"按钮系统提示保存更改。系统自动生成的 DEFAULT 约束名为"DF_学生_性别"。

(2) 使用 T-SQL 语句。

① 在创建表时添加 DEFAULT 约束。

例如，在"学生管理"数据库中创建一个与"学生"表同结构的"学生 1"表，在"性别"列上添加默认值"男"。

```
CREATE TABLE 学生管理.dbo.学生 1
(学号 char(12) NOT NULL PRIMARY KEY,
姓名 varchar(10) NOT NULL,
性别 char(2) DEFAULT '男',
出生日期 date,
政治面貌 varchar(8),
```

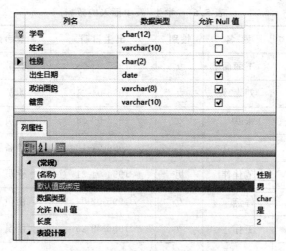

图 5.17 创建 DEFAULT 约束

籍贯 varchar(10))

② 在已有表上添加 DEFAULT 约束。

首先删除采用第一种方式创建的"DF_学生_性别"DEFAULT 约束：在"对象资源管理器"中，展开"学生"表，在"约束"中右击"DF_学生_性别"，在弹出的快捷菜单中选择"删除"，单击"确定"按钮完成删除。

然后执行 T-SQL 语句：

```
ALTER TABLE 学生
ADD CONSTRAINT DF_学生_性别 DEFAULT '男' FOR 性别
```

【**例 5.26**】 删除"学生"表中"性别"列上的 DEFAULT 约束"DF_学生_性别"。

(1) 使用 SSMS 工具。

已在例 5.25 中介绍过，在此不再赘述。

(2) 使用 T-SQL 语句。

```
ALTER TABLE 学生
DROP CONSTRAINT DF_学生_性别
```

5.3.3 表中数据操作

创建数据库表后，就可以对表中的数据操作。表中数据操作分为编辑和查询两类。查询操作将在第 6 章介绍，本节介绍表中数据的编辑操作，编辑操作包括数据的插入、修改和删除。

1. 插入数据

1) 使用 SSMS 工具

【**例 5.27**】 向"学生"表插入如表 5.6 所示的数据。

表5.6 "学生"表中插入的数据

学 号	姓 名	性别	出生日期	政治面貌	籍贯
201511010101	王丽丽	女	1995-03-03	党员	山东
201511010103	刘嘉玲	女	1996-04-24	团员	天津
201511010120	张欧	女	1996-09-08	团员	河南
201511010201	王建立	男	1996-07-12	预备党员	北京
201511010202	范佳伟	男	1994-04-21	党员	山东
201512050101	韩燕	女	1995-02-04	团员	河南
201512050102	王伟	女	1996-09-25	团员	天津
201512050103	李方军	男	1997-09-13	团员	上海
201512060101	王密度	男	1995-02-23	预备党员	安徽
201512060102	郝菊红	女	1995-03-16	团员	山东
201512060103	赵鹏程	男	1995-03-16	团员	北京
201512060104	方宇	女	1995-01-26	党员	安徽
201512060105	王丽丽	女	1997-02-25	团员	安徽

右击"学生"表,在弹出的快捷菜单中选择"编辑前200行",逐行输入如表5.6所示的数据。

注意:在输入数据时,一定要逐行输入数据,不要逐列输入,否则有可能违背主键约束或唯一性约束。

2) 使用 T-SQL 语句

向数据库表中插入记录使用 INSERT 语句,其基本语法格式为:

```
INSERT [INTO] [database_name.schema_name.|schema_name.]{table_name|view_name}
[(column_list)] VALUES({DEFAULT|NULL|expression}[,...n])[,...n]
```

其中参数含义如下:

- column_list:可选,表示要在其中插入数据的列表。当插入的数据包含表中所有属性值并且值的顺序和表中列的顺序一致时,可以省略。否则,必须用括号将其括起来,并且用逗号分隔。
- VALUES:指定要插入的数据值的列表。列的顺序要与 column_list 一致。
- DEFAULT:当添加了默认值约束列的值取默认值时,可用此关键字。
- expression:列值表达式。

【例5.28】 用 T-SQL 向"课程"表插入如表5.7所示的数据的前3行(其他记录的添加略)。

表 5.7 "课程"表中插入的相关数据

课程号	课程名	学时	学分
1101	数据库原理与应用	72	4
1102	管理统计学	54	3
1103	网页设计基础	54	3
1104	程序设计基础	48	3
1105	高级编程	64	4
1106	信息系统管理	48	3
1201	微观经济学	72	4
1202	高级财务会计	54	3
1203	金融营销	36	2
1204	国际贸易实务	64	4

```
INSERT INTO 课程 VALUES('1101','数据库原理与应用',72,4),
    ('1102','管理统计学',54,3),('1103','网页设计基础',54,3)
```

注意：创建表时设置为不允许为空又没有默认值约束的列,必须插入数据。

【例 5.29】 用 T-SQL 向"学生 1"表插入一条记录('201512060103','赵鹏程','男')。下面的三条 T-SQL 语句的执行结果相同。

```
INSERT INTO 学生 1(学号,姓名,性别) VALUES('201512060103','赵鹏程','男')
INSERT INTO 学生 1(学号,姓名,性别) VALUES('201512060103','赵鹏程',DEFAULT)
INSERT INTO 学生 1 VALUES('201512060103','赵鹏程','男',NULL,NULL,NULL)
```

注意：当插入的数据不是一条记录的全部数据时,表名后的括号不能省略。

【例 5.30】 任选一种方式,向"选修"表插入如表 5.8 所示的数据(操作略)。

表 5.8 "选修"表插入的数据

学　　号	课程号	成绩	学　　号	课程号	成绩
201511010101	1101	90	201511010202	1102	69
201511010101	1102	80	201512050101	1201	80
201511010101	1103	85	201512050101	1202	67
201511010103	1103	86	201512050102	1203	74
201511010103	1101	69	201512050103	1201	86
201511010120	1101	79	201512060101	1204	78
201511010120	1102	70	201512060102	1204	47
201511010201	1102	78	201512060102	1201	72
201511010202	1103	80	201512060103	1203	80

注意：在向"选修"表插入数据时，如果该表存在和"学生""课程"两表的外键关系，那么"学号"列的取值范围是"学生"表的"学号"列，"课程号"列的取值范围是"课程"表的"课程号"列。

2. 修改数据

1）使用 SSMS 工具

右击"学生"表，在弹出的快捷菜单中选择"编辑前 200 行"，直接修改表中的数据。

2）使用 T-SQL 语句

修改数据库表中的数据使用 UPDATE 语句，其基本语法格式为：

```
UPDATE [server_name.database_name.schema_name.
|database_name.schema_name.|schema_name.]table_name|view_name
SET {column_name ={expression|DEFAULT|NULL}[,...n]
[WHERE <condition_expression>]
```

其中各参数含义如下：

- WHERE：可选关键字。缺省时，默认修改表中的每一行数据。
- condition_expression：条件表达式。

【例 5.31】 用 T-SQL 语句，将"网页设计基础"课程的"学时"和"学分"修改为 40 和 2。

```
UPDATE 课程 SET 学时=40,学分=2 WHERE 课程名='网页设计基础'
```

3. 删除数据

1）使用 SSMS 工具

右击数据库表，在弹出的快捷菜单中选择"编辑前 200 行"，选择要删除的记录（可选多行），右击，在弹出的快捷菜单中选择"删除"，在确认消息框中单击"是"按钮将永久删除所选行，单击"保存"按钮。

2）使用 T-SQL 语句

（1）删除数据库表中的部分数据使用 DELETE 语句，其基本语法格式为：

```
DELETE [FROM] [server_name.database_name.schema_name.
|database_name.schema_name.|schema_name.] table_name|view_name
[WHERE <condition_expression>]
```

【例 5.32】 用 T-SQL 语句，删除"课程 1"表的"JAVA 程序设计"课程。

```
DELETE FROM 学生管理.dbo.课程 1 WHERE 课程名='JAVA 程序设计'
```

（2）删除数据库表中的全部数据使用 TRUNCATE TABLE 语句，其语法格式为：

```
TRUNCATE TABLE [{database_name.[schema_name].|schema_name.}]
table_name
```

TRUNCATE TABLE 语句删除表中的所有行，而不记录单个行删除操作。

TRUNCATE TABLE 与没有 WHERE 子句的 DELETE 语句类似,但是,TRUNCATE TABLE 速度更快,使用的系统资源和事务日志资源更少。

注意:

① 不能对以下表使用 TRUNCATE TABLE。

- 由 FOREIGN KEY 约束引用的表。
- 参与索引视图的表。
- 通过使用事务复制或合并复制发布的表。

对于具有以上一个或多个特征的表,请使用 DELETE 语句。

② TRUNCATE TABLE 不能激活触发器,因为该操作不记录各个行的删除。

5.3.4 数据库文件的复制

用户在使用数据库时,有时需要复制数据库文件到其他计算机上,在这里只介绍通过数据库的分离和附加来实现。其他方式将在后面的章节中介绍。

1. 数据库的分离和附加

分离数据库是指将数据库从 SQL Server 实例中删除,但数据库在其数据文件和事务日志文件中保持不变。之后,就可以使用这些文件将数据库附加到任何 SQL Server 实例,包括分离该数据库的服务器。

【例 5.33】 将"学生管理"数据库从 SQL Server 实例中分离。

(1)分离数据库之前要先确认数据库文件保存的位置和文件数。

在"对象资源管理器"中,右击"学生管理"数据库,在弹出的快捷菜单中选择"属性",选择"文件"页,"路径"中的位置就是数据库分离之后数据库相关文件的保存位置,还要关注文件数和文件名,因为复制数据库文件时,要复制全部的数据库文件。

(2)分离数据库。

在"对象资源管理器"中,右击"学生管理",在"任务"中选择"分离",出现如图 5.18 所示的对话框。勾选图中的两个复选框,单击"确定"按钮完成"学生管理"数据库的分离。

说明:

- 数据库名称:数据库的逻辑名称。
- 删除连接:选择是否断开与指定数据库的连接。这里勾选该复选框。
- 更新统计信息:选择在分离数据库之前是否更新过时的优化统计信息。这里勾选该复选框。

【例 5.34】 在磁盘 C:上建立新文件夹 DBDATA,将例 5.33 分离后的数据库文件全部复制到 DBDATA 文件夹下,并将其附加到 SQL Server 中。

(1)在 Windows 下,在磁盘 C:中新建文件夹 DBDATA ,将例 5.33 分离后的数据库文件,例如,学生管理.mdf 和学生管理_log.ldf,如果还有其他.ndf 文件,全部复制到 DBDATA 中。

(2)附加数据库。

在"对象资源管理器"中,右击"数据库",在弹出的快捷菜单中选择"附加",出现如图 5.19 所示的对话框,单击"添加"按钮,出现"定位数据库文件-计算机名-PC"对话框,

图 5.18 "分离数据库"对话框

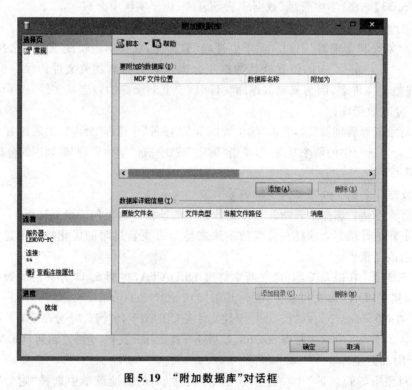

图 5.19 "附加数据库"对话框

选择"C:\DBDATA\学生管理.mdf"文件,单击"确定"按钮,返回"附加数据库"对话框,单击"确定"按钮。

在"对象资源管理器"中,可以看到"学生管理"数据库,表明附加成功。

5.4 本章小结

成功安装 SQL Server 2014 后,系统自动创建了四个系统数据库,分别是 master、model、msdb 和 tempdb。

数据库是以文件形式存储在磁盘上的。每个 SQL Server 2014 数据库至少具有两个操作系统文件:一个数据文件和一个事务日志文件。另外,用户可以添加多个次数据文件。

为了便于分配和管理数据文件,系统使用文件组管理数据文件。每个数据库有一个主文件组。主文件组包含主数据文件和未放入其他文件组的所有次数据文件。用户可以创建文件组,可以将次数据文件放入用户创建的文件组中。事务日志文件不属于任何文件组。

在 SQL Server 2014 中,系统管理员可以创建新的数据库,并且可以对数据库进行修改、删除等操作。创建数据库时,需要确定数据库名、数据库文件名和存储位置、数据库初始大小、数据库最大大小、数据库是否允许增长及增长方式等参数。

SQL Server 创建表的过程是规定数据列的属性的过程,同时也是实施数据完整性保证的过程。SQL Server 2014 提供了多种强制数据完整性的机制:

* NOT NULL;
* PRIMARY KEY 约束;
* FOREIGN KEY 约束;
* UNIQUE 约束;
* CHECK 约束;
* DEFAULT 约束。

分离数据库是指将数据库从 SQL Server 实例中删除,但数据库在其数据文件和事务日志文件中保持不变。之后,可以使用这些文件将数据库附加到任何 SQL Server 实例,包括分离该数据库的服务器,从而实现数据库的复制。

习 题 5

一、选择题

1. 新建的数据库至少包含(   )。
    A. 一个主要数据文件和一个日志文件
    B. 一个次要数据文件和一个日志文件
    C. 一个主数据文件和一个次数据文件

    D. 一个主数据文件、多个次数据文件、一个日志文件

2. SQL Server 中,数据库主数据文件扩展名为(　　)。

    A. .ldf   B. .mdf   C. .ndf   D. .dbf

3. 事务日志文件的默认扩展名为(　　)。

    A. .mdf   B. .ndf   C. .ldf   D. .dbf

4. 通过使用文件组,可以(　　)。

    A. 提高存取数据的效率   B. 提高数据库备份与恢复的效率

    C. 简化数据库的维护   D. ABC 都可以

5. 下面描述错误的是(　　)。

    A. 每个数据文件中有且只有一个主数据文件

    B. 日志文件可以存在于任意文件组中

    C. 主数据文件默认为在 primary 文件组

    D. 文件组是为了更好的实现数据库文件组织

6. SQL Server 的主数据库是(　　)。

    A. master   B. tempdb   C. model   D. msdb

7. 当执行 CREATE DATABASE 语句时,将通过复制(　　)数据库中的内容来创建数据库的第一部分。

    A. master   B. msdb   C. model   D. tempdb

8. SQL Server 系统数据库不包括(　　)。

    A. master   B. pubs   C. model   D. tempdb

9. 数据库的容量(　　)。

    A. 只能指定固定的大小   B. 最小为 10MB

    C. 最大 100MB   D. 可以设置为自动增长

10. 下面(　　)约束用来禁止输入重复值。

    A. UNIQUE   B. Null

    C. DEFAULT   D. FOREIGN KEY

11. 不允许在关系中出现重复记录的约束通过(　　)实现。

    A. CHECK   B. DEFAULT

    C. FOREIGN KEY   D. PRIMARY KEY 或 UNIQUE

12. 在 T-SQL 语法中,用来插入数据的命令是(　　),用于更新的命令是(　　)。

    A. INSERT,UPDATE   B. UPDATE,INSERT

    C. DELETE,UPDATE   D. CREATE,INSERT INTO

13. 不允许数据库表在指定列上具有相同的值,且不允许有空值,属于(　　)约束。

    A. DEFAULT   B. CHECK

    C. PRIMARY KEY   D. FOREIGN KEY

14. 当向数据库表中插入数据时,如果没有明确地提供输入值,SQL Server 自动为该列输入指定值,属于(　　)约束。

    A. DEFAULT   B. CHECK

C. PRIMARY KEY   D. FOREIGN KEY

15. 通过逻辑表达式判断限制插入到列中的值,属于(　　)约束。

    A. DEFAULT   B. CHECK

    C. PRIMARY KEY   D. FOREIGN KEY

16. 定义数据库表中指定列上插入或更新的数值必须在另一张被参照表中的特定列上存在,属于(　　)约束。

    A. DEFAULT   B. CHECK

    C. PRIMARY KEY   D. FOREIGN KEY

17. 不允许数据库表在指定列上具有相同的值,但允许有空值,属于(　　)约束。

    A. DEFAULT   B. CHECK

    C. PRIMARY KEY   D. FOREIGN KEY

18. 只对某一列起作用的约束称为(　　)约束。

    A. 列   B. 唯一   C. 默认   D. 表

19. 包含了数据库表中一个以上的列的约束称为(　　)约束。

    A. 列   B. 唯一   C. 默认   D. 表

20. 约束可以通过(　　)命令创建。

    A. SET TABLE   B. CREATE TABLE

    C. USE TABLE   D. UPDATE TABLE

21. 从表中删除一行或多行记录的语句是(　　)。

    A. DELETE   B. UPDATE   C. DROP   D. INSERT

二、操作题

1. 使用 SSMS 工具,创建教学数据库 tech,数据库的主文件名为 tech_data,初始为 8MB,最大为 20MB,增长速度为 1MB。日志文件名为 tech_log,初始为 3MB。所有文件都放在 C:\\DATA 中。在该数据库中创建五个表:

Student(Sno,Sname,Ssex, Sbirth,Spoli,Snative)

Course(Cno,Cname,Chour,Ccredit)

Score(Sno,Cno,Grade)

Department(Deptno,Deptname)

Major(Majorno,Majorname,Deptno)

以上五个表的结构参照第 3 章的图 3.9～图 3.13。各表中的数据如图 5.20～图 5.24 所示。

提示:数据库 tech 将在后面的章节使用。

2. 使用 T-SQL 语句,创建数据库 tech1,tech1 数据库的参数设置同 tech 数据库,数据库的主文件名为 tech1_data,初始为 5MB,最大为 20MB,增长速度为 20%。创建一个自定义文件组 filegroup,次要数据文件为 tech1_data1 且属于 filegroup 文件组,初始为 2MB,最大为无限大,增长速度为 20%。日志文件名为 tech1_log,初始为 2MB,最大为 5MB,增长速度为 1MB。

Sno	Sname	Ssex	Sbirth	Spoli	Snative
201511010101	王丽丽	女	1995-03-03	党员	山东
201511010103	刘嘉玲	女	1996-04-24	团员	天津
201511010120	张欧	女	1996-09-08	团员	河南
201511010201	王建立	男	1996-07-12	预备党员	北京
201511010202	范佳伟	男	1994-04-21	党员	山东
201512050101	韩燕	女	1995-02-04	团员	河南
201512050102	王伟	女	1996-09-25	团员	天津
201512050103	李方军	男	1997-09-13	团员	上海
201512060101	王密度	男	1995-02-23	预备党员	安徽
201512060102	郝菊红	女	1995-03-16	团员	山东
201512060103	赵鹏程	男	1995-03-16	团员	北京
201512060104	方宇	女	1995-01-26	党员	安徽
201512060105	王丽丽	女	1997-02-25	团员	安徽

图 5.20　Student

Cno	Cname	Chour	Coredit
1101	数据库原理与应用	72	4
1102	管理统计学	54	3
1103	网页设计基础	54	3
1104	程序设计基础	48	3
1105	高级编程	64	4
1106	信息系统管理	48	3
1201	微观经济学	72	4
1202	高级财务会计	54	3
1203	金融营销	36	2
1204	国际贸易实务	64	4

图 5.21　Course

Sno	Cno	Grade
201511010101	1101	90
201511010101	1102	80
201511010101	1103	85
201511010103	1101	69
201511010103	1103	86
201511010120	1102	70
201511010120	1101	79
201511010201	1102	78
201511010202	1103	80
201511010202	1102	69
201512050101	1201	80
201512050101	1202	67
201512050102	1203	74
201512050103	1201	86
201512050103	1204	78
201512060102	1204	47
201512060102	1201	72
201512060103	1203	80

图 5.22　Score

Deptno	Deptname
01	电气自动化学院
02	矿业与安全工程学院
03	机械电子学院
04	数学与系统科学学院
05	化学与环境工程学院
06	交通学院
07	外国语学院
08	继续教育学院
09	测绘科学与工程学院
10	土木工程与建筑学院
11	信息科学与工程学院
12	经济管理学院
13	文法学院
14	体育学院
15	艺术学院

图 5.23　Department

Majorno	Majorname	Deptno
01	计算机科学与技术	11
02	信息管理与信息系统	11
03	网络信息安全	11
04	软件工程	11
05	国际经济与贸易	12
06	会计学	12
07	金融学	12
08	工商管理	12

图 5.24　Major

3. 有一数据库"供货管理",数据库中的表如图 5.25～图 5.28 所示。要求:

(1) 创建数据库"供货管理",自行设置数据库的参数。

(2) 根据如图 5.25～图 5.28 所示的表数据,设计各表的结构如图 5.29～图 5.32 所示。

(3) 输入表数据。

项目号	项目名	项目地址
J001	热电厂	青岛
J002	机车厂	天津
J003	一汽	长春
J004	造船厂	上海
J005	无线电	成都
J006	通用	上海

图 5.25　项目表

供应商号	供应商名	城市
S001	众合	上海
S002	吉安	北京
S003	特仑苏	天津
S004	楷集	青岛
S005	安和	成都
S006	松鹤	青岛
S007	嘉华	北京
S008	兴隆	青岛

图 5.26　供应商表

零件号	零件名	规格	颜色	重量
P001	螺丝刀	pls-1	红	15
P002	齿轮	pcl-2	银	19
P003	螺丝刀	pls-2	绿	14
P004	螺母	plm-1	灰	10
P005	齿轮	pcl-1	灰	20
P006	阀门	pfm-1	红	100
P007	凸轮	ptl-2	银	30
P008	阀门	pfm-2	白	28
P009	轮胎	plt	黑	NULL

图 5.27　零件表

供应商号	零件号	项目号	供应数量
S001	P003	J001	20
S002	P002	J005	25
S003	P001	J002	23
S004	P003	J003	12
S005	P005	J006	16
S006	P004	J002	15
S007	P003	J002	43
S008	P001	J004	24
S002	P006	J005	34
S001	P007	J006	23
S005	P008	J002	41
S004	P006	J006	23
S006	P008	J001	31

图 5.28 供应表

列名	数据类型	允许 Null 值
项目号	char(4)	☐
项目名	char(10)	☑
项目地址	char(4)	☑

图 5.29 项目表结构

列名	数据类型	允许 Null 值
供应商号	char(4)	☐
零件号	char(4)	☐
项目号	char(4)	☐
供应数量	int	☑

图 5.30 供应表结构

列名	数据类型	允许 Null 值
零件号	char(4)	☐
零件名	varchar(10)	☑
规格	char(10)	☑
颜色	char(2)	☑
重量	int	☑

图 5.31 零件表结构

列名	数据类型	允许 Null 值
供应商号	char(4)	☐
供应商名	varchar(20)	☑
城市	varchar(10)	☑

图 5.32 供应商表结构

第 6 章

chapter 6

数据库查询

本章学习目标

- 熟练掌握 SELECT 查询基本语法规则。
- 熟练掌握各种查询方法。
- 掌握在插入、修改和删除数据时使用查询。

所谓查询,是指从数据库中检索符合条件的数据记录的过程。数据库查询是数据库的核心操作。当数据库设计完成,数据填充完后,不仅查看记录时需要用到查询,而且在进行插入、修改和删除数据时也可能用到查询,所以数据库查询是数据库应用程序开发的重要组成部分。T-SQL 语言提供了 SELECT 语句进行数据库查询。

本章介绍使用 SELECT 语句进行各种查询操作,包括单表查询、连接查询、子查询、集合运算查询等。

6.1 SELECT 语法格式

T-SQL 语言提供 SELECT 语句进行数据库查询,该语句具有灵活的使用方式和丰富的功能。SELECT 语句的完整语法较复杂,其基本语法格式如下:

```
SELECT select_list [ INTO new_table ]
[ FROM table_source ]
[ WHERE search_condition ]
[ GROUP BY group_by_expression[ HAVING search_condition]]
[ ORDER BY order_expression [ ASC | DESC ] ]
```

其中各参数含义如下:

- select_list:指定结果集选择的列,选择列表是以逗号分隔的一系列表达式。
- new_table:指定使用结果集来创建新表,指定新表的名称。
- table_source:指定要从中检索数据的表或视图。
- search_condition:指定要返回的行应满足的条件。即结果集中的数据要满足 search_condition 所表达的条件。
- group_by_expression:指定结果集以 group_by_expression 进行分组。

- search_condition：指定组或聚合应满足的搜索条件。它是对分组进行的筛选，只选择满足 search_condition 指定的条件的组。
- order_expression [ASC | DESC]：指定结果集的排序方式。ASC 表示结果集按 order_expression 升序排序，DESC 表示结果集按 order_expression 降序排序，默认情况下为升序排序。

本章将以第 5 章习题中设计的教学数据库 tech 为例说明 SELECT 语句的各种用法。本章涉及 tech 数据库中的三个表：学生表 Student、课程表 Course 和成绩表 Score，它们的关系模式为：

Student(Sno,Sname,Ssex, Sbirth,Spoli,Snative,Sdept)

Course(Cno,Cname,Chour,Ccredit)

Score(Sno,Cno,Grade)

各表中的数据参考第 5 章习题。

6.2 单 表 查 询

单表查询是指查询的数据只涉及一个表。

6.2.1 投影查询

投影查询是选择表或视图中的全部或部分列。很多情况下，用户只对一个表或视图中的部分列感兴趣，这时可以使用投影查询选择表中的部分列。

投影查询的语法格式非常简单，可以形式化表示为：SELECT … FROM。

下面根据 SELECT 语句中各个参数的不同介绍各种不同的查询。

1. 查询表中指定的列

查询指定列常用的语法格式为：

```
SELECT [ ALL | DISTINCT ] [INTO new_table]
[ TOP ( expression ) [ PERCENT ] ]<select_list>
FROM table_source
```

其中各参数含义如下：

- ALL：指定显示表中的所有列，包括重复行。ALL 是默认设置。
- DISTINCT：过滤掉查询结果集中的重复行。
- INTO new_table：表示将查询结果存入新表中。
- TOP（ expression ）[PERCENT]：指定查询结果集返回的行数。expression 可以是行数或行的百分比。
- <select_list>：指定结果集选择的列，选择的列是以逗号分隔的一系列表达式。
- table_source：指定要从中检索数据的表或视图。

使用 T-SQL 语句查询数据，要新建查询，在查询窗口中输入 T-SQL 语句。实现的方法步骤如下：

（1）打开 SSMS，在窗口上部的工具栏中找到"新建查询"按钮，单击该按钮。此时在 SSMS 界面的右侧会建立一个新的查询页面，默认文件名为 SQLQuery1.sql。

（2）在工具栏的"可用数据库"下拉列表框中选择要查询的数据所在的数据库为当前数据库。在打开的查询文件 SQLQuery1.sql 中输入要执行的 T-SQL 语句。

（3）单击工具栏的"分析"按钮√，分析输入的语句是否有语法错误，当系统给出的提示信息为"命令已成功完成"时，表示语句输入无语法错误。

（4）单击工具栏的"! 执行(X)"按钮，如果语句没有错误，此时在"结果"页中显示查询的结果集。

【例 6.1】 查询全体学生的姓名 Sname、性别 Ssex 和政治面貌 Spoli。

打开 SSMS，单击"新建查询"按钮，新建查询文件 SQLQuery1.sql，选择 tech 数据库为当前数据库，在查询页面中输入如下语句：

```
SELECT Sname,Ssex,Spoli
FROM Student
GO
```

单击工具栏的"√"按钮，提示"命令已成功完成"，然后单击工具栏的"! 执行(X)"按钮，查询结果如图 6.1 所示，显示所有学生的姓名、性别和政治面貌信息。

注意：新建查询之后也可以不指定当前数据库，可在 SELECT 命令之前使用命令：USE 数据库名。例如，上例 6.1 可以写为以下语句：

```
USE tech
SELECT Sname,Ssex,Spoli
FROM Student
GO
```

图 6.1　例 6.1 查询结果

本章例题执行的过程都默认已经设置所需的数据库 tech 为当前数据库，查询执行的过程都是按上述步骤进行，后面例题中只给出查询语句，不再叙述创建查询以及执行查询的过程。

【例 6.2】 查询所有课程信息。

```
SELECT *
FROM Course
GO
```

其中，* 表示表中的所有列。当要输出表中的所有列的信息时，可以使用这种简便方法，此时列的输出顺序同创建表时的顺序一致。当然，此例也可以使用下面语句实现：

```
SELECT Cno,Cname,Chour,Ccredit
FROM Course
```

```
GO
```

两种方法实现的结果是等价的,只是第二种方法可以由用户指定列的输出顺序,而第一种方法列的顺序是固定的。

【例 6.3】 查询学生的籍贯信息。

```
SELECT Snative
FROM Student
GO
```

查询结果如图 6.2 所示。此时籍贯有重复数据,可以使用 DISTINCT 关键字过滤查询结果中的重复行。

【例 6.4】 查询学生的籍贯信息,过滤重复行。

```
SELECT DISTINCT Snative
FROM Student
GO
```

查询结果如图 6.3 所示。此时结果集中没有了重复行。

图 6.2 例 6.3 查询结果

图 6.3 例 6.4 查询结果

【例 6.5】 查询学生表中前 5 名学生信息。

```
SELECT TOP(5) *
FROM Student
GO
```

其中,TOP(5)表示限制结果集中返回 5 条记录。也可以使用 TOP(n) PERCENT 限制结果集中返回记录的百分比。

【例 6.6】 查询学生表中前 50% 的学生信息。

```
SELECT TOP (50) PERCENT *
```

```
FROM Student
GO
```

查询结果如图 6.4 所示。此时显示表中一半的数据信息。

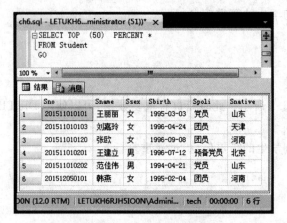

图 6.4　例 6.6 查询结果

2. 定义列的别名

查询结果默认输出的列名是建表时的列名,用户可以根据实际情况对查询结果定义新的列名,这对于查询内容含有表达式或查询内容没有标题的列的情况尤为有用。

【例 6.7】　查询学生表的 Sname、Ssex 和 Snative 信息,列名分别显示为姓名、性别和籍贯。

```
SELECT Sname AS 姓名,Ssex AS 性别,Snative AS 籍贯
FROM Student
GO
```

查询结果如图 6.5 所示。此时结果集中的列名不再是表中的列名,而是定义的别名。

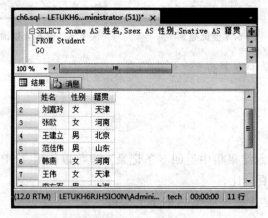

图 6.5　例 6.7 查询结果

定义列的别名也可以省略关键字 AS,上面语句可以写为:

```
SELECT Sname 姓名,Ssex 性别,Snative 籍贯
FROM Student
GO
```

定义列的别名也可以使用"=",上面语句可以写为:

```
SELECT 姓名=Sname,性别=Ssex,籍贯=Snative
FROM Student
GO
```

从以上可知,定义列的别名的常用方法有三种:
- 用 AS 关键字连接表的列名(或表达式)与别名。
- 在表的列名(或表达式)后面直接给出别名。
- 用"="连接别名与表的列名(或表达式)

注意:在查询语句中定义列的别名仅对本次查询有效,即仅在查询结果集中显示为别名,原表中的列名没有任何改变。如果列别名中有空格,此时别名要用单引号。

3. 查询经过计算的列

SELECT 后面不仅可以是列名,也可以是表达式。可以使用表达式对表中的某些列进行计算,得到原始表中没有的数据信息。表达式中可以包含常量、函数、列名,甚至是流程控制语句。

【例 6.8】 查询全体学生的姓名和年龄。

```
SELECT Sname,YEAR(GETDATE())-YEAR(Sbirth) AS Sage
FROM Student
GO
```

查询结果如图 6.6 所示。年龄并不在学生表中,它是通过计算出生日期得到的。

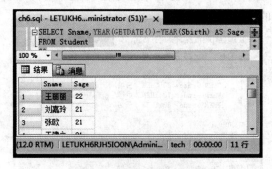

图 6.6　例 6.8 查询结果

【例 6.9】 查询学生的学号和成绩信息,成绩换算为 150 分制。

```
SELECT Sno AS 学号,Grade * 1.5 AS '150 分制成绩'
FROM Score
GO
```

查询结果如图 6.7 所示。

注意：当别名以数字开头时，别名要加单引号。

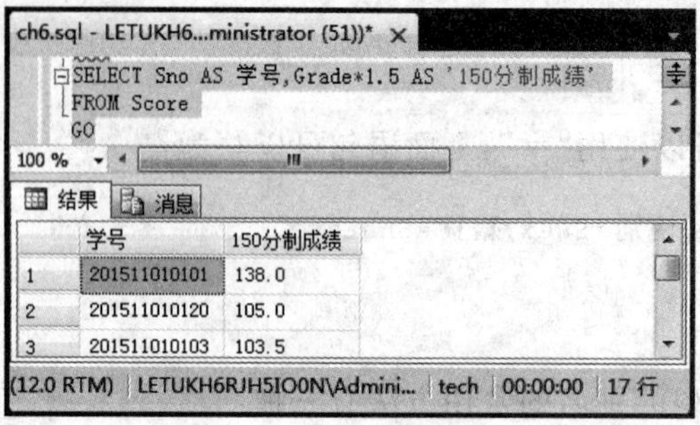

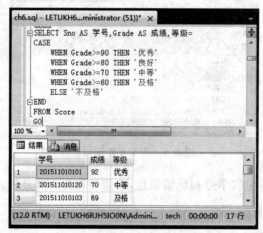

图 6.7　例 6.9 查询结果

【例 6.10】　查询学生的学号和成绩信息，并按成绩设定等级，如果分数大于等于 90，则显示"优秀"；分数大于等于 80 小于 90，显示为"良好"；分数大于等于 70 小于 80，显示为"中等"；分数大于等于 60 小于 70，显示为"及格"；分数小于 60，显示为"不及格"。

```
SELECT Sno AS 学号,Grade AS 成绩,等级=
CASE
    WHEN Grade>=90 THEN '优秀'
    WHEN Grade>=80 THEN '良好'
    WHEN Grade>=70 THEN '中等'
    WHEN Grade>=60 THEN '及格'
    ELSE '不及格'
END
FROM Score
GO
```

查询结果如图 6.8 所示。Score 表中并不存在"等级"列，"等级"列是由 CASE 语句通过成绩 Grade 得到的。

图 6.8　例 6.10 查询结果

4. 存储查询结果

一般情况下,SELECT 查询的结果只在 SSMS 环境的"结果"窗口中显示,并不进行存储,我们可以使用 INTO 子句对查询结果进行存储,此时的用户必须拥有在目标数据库上创建表的权限。

例如,将例 6.10 的查询结果存储在新表 Score_1 中,语句如下:

```
SELECT Sno AS 学号,Grade AS 成绩,等级=
CASE
    WHEN Grade>=90 THEN '优秀'
    WHEN Grade>=80 THEN '良好'
    WHEN Grade>=70 THEN '中等'
    WHEN Grade>=60 THEN '及格'
    ELSE '不及格'
END
INTO Score_1
FROM Score
```

需要注意的是,INTO 关键字放在 SELECT 查询的内容之后,在 FROM 子句之前。

6.2.2 选择查询

投影查询是从列的角度进行查询,一般不对行进行任何限制(DISTINCT 关键字除外)。在实际应用过程中经常不需要查询所有行,而是根据一定条件查询部分行,此时需要用到选择查询。

选择查询的语法格式可以形式化表示为:SELECT…FROM…WHERE。

选择查询的基本语法如下:

```
SELECT <select_list>
FROM table_source
WHERE search_condition
```

其中,search_condition 为选择查询的条件,只有满足该条件的行才出现在结果集中。常用的查询条件如表 6.1 所示。

表 6.1 常用的查询条件

查询条件	谓 词
比较大小	=,>,<,>=,<=,!=,<>;!>,!<
确定范围	BETWEEN AND,NOT BETWEEN AND
确定集合	IN,NOT IN
字符匹配	LIKE,NOT LIKE
空值查询	IS NULL,IS NOT NULL
多重条件查询	AND,OR,NOT

1. 比较大小

用于进行比较的运算符主要有＝（等于）、＞（大于）、＜（小于）、＞＝（大于等于）、＜＝（小于等于）、!＝（不等于）、＜＞（不等于）、!＞（不大于）、!＜（不小于）。

【例 6.11】 查询全体女同学的信息。

```
SELECT *
FROM Student
WHERE Ssex='女'
GO
```

此时结果集中只显示性别为"女"的学生信息，性别为"男"的行被过滤掉了。查询结果如图 6.9 所示。

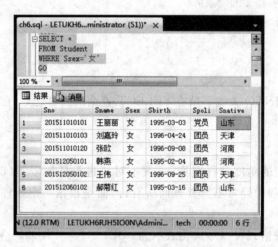

图 6.9   例 6.11 查询结果

【例 6.12】 查询选课表中有成绩不及格的学生的学号和成绩信息。

```
SELECT Sno,Grade
FROM Score
WHERE Grade<60
GO
```

【例 6.13】 查询学生表中非党员学生的籍贯。

```
SELECT Snative
FROM Student
WHERE Spoli<>'党员'
GO
```

2. 确定范围

使用 BETWEEN 关键字可以更方便地限制查询的范围。BETWEEN…AND…限制属性值在指定范围内的元组,NOT BETWEEN…AND…限制属性值不在指定范围内的元组,其中 BETWEEN 后是范围的下限,AND 后是范围的上限。

需要注意的是,BETWEEN…AND…所表示的范围包括边界值。

【例 6.14】 查询在 20 世纪 90 年代出生的学生的姓名、性别、籍贯和出生日期信息。

```
SELECT Sname,Ssex,Snative,Sbirth
FROM Student
WHERE YEAR(Sbirth) BETWEEN 1990 AND 1999
GO
```

查询结果如图 6.10 所示。结果集中只显示出生在 1990—1999 年范围内的学生信息。如果查询的条件是某一值不在某范围内,可以使用 NOT BETWEEN…AND…。

【例 6.15】 查询学生成绩不在 70～80 分的学生的学号和成绩信息。

```
SELECT Sno,Grade
FROM Score
WHERE Grade NOT BETWEEN 70 AND 80
GO
```

3. 确定集合

限制属性的取值范围除了使用 BETWEEN 关键字外,还可以使用 IN 关键字。与 BETWEEN 不同的是,IN 关键字限定的范围是有限个值,即 IN 可以限定属性的取值集合。

【例 6.16】 查询籍贯是山东、河南和北京的学生信息。

```
SELECT *
FROM Student
WHERE Snative IN ('山东','河南','北京')
GO
```

查询结果集中只显示籍贯是山东、河南和北京的学生信息,如图 6.11 所示。

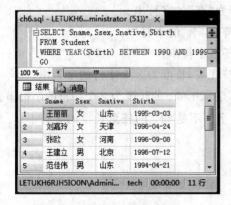

图 6.10 例 6.14 查询结果

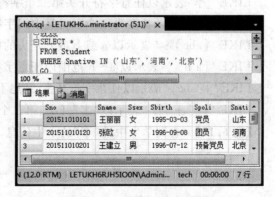

图 6.11 例 6.16 查询结果

与 IN 对应的是 NOT IN,表示查找属性值不属于指定集合的元组。

【例 6.17】 查询籍贯不是山东、河南和北京的学生信息。

```
SELECT *
FROM Student
WHERE Snative NOT IN ('山东','河南','北京')
GO
```

结果集中的元组不包含籍贯是山东、河南和北京的元组。

4. 字符匹配

查询数据时,有时并不知道确切的范围,只知道查询的模式,此时可以使用 LIKE 关键字进行模式匹配。使用 LIKE 关键字的查询有时又称模糊查询。LIKE 关键字一般与字符串数据匹配,字符串中经常用到通配符,常用的通配符如表 6.2 所示。

表 6.2　常用的通配符

通配符	含　　义
%	代表任意多个(可以为 0 个)字符串
_	代表任意单个字符
[]	代表指定范围内的任意单个字符,[]中可以是单个字符的集合,如[abc],也可以是字符范围,如[a-z]
[^]	代表不是指定范围内的任意单个字符,[^]中可以是单个字符的集合,如[^abc],也可以是字符范围,如[^a-g]

【例 6.18】 常用的字符匹配形式举例。

LIKE '李%' 表示以“李”开头的任意的字符串。

LIKE '%李%' 表示含有“李”的任意字符串。

LIKE '%李' 表示以“李”结束的任意字符串。

LIKE '李_' 表示以“李”开头的长度为两个字符的字符串。

LIKE '_李' 表示以任意字符开头第二个字符为“李”的字符串。

LIKE '_李_' 表示长度为三个字符且中间字符为“李”的字符串。

LIKE '[abc]%' 表示以 a 或 b 或 c 开头的任意字符串。

LIKE '[a-h]_' 表示以 a~h 范围内任意字符开头,长度为 2 个字符的字符串。

LIKE '_[^abc]' 表示以任意字符开头,结尾不是 a、b 和 c 的长度为 2 个字符的字符串。

LIKE '李[^王]%' 表示以“李”开头,第二个字符不是“王”的任意长度的字符串。

【例 6.19】 查询学生中姓“李”的学生信息。

```
SELECT *
FROM Student
WHERE Sname LIKE '李%'
GO
```

查询结果如图 6.12 所示。

【**例 6.20**】 查询学号第 5 位～第 8 位不是 1101 的学生的所有信息。

```
SELECT *
FROM Student
WHERE Sno NOT LIKE '____1101%'
GO
```

查询结果如图 6.13 所示,显示的学生中的学号第 5 位～第 8 位不是 1101。

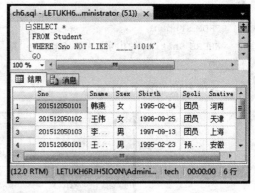

图 6.12　例 6.19 查询结果　　　　　　　图 6.13　例 6.20 查询结果

【**例 6.21**】 查询不姓"王""李""张"的学生信息。

```
SELECT *
FROM Student
WHERE Sname LIKE '[^王李张]%'
GO
```

5. 空值查询

当要判断某字段取值为空时,可以使用关键字 IS NULL;当判断某字段不为空时可以使用 IS NOT NULL。需要注意的是,这里不使用比较运算符"="来判断是否为空。

【**例 6.22**】 查询没有参加考试(成绩为空)的学生的学号和未参加考试的课程号。

```
SELECT Sno,Cno
FROM Score
WHERE Grade IS NULL
GO
```

6. 多重条件查询

当查询的条件有多个时,可以使用逻辑运算符 AND 或 OR 来连接多个条件,形成多重条件查询。表示多个条件同时成立时,使用 AND 连接;表示多个条件中只要有一个成立即可,使用 OR 连接。

当 WHERE 子句中同时含有 AND 和 OR 运算符时,AND 的优先级高于 OR,但一般使用括号改变优先级。

【例 6.23】　查询出生日期在 1995 年以后的女生信息。

```
SELECT *
FROM Student
WHERE Ssex='女' AND Sbirth>='1996-01-01'
GO
```

【例 6.24】　查询山东地区的党员和预备党员学生信息。

```
SELECT *
FROM Student
WHERE Snative='山东' AND (Spoli='党员' OR Spoli='预备党员')
GO
```

查询结果如图 6.14 所示。

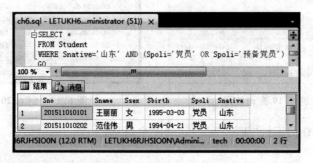

图 6.14　例 6.24 查询结果

前面讲到的查询中使用的关键字 IN 实际上可以使用多个 OR 运算实现。例 6.16 可以写成如下等价形式：

```
SELECT *
FROM Student
WHERE Snative ='山东' OR Snative='河南' OR Snative='北京'
```

6.2.3　聚合函数

为方便用户查询数据，增强检索功能，T-SQL 提供了许多聚合函数实现汇总计算查询。常用的聚合函数如表 6.3 所示。

表 6.3　常用的聚合函数

函　数	说　明	函　数	说　明
SUM(列名)	计算一列值的总和	MAX(列名)	计算一列值中的最大值
AVG(列名)	计算一列值的平均值	COUNT(列名)	统计一列值的个数
MIN(列名)	计算一列值中的最小值	COUNT(*)	统计记录个数

【例 6.25】　查询学生总人数。

```
SELECT COUNT(*) AS 总人数
FROM Student
GO
```

【例 6.26】　查询有多少门课程被选修。

```
SELECT COUNT(DISTINCT Cno) AS 课程数
FROM Score
GO
```

查询结果如图 6.15 所示。

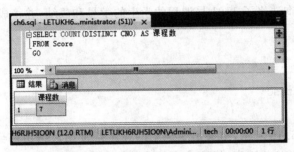

图 6.15　例 6.26 查询结果

一门课程可能被多个学生选修,所以需要过滤重复值,此时使用关键字 DISTINCT。实际上,表 6.3 中的函数都可以和 DISTINCT 关键字结合使用,来过滤重复值。如果没有使用 DISTINCT 关键字,则默认是全部值,即默认是 ALL。

【例 6.27】　查询 1101 号课程的平均成绩。

```
SELECT AVG(Grade) AS 平均成绩
FROM Score
WHERE Cno='1101'
GO
```

【例 6.28】　查询学号为 201511010202 的学生的所有课程的最高分。

```
SELECT MAX(Grade)AS 最高分
FROM Score
WHERE Sno='201511010202'
GO
```

6.2.4　对查询结果排序

默认情况下,查询结果集中记录的顺序是按照表记录物理顺序输出的。在实际应用中,需要对结果集中的记录按某一字段值排序输出,此时可以使用关键字 ORDER BY 来指定排序字段。

对查询结果排序的语法可简单表示为：SELECT…FROM…WHERE…ORDER BY。

对查询结果排序查询的基本语法格式如下：

```
SELECT <select_list>
FROM table_source
WHERE search_condition
ORDER BY column_name[ASC|DESC]
```

其中各参数含义如下：

- ORDER BY：后面可以包含多列，多列列名之间用逗号分隔，排序时先按第一列排序，第一列列值相等的再按第二列排序，以此类推。
- ASC|DESC：表示排序方式。其中，ASC 表示查询结果集按指定的列升序排序；DESC 表示查询结果集按指定的列降序排序。省略 ASC|DESC 时，查询结果集默认按升序排序。

【例 6.29】 查询选修了 1101 号课程的学生的学号和成绩，并将成绩按降序输出。

```
SELECT Sno,Grade
FROM Score
WHERE Cno='1101'
ORDER BY Grade DESC
GO
```

查询结果如图 6.16 所示，结果集中记录的顺序是按照成绩由高到低的顺序排序输出的。如果省略 DESC 关键字，将按成绩由低到高的顺序输出。

【例 6.30】 查询所有团员学生的信息，结果按性别降序输出，性别相同的再按出生日期升序排序。

```
SELECT *
FROM Student
WHERE Spoli='团员'
ORDER BY Ssex DESC,Sbirth ASC
GO
```

其中，ORDER BY 后面有两列，先将第一列 Ssex 按降序排序，Ssex 值相等的再按第二列 Sbirth 升序排序，这里的 ASC 关键字可以省略。查询结果如图 6.17 所示。

图 6.16 例 6.29 查询结果

图 6.17 例 6.30 查询结果

6.2.5　对查询结果分组

前面使用聚合函数查询数据是把表数据看作一个整体进行统计计算,有时我们需要对不同的类别进行分类统计计算,此时要使用分组查询。分组查询使用关键字 GROUP BY。其语法格式如下:

```
SELECT <select_list>
FROM table_source
GROUP BY column_name
[HAVING search_condition]|[WITH CUBE|ROLLUP]
```

其中各参数含义如下:

- GROUP BY 后面跟要分组的列,可以是多个列,表示多次分组,中间用逗号分隔。SELECT 后的 select_list 中的列要么出现在 GROUP BY 后面,要么出现在聚合函数中。
- HAVING 关键字表示对分组后的记录按某条件进一步筛选,最终只输出满足指定条件的记录。
- CUBE|ROLLUP 关键字表示结果集中不仅包含按 GROUP BY 分组提供的行,还包含汇总行。

使用 GROUP BY 子句对查询结果进行分组的目的是为了细化聚合函数的作用对象,如果没有对查询结果分组,聚合函数将作用于整个查询结果;如果使用了 GROUP BY 子句分组,聚合函数将作用于每一个分组,即对每一个分组都得到一个聚合函数值。

【例 6.31】　查询男、女学生人数。

```
SELECT Ssex,COUNT(Ssex) AS Number
FROM Student
GROUP BY Ssex
GO
```

该语句对查询结果按性别分组,相同性别的为一组,然后对每一个分组使用聚合函数 COUNT()进行统计计算,求得该组的学生人数。查询结果如图 6.18 所示。

【例 6.32】　查询每个学生的学号及其选修的课程数。

```
SELECT Sno,COUNT(Cno) AS Number
FROM Score
GROUP BY Sno
GO
```

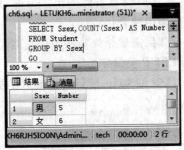

图 6.18　例 6.31 查询结果

该语句对查询结果按学号分组,同一个学号为一组,然后对每一个分组使用聚合函数 COUNT() 进行相应的统计课程数。查询结果如图 6.19 所示。

如果分组后,要按一定条件对这些组进行进一步的筛选,可以使用 HAVING 关键字指定筛选条件,最终只输出满足指定条件的组。

【例 6.33】　查询选修了两门及以上课程的学生的学号和选修课程数。

```
SELECT Sno,COUNT(Cno) AS Number
FROM Score
GROUP BY Sno
HAVING COUNT(Cno)>=2
GO
```

该语句首先用 GROUP BY 子句按学号进行分组,然后聚合函数 COUNT() 对每一组统计选修课程数,最后使用 HAVING 子句再对分组进行筛选,只有满足 COUNT(Cno)>=2 条件的分组才出现在结果集中。查询结果如图 6.20 所示。

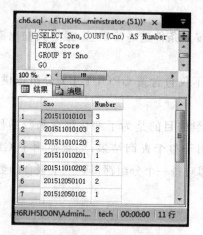

图 6.19　例 6.32 查询结果

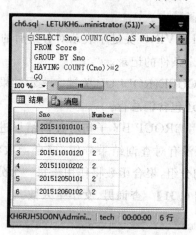

图 6.20　例 6.33 查询结果

注意:例 6.33 中使用 HAVING 子句对结果进行筛选,不能使用 WHERE 子句代替。HAVING 子句和 WHERE 子句的区别在于作用对象不同,WHERE 子句对整个表或视图筛选满足条件的记录;HAVING 子句是对 GROUP BY 分组后产生的组加筛选条件,筛选出满足条件的组。另外,HAVING 子句中可以使用聚合函数,WHERE 条件中不能使用聚合函数。

如果需要结果集中不仅包含分组记录,还要对分组再进行汇总,可以使用 CUBE 或 ROLLUP 关键字。

【例 6.34】　统计各个地区的男、女生人数情况,并汇总各个地区的总人数。

```
SELECT Snative,Ssex,COUNT(*) AS Number
FROM Student
GROUP BY Snative,Ssex
WITH ROLLUP
GO
```

ROLLUP 指定在结果集内不仅包含由 GROUP BY 分组的行,还包括汇总行,汇总是按照 GROUP BY 后边列的顺序由右到左汇总的,所以 GROUP BY 后的顺序改变时,查询结果会相应发生改变。

例 6.34 中的查询语句先按籍贯分组,然后按性别分组,统计各个籍贯的男、女生人数,并按籍贯进行汇总,输出汇总行。查询结果如图 6.21 所示。

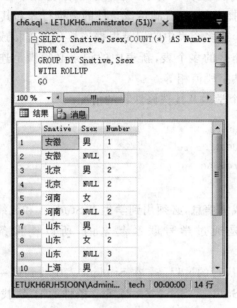

图 6.21　例 6.34 查询结果

读者可以将例 6.34 进行分组的列交换顺序查看结果有何不同。

6.3　连　接　查　询

单表查询涉及的数据来源于一个表。但在数据库设计时,由于数据的规范化、一致性和完整性等的要求,一个表中的数据是有限的,同时一个数据库中的各个表不是孤立的,是存在一定联系的,所以,实际应用中,需要从存在联系的两个或两个以上的表中查询数据,此时,需要用到多个表的连接查询。

连接查询是数据库的主要查询,主要包括内连接查询、自连接查询、外连接查询和交叉连接查询。

6.3.1　内连接查询

内连接查询的基本语法格式如下:

```
SELECT <select_list>
FROM table_name [INNER] JOIN table_name [[INNER] JOIN table_name…]
ON search_condition
```

```
[WHERE search_condition]
```

其中各参数含义如下：

- FROM 子句中使用关键字 INNER JOIN 来连接多个表，在内连接中，INNER 可以省略。
- ON 关键字指定连接条件，只有满足该条件的数据行才输出在结果集中。
- WHERE 指定选择条件，只有满足该条件的数据行才和其他表的记录进行连接。

内连接查询是把两个或多个表中的记录根据连接条件连接成一个新的数据表，新表中的记录的字段来源于连接的多个表，新表中的记录必须满足连接条件。通常情况下，连接条件是相关表的公共字段值相等。

【例 6.35】 查询每个学生及其选修课程的情况。

```
SELECT Student.*,Score.*
FROM Student INNER JOIN Score
ON Student.Sno=Score.Sno
GO
```

要查询学生信息和成绩信息，必须用到学生表 Student 和成绩表 Score。每个学生的基本信息和成绩信息是通过学号联系起来的，所以连接条件是 Student.Sno = Score.Sno。

一般情况下，DBMS 执行的过程是：在 Student 表中找到第一个记录，然后从头扫描 Score 表，逐一找到满足 Student.Sno=Score.Sno 条件的记录，找到后将 Student 表中的第一个记录与该记录拼接起来，形成结果集中的一个记录，Score 表扫描完后，再找 Student 表中的第二个记录，然后再从头扫描 Score 表，逐一查找满足 Student.Sno= Score.Sno 条件的记录，找到后就将该记录与 Student 表中的第二个记录拼接起来，形成结果集中的一个记录。重复上述操作，直到 Student 表中的全部记录处理完毕为止。执行结果如图 6.22 所示。

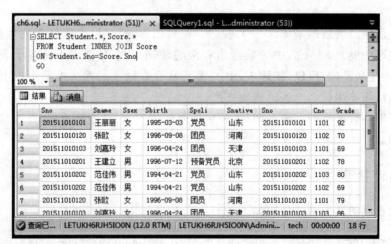

图 6.22　例 6.35 查询结果

例 6.35 中,SELECT 后的字段名和 ON 后的字段名都加了表名作为前缀,这是为了避免混淆。当查询语句中涉及的字段在参与连接的各个表中唯一时,字段名前面可以省略表名前缀;当查询语句中涉及的字段在参与连接的各个表中不唯一时,为了避免混淆,就必须在字段名前面加表名前缀。

内连接查询也可以使用如下语句格式:

```
SELECT <select_list>
FROM table_name1,table_name2[,table_name3,…]
WHERE search_condition
```

这是传统的连接查询语句格式,把查询涉及的表都放到 FROM 子句中,中间用逗号分隔,把连接条件直接放到 WHERE 子句中。上例也可以用该语句格式写为:

```
SELECT Student.*,Score.*
FROM Student,Score
WHERE Student.Sno=Score.Sno
```

【例 6.36】 查询所有学生的姓名、所选课程的课程号和成绩信息。

```
SELECT s.Sname,sc.Cno,sc.Grade
FROM Student s INNER JOIN Score sc
ON s.Sno=sc.Sno
GO
```

本例中查询的姓名信息在学生表中,课程号和成绩信息在成绩表中,所以需要这两个表进行连接查询。为了简化输入,通常在连接查询中可以为表定义一个临时别名,方法是在 FROM 子句中的表名后直接加别名,如例 6.36 所示。查询结果如图 6.23 所示。

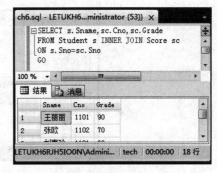

图 6.23 例 6.36 查询结果

【例 6.37】 查询所有学生的姓名、所选课程的课程名和成绩信息,并按姓名升序排序。

```
SELECT s.Sname,c.Cname,sc.Grade
FROM Student s INNER JOIN Score sc ON s.Sno=sc.Sno
INNER JOIN Course c ON sc.Cno=c.Cno
ORDER BY s.Sname
GO
```

本例中查询的学生姓名信息在学生表中,课程名信息在课程表中,成绩信息在成绩表中,所以需要三个表进行连接查询。查询结果如图 6.24 所示。

【例 6.38】 查询男、女生所选课程的平均分。

```
SELECT Ssex,AVG(Grade) AS Average
FROM Student s INNER JOIN Score sc
ON s.Sno=sc.Sno
```

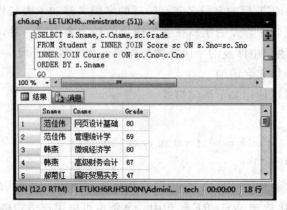

图 6.24　例 6.37 查询结果

```
GROUP BY Ssex
GO
```

　　多表连接查询和单表查询是类似的,只是多了连接条件,单表查询中使用的子句在连接查询中同样使用,本例使用了聚合函数,并使用了 GROUP BY 分组。查询结果如图 6.25 所示。

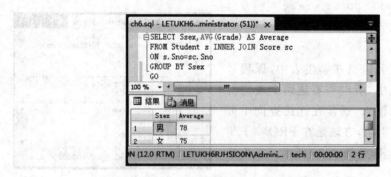

图 6.25　例 6.38 查询结果

6.3.2　自连接查询

　　连接查询不仅可以在不同表上进行,同一个表也可以和自身进行连接查询,称为自连接查询。自连接查询必须为表指定两个别名,使之成为逻辑上的两个表。

【例 6.39】　查询同年同月同日出生的学生名单。

```
SELECT DIS TINCT a.*
FROM Student a INNER JOIN Student b
ON a.Sbirth=b.Sbirth AND a.Sno<>b.Sno
GO
```

　　本例中,学生表逻辑上视为两个表 a 和 b,两个表的 Sbirth 相等表示出生日期相同,Sno 不同表示这是两个不同的学生。查询结果如图 6.26 所示。

图 6.26　例 6.39 查询结果

【例 6.40】　查询和"范佳伟"籍贯相同的学生的学号、姓名和籍贯信息。

```
SELECT b.Sno,b.Sname,b.Snative
FROM Student a INNER JOIN Student b
ON a.Snative=b.Snative AND a.Sname='范佳伟'
GO
```

本例中,还是把学生表视为逻辑上的两个表 a 和 b,只有满足 a 表中的姓名是"范佳伟"且 a 表和 b 表的籍贯相等才把 a 表和 b 表的记录进行拼接,然后选择 b 表中的学号、姓名和籍贯字段。需要注意的是,这里不能选择 a 表的学号、姓名和籍贯字段。

6.3.3　外连接查询

内连接查询是只有满足连接条件的记录才能出现在结果集中,不满足连接条件的将不进行连接也不出现在结果集中。但是,有时不仅要把满足连接条件的记录显示在结果集中,也需要把某些不满足连接条件的记录显示在结果集中,此时,需要用到外连接查询。

外连接查询的语法格式如下所示:

```
SELECT <select_list>
FROM table_name LEFT|RIGHT|FULL [OUTER] JOIN table_name
ON search_condition
[WHERE search_condition]
```

外连接查询主要分为左外连接查询、右外连接查询和完全外连接查询。

- LEFT [OUTER] JOIN 表示左外连接查询,是指对连接条件中左边的表不加限制。
- RIGHT [OUTER] JOIN 表示右外连接查询,是指对连接条件中右边的表不加限制。
- FULL [OUTER] JOIN 表示完全外连接查询,是对连接条件两边的表都不加限制。

【例 6.41】　查询所有课程(包括未被学生选修的课程)的选修情况,输出课程名、学号和成绩。

```
SELECT c.Cname,sc.Sno,sc.Grade
FROM Score sc RIGHT JOIN Course c
ON sc.Cno=c.Cno
GO
```

要输出所有课程信息，课程表 Course 放在连接查询的右边，用右连接，查询结果如图 6.27 所示。由于未被选课的课程在选课表中没有信息，因此 Sno 和 Grade 显示为 NULL。

图 6.27　例 6.41 查询结果

【例 6.42】　查询所有学生（包括没有选修课程的学生）选修课程的情况，输出姓名、选修的课程号和成绩。

```
SELECT s.Sname,sc.Cno,sc.Grade
FROM Student s LEFT JOIN Score sc
ON s.Sno=sc.Sno
GO
```

本例中要求查询所有学生的选课情况，不管该生有没有选课，即不管在选课表中有没有该生信息，都要显示在结果集中，所以对学生表不加连接条件的限制，使用左连接。

【例 6.43】　查询所有学生和所有课程选课情况，包括未选课的学生信息和未被选修的课程信息，输出学生姓名、课程名和成绩。

```
SELECT s.Sname,c.Cname,sc.Grade
FROM Student s FULL JOIN Score sc
ON s.Sno=sc.Sno
FULL JOIN Course c
```

```
ON sc.Cno=c.Cno
GO
```

查询结果如图 6.28 所示,使用完全外连接查询,结果集中不仅包含了满足连接条件 s. Sno＝sc. Sno 和 sc. Cno＝c. Cno 的记录,而且包含了未选课的学生的信息,也包含了未被选修的课程的信息。

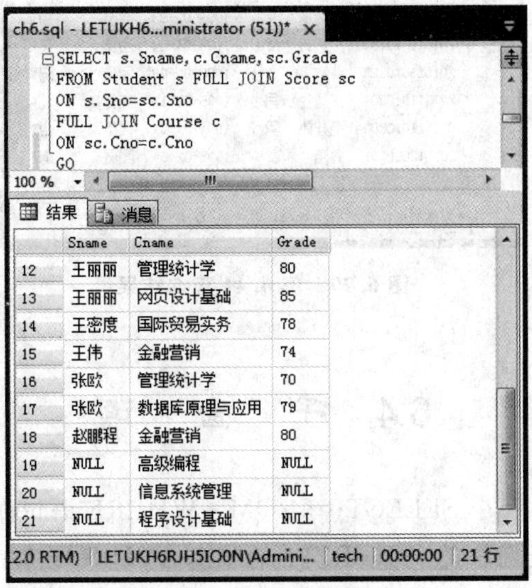

图 6.28 例 6.43 查询结果

6.3.4 交叉连接查询

交叉连接是无条件连接,它返回连接的多个表的所有记录的组合,因此也称为笛卡儿乘积。如果进行交叉连接的两个表是表 1 和表 2,表 1 有 10 条记录,表 2 有 5 条记录,进行交叉连接后,结果集中的记录数是 50。

由于交叉连接是无连接条件的,因此交叉连接的结果集中可能出现一些无意义的数据行,所以,实际应用过程中,很少用到交叉连接,但它是理解连接查询(内连接和外连接)的基础。

交叉连接的语法格式如下:

```
SELECT <select_list>
FROM table_name CROSS JOIN table_name
[WHERE search_condition]
```

【例 6.44】 查询所有学生选修所有课程的可能情况。

```
SELECT s. * ,c. *
FROM Student s CROSS JOIN Course c
GO
```

查询结果如图 6.29 所示,把学生表和课程表进行了无条件连接,结果集中记录的个数是两个表记录个数的乘积。

图 6.29　例 6.44 查询结果

6.4　子　查　询

在 T-SQL 语言中,一个 SELECT…FROM…WHERE 语句称为一个查询块,将一个查询块嵌套在另一个查询块的 WHERE 子句或 HAVING 子句中,称为子查询,也称嵌套查询。外层的查询称为父查询,内层的查询称为子查询,子查询的结果经常作为父查询的一个查询条件。

T-SQL 语言允许多层嵌套查询,即一个子查询中还可以嵌套其他子查询。这样可以使用多个简单查询构成复杂的查询,从而增强 T-SQL 的查询能力。

根据子查询是否依赖于父查询,可以将子查询分为无关子查询和相关子查询。

6.4.1　无关子查询

无关子查询是指子查询的执行不依赖于父查询。无关子查询的执行过程是:采用由里向外的过程处理,即先执行最内层的子查询,子查询的结果用于建立上一级父查询的查询条件,然后执行上一级父查询,这样逐级向外执行,最后执行最外层的父查询。无关子查询中不包含对父查询的任何引用。

1. 带有比较运算符的子查询

带有比较运算符的子查询是指父查询和子查询之间用比较运算符进行连接。此时,子查询的结果一般是返回固定的单个值,可以用比较运算符 $>$,$<$,$=$,$>=$,$<=$,$!=$,$<>$ 等进行连接。

【例 6.45】　查询与"王建立"同一年出生的学生的姓名和出生年份(包含"王建立"同学)。

先分步来完成子查询,然后再组合成一个完整的查询。

（1）查询出"王建立"出生的年份。

```
SELECT YEAR(Sbirth)
FROM Student
WHERE Sname='王建立'
GO
```

结果为 1996。

（2）查询 1996 年出生的学生的姓名和出生年份。

```
SELECT Sname,Syear=YEAR(Sbirth)
FROM Student
WHERE YEAR(Sbirth)='1996'
GO
```

此时的结果就是本例要求查询的与"王建立"出生年份相同的学生的信息。

（3）将第（1）步查询嵌入第（2）步查询的条件中，构成嵌套查询，语句如下：

```
SELECT Sname,Syear=YEAR(Sbirth)
FROM Student
WHERE YEAR(Sbirth)=
    (SELECT YEAR(Sbirth)
    FROM Student
    WHERE Sname='王建立')
GO
```

本例中，"SELECT Sname，Syear＝YEAR(Sbirth) FROM Student WHERE YEAR (Sbirth)＝"是父查询，"SELECT YEAR(Sbirth) FROM Student WHERE Sname='王建立'"是子查询，用子查询先查询出"王建立"的出生年份，返回的结果供父查询作为条件使用。查询结果如图 6.30 所示。本例中查询结果包含"王建立"同学的信息，如果要求不包含"王建立"，则只需在父查询中再加一个筛选条件：Sname＜＞'王建立'.

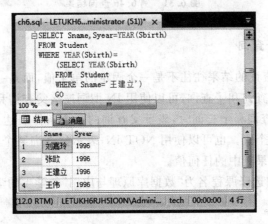

图 6.30 例 6.45 查询结果

【例 6.46】 查询选修 1102 号课程且该课程成绩比"王丽丽"该课程成绩低的学生的学号、姓名和成绩。

```
SELECT s.Sno,Sname,Grade
FROM Student s,Score sc
WHERE s.Sno=sc.Sno AND Cno='1102' AND Grade<
    (SELECT Grade
    FROM Score
    WHERE Cno='1102' AND Sno=
        (SELECT Sno
        FROM Student
        WHERE Sname='王丽丽'))
GO
```

要实现查询的内容,须先从成绩表查询出"王丽丽"的 1102 号课程的成绩,但成绩表中没有姓名信息,所以使用子查询从学生表中查询出"王丽丽"的学号,所以本例使用了两层嵌套。查询结果如图 6.31 所示。

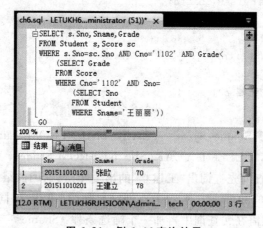

图 6.31　例 6.46 查询结果

2. 带有 IN 的子查询

在子查询中,子查询的结果往往不是一个固定的单个值,而是一个集合,此时不能使用比较运算符连接父查询和子查询,可以使用 IN 谓词连接父查询和子查询。

使用 IN 连接父查询和子查询时,表示父查询的某个条件表达式的值等于子查询所返回的结果集中的某个值。也可以使用 NOT IN,表示父查询某个条件表达式的值不等于子查询所返回的结果集中的任何值。

【例 6.47】 查询选修课程名为"数据库原理与应用"的学生的学号和姓名。

```
SELECT Sno,Sname
FROM Student
WHERE Sno IN
```

```
    (SELECT Sno
FROM Score
WHERE Cno=
    (SELECT Cno
    FROM Course
    WHERE Cname='数据库原理与应用'))
GO
```

本例中涉及的属性有学号、姓名和课程名,所以必须用到学生表和课程表,由于这两个表没有直接联系,必须通过成绩表建立它们两者之间的联系。由于子查询"SELECT Sno FROM Score WHERE Cno="的结果是多个值的集合,因此此处不能用等号=,而应用 IN。查询结果如图 6.32 所示。

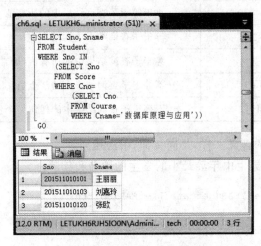

图 6.32 例 6.47 查询结果

【例 6.48】 查询未选修"数据库原理与应用"的学生的学号和姓名。

```
SELECT Sno,Sname
FROM Student
WHERE Sno NOT IN
    (SELECT Sno
    FROM Score
    WHERE Cno=
        (SELECT Cno
        FROM Course
        WHERE Cname='数据库原理与应用'))
```

NOT IN 表示不等于子查询所返回结果集中的任何值。

3. 带有 SOME、ANY 或 ALL 的子查询

SOME、ANY 和 ALL 经常和比较运算符一起使用,表示父查询的某个字段或表达式与子查询结果值的一种比较,常用的组合格式及含义如表 6.4 所示。

表 6.4　ANY 或 ALL 与比较运算符的组合格式及含义

组　　合	含　　义
＞ANY	大于子查询结果中的某个值
＞ALL	大于子查询结果中的所有值
＜ANY	小于子查询结果中的某个值
＜ALL	小于子查询结果中的所有值
＞＝ANY	大于等于子查询结果中的某个值
＞＝ALL	大于等于子查询结果中的所有值
＜＝ANY	小于等于子查询结果中的某个值
＜＝ALL	小于等于子查询结果中的所有值
＝ANY	等于子查询结果中的某个值
＝ALL	等于子查询结果中的所有值(通常没有实际意义)
!＝(或＜＞)ANY	不等于子查询结果中的某个值
!＝(或＜＞)ALL	不等于子查询结果中的任何一个值

SOME 和 ANY 的含义一样,是同义词,用法相同。

【例 6.49】　查询男生中年龄最小的学生的姓名和年龄。

```
SELECT Sname,Sage=YEAR(getdate())-YEAR(Sbirth)
FROM Student
WHERE Ssex='男' AND Sbirth >=ALL
    (SELECT Sbirth
    FROM Student
    WHERE Ssex='男')
GO
```

本例中子查询的结果是所有男生的出生日期,男生中年龄最大的学生应该出生日期比所有的男生的出生日期都大或相等才可以,所以使用＞＝ALL。查询结果如图 6.33所示。

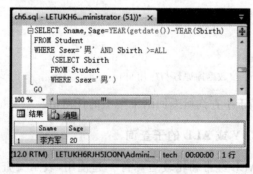

图 6.33　例 6.49 查询结果

本例也可以用聚合函数实现,语句如下:

```
SELECT Sname,Sage=YEAR(GETDATE())-YEAR(Sbirth)
FROM Student
WHERE Ssex='男' AND Sbirth =
    (SELECT MAX(Sbirth)
    FROM Student
    WHERE Ssex='男')
GO
```

如果把例 6.49 中的 ALL 改为 ANY 或 SOME,比较结果有何不同。

```
SELECT Sname,Sage=YEAR(GETDATE())-YEAR(Sbirth)
FROM Student
WHERE Ssex='男' AND Sbirth >=ANY
    (SELECT Sbirth
    FROM Student
    WHERE Ssex='男')
GO
```

上述语句会把所有男生的姓名和年龄输出,因为>＝ANY 表示大于等于子查询结果中的某个值,显然每个男生的情况都符合该条件。

【例 6.50】   查询比 1102 号课程的最高分还要高的课程的课程号及选修的学生的学号和成绩。

```
SELECT Cno,Sno,Grade
FROM Score
WHERE Grade >ALL
    (SELECT Grade
    FROM Score
    WHERE Cno='1102')
    AND Cno<>'1102'
GO
```

本例中,先用子查询求出 1102 号课程的所有成绩,然后用＞ALL 连接父查询和子查询,表示父查询的结果是比 1102 号课程的所有成绩都要大,即比 1102 号课程的最高分还要高的课程。查询结果如图 6.34 所示。

如果把 ALL 改为 ANY 或 SOME,如下所示:

```
SELECT Cno,Sno,Grade
FROM Score
WHERE Grade >ANY
    (SELECT Grade
    FROM Score
    WHERE Cno='1102')
    AND Cno<>'1102'
GO
```

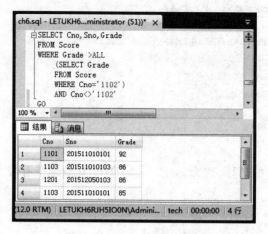

图 6.34　例 6.50 查询结果

查询结果如图 6.35 所示。显然,其结果与使用 ALL 是不同的,此时,表示父查询的课程成绩只要比子查询结果中的某一个值大就可以,所以结果集中的记录增多了。

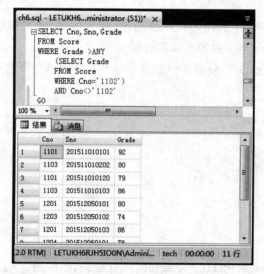

图 6.35　例 6.50 中把 ALL 改为 ANY 查询结果

显然此例也可以使用聚合函数实现,请读者自己尝试完成。

【例 6.51】　查询籍贯与所有男生籍贯不同的学生的信息。

```
SELECT *
FROM Student
WHERE Snative <>ALL
    (SELECT Snative
    FROM Student
    WHERE Ssex='男')
GO
```

先用子查询查询所有男生的籍贯信息,由于父查询要查询的是与所有男生籍贯都不同的学生信息,因此使用<>ALL。查询结果如图 6.36 所示。

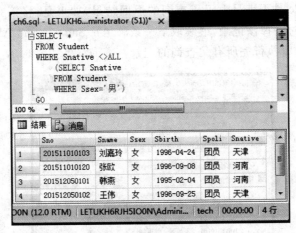

图 6.36 例 6.51 查询结果

6.4.2 相关子查询

相关子查询在执行时,子查询要用到父查询的表,通常是子查询的查询条件依赖于父查询的某个属性。

无关子查询在执行时,先执行子查询,执行完后再执行上一级的父查询,这样逐级由里向外执行,每个子查询都执行一次。相关子查询的执行过程与无关子查询的执行过程完全不同。相关子查询的执行过程是:首先取父查询表中的第一个记录,并将子查询引用的列的值传给子查询,子查询执行结束后,将它的查询结果返回给父查询,若子查询的返回结果使父查询的条件为真,则第一条记录输出在结果集中,如果子查询的返回结果使父查询的条件为假,则第一条记录不输出在结果集中,然后取父查询表中的下一条记录,重复上述过程,直至父查询表的记录全部检查完为止。

在相关子查询中经常使用比较运算符连接父查询和子查询,同时也使用比较运算符与 ANY、ALL、SOME 等结合使用来连接父查询和子查询,比较运算符与 ANY、ALL 和 SOME 结合的含义与无关子查询是相同的。

【例 6.52】 查询成绩比该课平均成绩高的学生的学号、姓名、课程名和成绩。

```
SELECT s.Sno,s.Sname,c.Cname,a.Grade
FROM Score a,Student s,Course c
WHERE a.Sno=s.Sno AND a.Cno=c.Cno AND Grade>
    (SELECT AVG(Grade)
    FROM Score b
    WHERE a.Cno=b.Cno)
GO
```

本例中,姓名在学生表中,课程名在课程表中,成绩在选课表中,所以要用到三个表的连接查询。首先找到满足 a. Sno＝s. Sno AND a. Cno＝c. Cno 的第一条记录,并把找到的 Cno 传给子查询来查找该课程的平均成绩,得到结果后返回到父查询的条件,判断第一条记录的 Grade 是否满足大于子查询的返回结果,如果是,将第一条记录输出到结果集中,如果不是,过滤掉该记录,继续取下一条满足 a. Sno＝s. Sno AND a. Cno＝c. Cno 的记录,查询直至重复执行完所有父查询的记录。查询结果如图 6.37 所示。

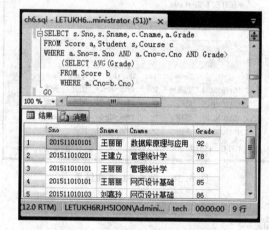

图 6.37　例 6.52 查询结果

如果查询成绩是该课程最高分的学生的学号、姓名、课程名和成绩,可以使用比较运算符＞＝和 ALL 组合,语句如下:

```
SELECT s.Sno,s.Sname,c.Cname,a.Grade
FROM Score a,Student s,Course c
WHERE a.Sno=s.Sno AND a.Cno=c.Cno AND Grade>=ALL
    (SELECT Grade
    FROM Score b
    WHERE a.Cno=b.Cno)
GO
```

在相关子查询中,经常使用 EXISTS 连接父查询和子查询,来进行存在性测试。此时通过 EXISTS 或 NOT EXISTS 检查子查询返回的结果集是否存在记录,即检查子查询的结果集是否为空。EXISTS 或 NOT EXISTS 一般直接跟在父查询的 WHERE 关键字后面,它前面没有列名、常量或表达式,子查询的 SELECT 子句后面一般用 * 表示。使用 EXISTS 时,如果子查询的结果集有记录,即不为空,父查询的 WHERE 条件返回 TRUE,则父查询的记录输出在结果集中;如果子查询的结果集中不包含任何记录,即结果集为空,父查询的 WHERE 条件返回 FALSE,则父查询的记录不输出在结果集中。使用 NOT EXISTS 时,将对存在性测试结果取反。

【例 6.53】　查询选修了课程的所有学生的学号和姓名。

```
SELECT s.Sno,s.Sname
FROM Student s
WHERE EXISTS
```

```
    (SELECT *
    FROM Score sc
    WHERE s.Sno=sc.Sno)
GO
```

本例中,对父查询的每一条记录,都传给子查询属性 Sno 的值,如果子查询找到满足条件 s.Sno＝sc.Sno 的记录,则子查询结果集不空,说明该学号的学生选修了课程,父查询的 WHERE 条件返回 TRUE,该记录输出在结果集中,否则过滤掉该记录。

查询语句块不仅可以嵌到 WHERE 子句中形成子查询,在 SELECT 后面也可以有查询语句块,如下面的例子。

【例 6.54】 查询每个学生所选课程的平均分,输出姓名和平均分。

```
SELECT Sname,avg=
    (SELECT AVG(Grade)
    FROM Score sc
    WHERE s.Sno=sc.Sno)
FROM Student s
GO
```

查询结果如图 6.38 所示。

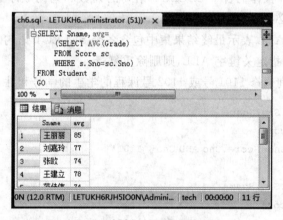

图 6.38 例 6.54 查询结果

在使用子查询时需要注意以下几点:

- 在子查询中不能使用 ORDER BY 子句,ORDER BY 子句只能对最终查询结果排序。
- 子查询的 SELECT 后面不能使用 image、text 和 ntext 数据类型。
- 子查询返回的查询结果须与父查询 WHERE 条件中引用的内容匹配。
- 子查询一般用括号()括起来。

T-SQL 语言的查询功能是很灵活的,同样的功能可以使用不同的查询语句实现。上面讲到的子查询的使用方法只是通常的做法,实际上,很多用子查询实现的查询可以使用连接查询实现,各种关键字也可以替换使用。例如,带有 IN、比较运算符、ANY 和 ALL 的子查询可以使用 EXISTS 替换等。读者可以试着换一种方法实现本节的例题。

6.5　集合运算查询

SELECT 语句查询结果是记录的集合，T-SQL 提供了对查询结果集的集合运算，主要包括集合的并（UNION）、交（INTERSECT）和差（EXCEPT）。

6.5.1　集合的并

集合的并（UNION）是指将两个或两个以上的 SELECT 语句通过 UNION 运算符连接起来，形成一个新的结果集，新的结果集中包含各个 SELECT 语句查询结果的全部记录行。其语法格式如下：

```
Select_statement
UNION [ALL] Select_statement
[UNION [ALL] Select_statement
[...n]]
```

使用 UNION 进行查询时需要注意以下几点：

- 参与 UNION 操作的各个 SELECT 语句的列数和列的顺序必须相同，且对应列的数据类型必须兼容。
- 使用关键字 ALL 表示最终结果集中包含各个 SELECT 语句的所有行，包括重复行，如果没有指定关键字 ALL，则删除重复行。

【例 6.55】　查询选修 1101 号或 1102 号课程的学生的学号和姓名。

```
SELECT Student.Sno,Sname
FROM Student,Score
WHERE Student.Sno=Score.Sno AND Cno='1101'
UNION
SELECT Student.Sno,Sname
FROM Student,Score
WHERE Student.Sno=Score.Sno AND Cno='1102'
GO
```

查询结果如图 6.39 所示。

本例中，使用 UNION 把选修了 1101 号课程的学生的学号和姓名与选修了 1102 号课程的学生的学号和姓名连接成一个结果集，由于没有使用关键字 ALL，因此自动把重复行删除了，读者可以在 UNION 后面加上 ALL，看结果有何不同。

上面的查询语句也可以使用如下语句实现：

```
SELECT Student.Sno,Sname
FROM Student,Score
WHERE Student.Sno=Score.Sno AND (Cno='1101' OR Cno='1102')
GO
```

图 6.39　例 6.55 查询结果

该语句的查询结果与例 6.55 稍有不同,该语句不会把重复行删除,它与例 6.55 中加上 ALL 关键字的查询结果是一致的。

6.5.2　集合的交

集合的交(INTERSECT)是指将两个或两个以上的 SELECT 语句通过 INTERSECT 运算符连接起来,形成一个新的结果集,新的结果集中包含各个 SELECT 语句查询结果都包含的非重复记录行。其语法格式如下:

```
Select_statement
INTERSECT Select_statement
[INTERSECT Select_statement
[...n]]
```

INTERSECT 的使用规则与 UNION 类似,要求参与 INTERSECT 操作的各个 SELECT 语句的列数和列的顺序必须相同,且对应列的数据类型必须兼容。

【例 6.56】　查询选修了 1101 号和 1102 号课程的学生的学号和姓名。

```
SELECT Student.Sno,Sname
FROM Student,Score
WHERE Student.Sno=Score.Sno AND Cno='1101'
INTERSECT
SELECT Student.Sno,Sname
FROM Student,Score
WHERE Student.Sno=Score.Sno AND Cno='1102'
GO
```

查询结果如图 6.40 所示。最终的结果集中的记录是两个 SELECT 语句都返回的记录。

【例 6.57】　查询所有选修了课程的学生的学号。

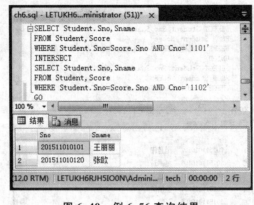

图 6.40   例 6.56 查询结果

```
SELECT Sno
FROM Student
INTERSECT
SELECT Sno
FROM Score
GO
```

在学生表 Student 和选课表 Score 中都存在的学生就是选修了课程的学生,所以可以使用 INTERSECT 连接两个 SELECT 语句。

6.5.3   集合的差

集合的差(EXCEPT)是指将两个或两个以上的 SELECT 语句通过 EXCEPT 运算符连接起来,形成一个新的结果集,新的结果集中包含 EXCEPT 左侧的 SELECT 查询结果,不包含 EXCEPT 右侧的 SELECT 查询结果的所有非重复记录行。其语法格式如下:

```
Select_statement
EXCEPT Select_statement
```

EXCEPT 的使用规则同样要求参加 EXCEPT 操作的各个 SELECT 语句的列数和列的顺序必须相同,且对应列的数据类型必须兼容。

【例 6.58】   查询选修了 1101 号课程但没有选修 1102 号课程的学生的学号和姓名。

```
SELECT Student.Sno,Sname
FROM Student,Score
WHERE Student.Sno=Score.Sno AND Cno='1101'
EXCEPT
SELECT Student.Sno,Sname
FROM Student,Score
WHERE Student.Sno=Score.Sno AND Cno='1102'
GO
```

查询结果如图 6.41 所示。

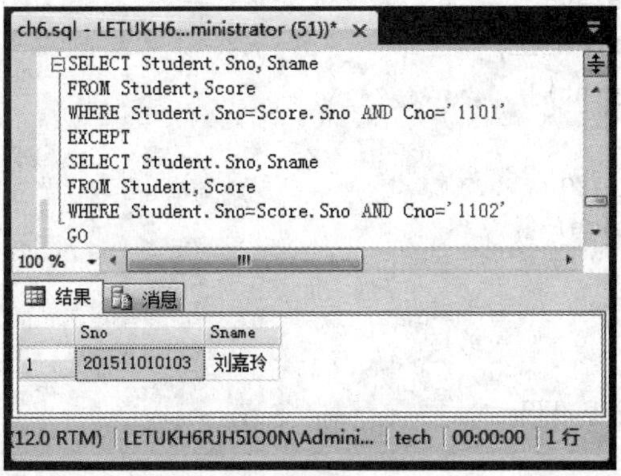

图 6.41 例 6.58 查询结果

通过 EXCEPT 连接两个 SELECT 语句,最终结果集中的记录是第一个 SELECT 语句返回的记录除去第二个 SELECT 语句返回的记录剩余的记录,即选修了 1101 号课程但没有选修 1102 号课程的学生记录。

读者可以尝试使用 EXCEPT 查询没有选修课程的学生的学号。

6.6 数据操作中使用查询语句

子查询不仅可以嵌套在 SELECT 语句中,用以构造父查询的条件,也可以嵌套在 INSERT、UPDATE 和 DELETE 语句中,用以批量插入、修改和删除数据。

6.6.1 在 INSERT 语句中使用查询语句

在 INSERT 语句中使用查询语句,可以将子查询结果集中的数据批量插入另一个表中,其基本语法格式如下:

```
INSERT [INTO] table_name[(column_list)]
Select_statement
```

使用过程中需要注意以下几点:

- 在 INSERT 语句中使用 SELECT 语句时,不要使用 VALUES 关键字。
- SELECT 查询语句不要写在括号()内。
- SELECT 查询语句后的查询列表必须与 INSERT 语句中的列表相匹配,包括列的个数、顺序及数据类型。
- 如果向表中的所有字段插入数据,INSERT 语句中的列名可以省略,此时,SELECT 语句中查询列表必须与目标表中列的个数、顺序及类型匹配。

【例 6.59】 在 tech 数据库中创建新表 Score_avg,将选课表中每门课程的平均分插入 Score_avg 表中。

```
USE tech
CREATE TABLE Score_avg
    (Cno char(4) NOT NULL,
    Grade_avg tinyint)
GO
INSERT INTO Score_avg
SELECT Cno,AVG(Grade)
FROM Score
GROUP BY Cno
GO
SELECT * FROM Score_avg
GO
```

由于是向 Score_avg 表中所有字段插入数据,所以 INSERT 语句中表名后面可以省略字段名,此时 SELECT 语句中的查询的列的个数、顺序和数据类型都应和 Score_avg 表中一致。

6.6.2   在 UPDATE 语句中使用查询语句

在 UPDATE 语句中使用查询语句,一般将子查询的结果作为修改数据的条件,其基本语法格式如下:

```
UPDATE table_name
set column_name=expression[,column_name=expression,…]
WHERE condition_expression
```

在 condition_expression 中包含子查询,子查询要写在括号()内。

【例 6.60】   将 tech 数据库中成绩大于等于所有课程的平均成绩的学生的政治面貌改为"党员"。

```
USE tech
UPDATE Student
SET Spoli='党员'
WHERE Sno IN
    (SELECT Sno
    FROM Score
    WHERE Grade >=
        (SELECT AVG(Grade)
        FROM Score))
GO
```

在 UPDATE 语句中,子查询可以嵌套子查询。

6.6.3   在 DELETE 语句中使用查询语句

在 DELETE 语句中使用查询语句,一般将子查询的结果作为删除数据的条件,其基本语法格式如下：

```
DELETE [FROM] table_name
WHERE condition_expression
```

在 condition_expression 中包含子查询，子查询要写在括号()内。

【例 6.61】　将 tech 数据库中学号为 201511010101 的学生选修的"数据库原理与应用"的选课信息删除。

```
DELETE FROM Score
WHERE Sno='201511010101' AND Cno=
    (SELECT Cno
    FROM Course
    WHERE Cname='数据库原理与应用')
GO
```

【例 6.62】　将 tech 数据库中"范佳伟"的"管理统计学"的选课信息删除。

```
DELETE FROM Score
WHERE Sno=
    (SELECT Sno
    FROM Student
    WHERE Sname='范佳伟') AND Cno=
        (SELECT Cno
        FROM Course
        WHERE Cname='管理统计学')
GO
```

从上面例题可以看出，当要修改或删除的记录的条件不能用当前表的字段直接表示，而要涉及其他表的某些字段时，需要使用子查询来设置条件。

6.7　本 章 小 结

本章主要介绍了 T-SQL 中的核心语句——SELECT 查询语句。

从本章内容看，查询语句的使用方式灵活多变，实现的功能也丰富多样，不但可以查询数据，在添加、修改和删除数据时也要用到 SELECT 语句。因此，要重点掌握本章的内容。总结起来 SELECT 查询语句的一般格式为：

```
SELECT [ALL|DISTINCT] <select_list>[INTO newtablename]
FROM <table_list|view_list>
[WHERE <search_conditions>]
[GROUP BY group_by_expression[ HAVING search_condition]]
[ ORDER BY order_expression [ ASC | DESC ] ]
```

说明：

(1) SELECT 后面的 select_list 可以有多种形式：

- ＊：表示查询表中的所有列。
- 列名列表：表示查询表中指定的列。
- 聚合函数：表示查询通过聚合函数计算的结果。
- 列名表达式：表达式可以是由列、函数和常量组成的任意表达式。
- SELECT 后面的 select_list 可以定义别名，方法是使用 AS 或等号（＝）或直接在 select_list 后面加别名。

(2) FROM 后面是查询的数据的来源，可以是表，也可以是视图。查询涉及的表或视图，都要在 FROM 后面写出，并用逗号分隔。

(3) WHERE 后面是查询的条件，查询条件多种多样，要根据实际情况书写，当有多个条件时，用逻辑运算符 AND 或 OR 连接。下面列举常用的几种条件格式。

- 列名 θ 值：其中，θ 是比较运算符，例如＞、＜、＞＝、＜＝等；"值"可以是常量，可以是列名，还可以是 SELECT 子查询。
- 列名 [NOT] BETWEEN 值 1 AND 值 2：其中，"值 1"和"值 2"可以是常量也可以是 SELECT 子查询。
- 列名 [NOT] IN（值 1，值 2，值 3…）|（SELECT 子查询）。
- 列名[NOT] LIKE 匹配字符串。
- 列名 IS [NOT] NULL。
- [NOT] EXISTS（SELECT 子查询）。

(4) GROUP BY 后面是要分组的列，可以按多个列分组，此时多个列用逗号分隔。需要注意的是，使用 GROUP BY 时，SELECT 后面的列必须包含在集合函数中或在 GROUP BY 子句后面。

(5) HAVING 子句是对分组后的数据进行过滤。

(6) ORDER BY 子句是对查询结果集进行重新排序，ORDER BY 后面可以跟多个列名，表示先按第一列排序，相同的再按第二列排序，其中列名后面的 ASC 表示升序，DESC 表示降序。需要注意的是，ORDER BY 只能放在父查询中，不能放在子查询中。

习 题 6

一、选择题

1. 在 SQL 语言中，查询数据需要使用（　　）语句。

　　A. CREATE　　　　B. UPDATE　　　　C. DELETE　　　　D. SELECT

2. SQL 语言中的 SELECT 查询的结果是一个（　　）。

　　A. 列　　　　　　B. 行　　　　　　C. 数据项　　　　D. 表

3. SELECT 语句中，"WHERE 条件表达式"用来筛选满足条件的（　　）。

　　A. 列　　　　　　B. 行　　　　　　C. 关系　　　　　D. 分组

4. 可以在 SELECT 查询语句中去掉重复行的是(　　)。

　　A. ORDER BY　　B. DESC　　　　C. ASC　　　　　D. DISTINCT

5. 查询关系 S 中 A 属性列上不为空的记录,WHERE 后的条件表达式应该为(　　)。

　　A. A!=NULL　　　　　　　　　B. A<> NULL

　　C. A IS NULL　　　　　　　　　D. A IS NOT NULL

6. 使用 SELECT 语句查询数据要对查询结果分组可以不使用的子句是(　　)。

　　A. SELECT　　　　B. FROM　　　　C. WHERE　　　　D. GROUP BY

7. 在 SELECT 语句中,可以匹配 0 到多个字符的通配符是(　　)。

　　A. %　　　　　　　B. ?　　　　　　　C. *　　　　　　　D. —

8. 计算表中数据的平均值,可以使用的聚合函数是(　　)。

　　A. SQRT　　　　　B. AVG　　　　　C. SQUARE　　　　D. COUNT

9. 使用 SELECT 语句查询选课表 Score(Sno,Cno,Grade)中各门课的平均成绩大于 80 分的学生的学号和平均成绩时,不必使用的子句是(　　)。

　　A. SELECT　　　　B. GROUP BY　　C. HAVING　　　D. WHERE

10. 在 SQL 查询时,使用 WHERE 子句指出的是(　　)。

　　A. 查询目标　　　B. 查询条件　　　C. 查询视图　　　D. 查询结果

11. 使用 SELECT 语句查询工资在 600 元以上并且职称为工程师的记录,条件表达式应为(　　)。

　　A. "工资">600 OR 职称= "工程师"

　　B. 工资>600 OR 职称=工程师

　　C. "工资">600 AND "职称"= "工程师"

　　D. 工资>600 AND 职称= "工程师"

12. 现有学生表(学号,姓名,性别,年龄,班级)、课程表(课程号,课程名,学时,学分)、选课表(学号,课程号,成绩),查询选修了"工程数学"课程的学生的姓名,需要用到(　　)。

　　A. 学生表,选课表　　　　　　　B. 选课表,课程表

　　C. 学生表,课程表　　　　　　　D. 学生表,选课表,课程表

13. 查询学生表(学号,姓名,性别,年龄,班级)中姓"张"的学生的信息,WHERE 条件表达式中需要用到(　　)关键字。

　　A. TOP　　　　　　B. LIKE　　　　　C. DISTINCT　　　D. BETWEEN

14. 查询学生表(学号,姓名,性别,年龄,班级)中的学号和姓名,结果按性别升序排序,性别相同的按年龄降序排序,在 SELECT 语句中使用 ORDER BY,格式正确的是(　　)。

　　A. ORDER BY 性别,年龄　　　　B. ORDER BY 年龄,性别

　　C. ORDER BY 性别,年龄 DESC　　D. ORDER BY 年龄 DESC,性别 ASC

15. 在多表连接查询中,(　　)是默认的连接查询。

　　A. 内连接　　　　　B. 交叉连接　　　C. 左连接　　　　D. 右连接

16. 一个 SELECT 查询语句块可以嵌套在另一个 SELECT 语句块中形成嵌套查询,也称子查询,但是 SELECT 语句块不能在(　　)语句中嵌套。

    A. INSERT   B. UPDATE   C. CREATE   D. DELETE

17. 在多表连接查询中,(　　)查询没有连接条件。

    A. 内连接   B. 完全连接   C. 外连接   D. 交叉连接

二、简答题

1. 试写出 SELECT 查询语句的基本语法格式。

2. 什么是连接查询？什么是嵌套查询？什么是子查询？

3. 什么情况下用单表查询？

4. 什么情况下用连接查询？

5. 什么情况下用子查询？相关子查询和无关子查询有什么区别？

6. 在 SQL 中进行多表连接可以有哪些方法？各举一例说明之。

三、操作题

根据习题 5 操作题 3 中建立的"供货管理"数据库,使用 T-SQL 语句,实现以下题目。

1. 查询"供货管理"数据库中供应商的姓名和所在城市。

2. 查询"供货管理"数据库中零件的所有信息。

3. 查询"供货管理"数据库中供应商所在城市,过滤掉重复行。

4. 查询"供应表"中的前 5 行记录。

5. 查询"供应表"中前 30% 的记录。

6. 查询"零件"表中的零件号、颜色和重量,并且各列分别显示为 Pno、Color 和 Weight。

7. 查询供应数量多于 20 的供应商号、零件号、项目号和供应数量。

8. 查询颜色是红色的零件信息。

9. 查询绿色螺丝刀信息。

10. 查询重量超过 30,颜色不是红色的零件信息。

11. 查询灰色和银色的零件信息。

12. 查询重量范围在 20～35 的零件的零件名、颜色和重量。

13. 查询供应数量范围不在 10～27 的供应商号、零件号、项目号和供应数量。

14. 查询"北京""上海""天津"和"青岛"的供应商号和供应商名称。

15. 查询供应商所在城市不是"北京""上海""天津"和"青岛"的供应商号、供应商名称和所在城市。

16. 查询零件名以"螺"开头的零件信息。

17. 查询零件名中含有"轮"的零件信息。

18. 查询零件名中不含"螺"的零件信息。

19. 查询"零件"表中重量为空的零件信息。

20. 查询"供应"表中供应数量的平均供应量。

21. 统计共有几种颜色的零件。

22. 统计零件的总数。

23. 查询各个供应商供应的各种零件个数。

24. 统计各种零件的供应总数量,显示零件号和供应总量。

25. 查询供应总数量超过 30 的零件号和供应总量。

26. 查询供应商向项目供应的零件的信息,输出供应商名、零件名、项目号和供应数量。

27. 查询供应商向项目供应的零件的信息,输出供应商名、零件名、项目名和供应数量,查询结果按供应商名升序排序。

28. 查询每个供应商供应的零件的总数量,输出供应商名和供应总量。

29. 查询供应商给每个项目供应的零件种类,输出供应商名、项目名和零件种类,查询结果按供应商名降序排序。

30. 从"供应商"表中查询所在城市相同的供应商名和所在城市。

31. 查询每个供应商的供应情况(含未向任何项目供应零件的供应商),输出供应商所有信息、项目号、零件号和供应数量。

32. 查询 P003 号零件的供应商中供应数量比"众合"供应商供应的数量多的供应商名和供应数量。

33. 查询供应 P003 号零件的供应商中供应数量最少的供应商号、供应商名和供应数量。

34. 查询 J002 号项目使用零件数量最多的零件号、该零件的供应商号以及供应的数量。

35. 查询与 J002 号项目使用了相同零件的项目号和零件供应商号。

36. 查询每个项目中使用的零件数量最多的零件,输出供应商号、零件号、项目号和相应的供应数量。

37. 查询所有使用了 P003 号零件的项目名。

38. 查询使用了 P003 和 P008 号零件的项目号(过滤掉重复值)。

39. 查询同时使用了 P003 和 P008 号零件的项目号。

40. 在"供货管理"数据库中新建表"供应总量",有字段"供应商号"和"供应总量";查询每个供应商供应的总零件数,按"供应商号"升序排序,并存入"供应总量"表中;查看"供应总量"表中数据。

41. 将给 J002 项目供应 P003 号零件的供应商所在城市改为"上海"。

42. 删除"楷集"供应商的 P003 号零件的供应信息。

第7章

T-SQL 编程

本章学习目标

- 了解 T-SQL 编程基础内容：标识符、数据类型、注释、常量和变量、运算符和表达式以及批处理。
- 熟练掌握 T-SQL 流程控制语句。
- 掌握函数的定义和调用。

SQL Server 2014 的 T-SQL 语言不仅提供了标准 SQL 语言的定义，还提供了灵活方便的程序设计能力，从而使具有程序设计语言基础的用户能够快速开发出性能良好的算法。

本章首先介绍 T-SQL 编程基础，如标识符、数据类型、注释、常量和变量、运算符和表达式以及批处理等，然后介绍 T-SQL 中的控制流语句，最后介绍 T-SQL 中的函数。

7.1 T-SQL 编程基础

T-SQL 编程和高级语言有许多不同，需要先了解 T-SQL 编程的基础知识，包括标识符、数据类型、注释、常量和变量、运算符和表达式以及批处理等内容。

7.1.1 标识符

标识符是用来标识对象的符号。数据库对象的名称即为其标识符。SQL Server 中的所有内容都可以有标识符，例如服务器、数据库和数据库对象（如表、视图、列、索引、触发器、过程、约束及规则等）都可以有标识符。大多数对象要求有标识符，但对有些对象（例如约束），标识符是可选的。

标识符分为两类：常规标识符和分隔标识符。

1. 常规标识符

常规标识符格式的规则如下：

(1) 第一个字符必须是下列字符之一：汉字、字母（包括拉丁字符 a~z 和 A~Z，以及来自其他语言的字母字符）、下画线(_)、@、#。

（2）后续字符可以是汉字、字母、数字、下画线(_)、\$、@、#。

注意：在 SQL Server 2014 中，某些位于标识符开头位置的符号具有特殊意义。以"@"开头的常规标识符始终表示局部变量或参数，并且不能用作任何其他类型的对象的名称。以"#"开头的标识符表示临时表或过程。以"##"开头的标识符表示全局临时对象。某些 T-SQL 函数的名称以两个"@@"开头。为了避免混淆，常规标识符的开头字符不应使用这类字符。

（3）一定不能是 SQL Server 保留字。SQL Server 中的保留字不区分大小写。

（4）不能包含嵌入的空格或特殊字符。

（5）常规标识符的长度不能超过 128 个字符。

2. 分隔标识符

分隔标识符包括双引号(" ")或者方括号([ ])。符合所有标识符格式规则的标识符可以使用分隔符，也可以不使用分隔符。不符合常规标识符格式规则的标识符必须使用分隔符。

分隔标识符用于下列情况：

（1）在对象名称或对象名称的组成部分中使用保留字时。

（2）使用未列为限定标识符的字符时。

例如，表名为"Course Table"，查询该表中的所有信息时，必须用分隔标识符。

```
SELECT * FROM "Course Table"
```

7.1.2 数据类型

在 SQL Server 2014 中，表的每一列、局部变量、表达式和参数都具有一个相关的数据类型。数据类型是一种属性，用于指定对象可保存的数据的类型，如整数数据、字符数据、货币数据、日期和时间数据、二进制字符串等。

第 5 章简单介绍了几种常用的数据类型，本节将详细介绍 SQL Server 2014 的数据类型。

SQL Server 2014 的数据类型分为两种：一种是系统数据类型；另一种是用户自定义数据类型。

1. 系统数据类型

系统数据类型又称基本数据类型。在"对象资源管理器"中，展开 master→"可编程性"→"类型"→"系统数据类型"，可以看到各个分类的全部系统数据类型。SQL Server 2014 提供的系统数据类型如表 7.1 所示。

1）精确数字

bit：可以取值为 1、0 或 NULL 的整数数据类型。

SQL Server 数据库引擎可优化 bit 列的存储。如果表中的列为 8bit 或更少，则这些列作为 1 个字节存储。如果列为 9～16bit，则这些列作为 2 个字节存储，以此类推。

表 7.1　SQL Server 2014 提供的系统数据类型

分　类	数　据　类　型
精确数字	bit,bigint,int, smallint,tinyint,money,smallmoney,decimal,numeric
近似数字	float,real
日期和时间	date,datetime,datetime2,smalldatetime,datetimeoffset,time
字符串	char,varchar,varchar(MAX),text
Unicode 字符串	nchar,nvarchar,nvarchar(MAX),ntext
二进制字符串	binary,varbinary,varbinary(MAX),image
其他	timestamp,sql_variant,xml,uniqueidentifier,hierarchyid,geography,geometry

bigint、int、smallint、tinyint：整数型，取值范围与存储字节数如表 7.2 所示。

表 7.2　整数型的范围和存储字节数

数据类型	取值范围	存储字节数
bigint	$-2^{63} \sim 2^{63}-1$	8 字节
int	$-2^{31} \sim 2^{31}-1$	4 字节
smallint	$-2^{15} \sim 2^{15}-1$	2 字节
tinyint	$0 \sim 255$	1 字节

money 和 smallmoney：代表货币或货币值的数据类型。money 的取值范围为 $-2^{63} \sim 2^{63}-1$，存储字节数为 8 字节；smallmoney 的取值范围为 $-2^{31} \sim 2^{31}-1$，存储字节数为 4 字节。

decimal 和 numeric：带固定精度和小数位数的数值数据类型。声明格式 decimal[(p[,s])]和 numeric[(p[,s])]中，p 和 s 表示固定精度和小数位数。两者在功能上等价，唯一的区别是 decimal 不能用于带有 identity 关键字的列。使用最大精度时，有效值从 $-10^{38}+1$ 到 $10^{38}-1$。存储字节数随精度的不同而变化，如表 7.3 所示。

表 7.3　精度与存储字节数

精　　度	存储字节数	精　　度	存储字节数
1~9	5	20~28	13
10~19	9	29~38	17

2）近似数字

float 和 real：用于表示浮点数值数据的大致数值数据类型。浮点数据为近似值，因此，并非数据类型范围内的所有值都能精确地表示。

声明格式 float[(n)]中，n 为用于存储 float 数值尾数的位数（以科学记数法表示），因此可以确定精度和存储大小。n 为 1~24，精度为 7 位，存储字节数为 4；n 为 25~53，精度为 15 位，存储字节数为 8。如果指定了 n，则它必须是介于 1 和 53 之间的某个值。n

的默认值为 53。real 等价于 float(24)。

　　3）日期和时间

　　date：定义一个日期。取值范围为 0001-01-01 到 9999-12-31。存储长度为固定 3 字节。

　　datetime：定义一个与采用 24 小时制并带有秒小数部分的一日内时间相组合的日期。日期的取值范围为 1753-01-01 到 9999-12-31，时间的取值范围为 00：00：00 到 23：59：59.997，存储长度为 8 字节。

　　datetime2：定义结合了 24 小时制时间的日期。可将 datetime2 视作现有 datetime 类型的扩展，其数据范围更大，默认的小数精度更高，并具有可选的用户定义的精度。日期的取值范围为 0001-01-01 到 9999-12-31，时间的取值范围为 00：00：00 到 23：59：59.9999999，存储长度随声明格式 datetime2[(fractional seconds precision)]中的精度而变化，精度小于 3 时为 6 字节；精度为 3 和 4 时为 7 字节；所有其他精度则需要 8 字节。

　　smalldatetime：定义结合了一天中的时间的日期。此时间为 24 小时制，秒始终为零（：00），并且不带秒小数部分。日期的取值范围为 1900-01-01 到 2079-06-06，时间的取值范围为 00：00：00 到 23：59：59，存储长度为固定 4 字节。

　　datetimeoffset：定义一个与采用 24 小时制并可识别时区的一日内时间相组合的日期。

　　time：定义一天中的某个时间。取值范围为 00：00：00.0000000 到 23：59：59.9999999，存储长度为固定 5 字节。

　　4）字符串

　　char：长度固定的非 Unicode 字符串数据类型。声明格式 char[(n)]中，n 定义字符串长度，取值范围为 1～8000。存储大小为 n 字节。当实际存储的字符串长度不足 n 时，在串的尾部用空格填充到长度为 n，如果输入的字符串长度大于 n 时，超出部分被截断。

　　varchar 和 varchar(MAX)：长度可变的非 Unicode 字符串数据类型。声明格式 varchar[(n|MAX)]中，n 定义字符串长度，取值范围为 1～8000，存储大小为输入的实际数据长度＋2 字节。MAX 指示最大存储大小是 $2^{31}-1$ 字节(2GB)。

　　注意：如果表中的列数据项的长度一致，则使用 char；若长度差异相当大，则使用 varchar；若长度相差很大，而且大小可能超过 8000 字节，则使用 varchar(MAX)。

　　text：长度可变的非 Unicode 文本数据类型，字符串最大长度为 $2^{31}-1$ 字节。存储长度随字符串实际长度而变化。

　　5）Unicode 字符串

　　Unicode 是国际组织制定的可以容纳世界上所有文字和符号的字符编码方案。

　　nchar：长度固定的 Unicode 字符串数据类型。声明格式 nchar[(n)]中，n 定义字符串长度，取值范围为 1～4000。存储长度为 2n 字节。对于字符长度不足 n 和超出 n 的处理同 char。

　　nvarchar 和 nvarchar(MAX)：长度可变的 Unicode 字符串数据类型。声明格式 nvarchar[(n|MAX)]中，n 定义字符串长度，取值范围为 1～4000，存储长度是所输入数据实际长度的两倍＋2 字节。MAX 指示最大存储大小是 $2^{31}-1$ 字节(2GB)。

ntext：长度可变的 Unicode 文本数据类型，字符串最大长度为 2^30－1 字节。存储长度是所输入字符串长度的两倍（以字节为单位）。

注意：如果需要支持多语言时，考虑使用 Unicode nchar 或 nvarchar 数据类型，以最大限度地消除字符转换问题。

6）二进制字符串

binary：固定长度的二进制字符串数据类型。声明格式 binary[(n)]中，n 是从 1～8000 的值。存储大小为 n 字节。

varbinary 和 varbinary（MAX）：可变长度的二进制字符串数据类型。声明格式 varbinary[(n|MAX)]中，n 可以是从 1～8000 之间的值，存储大小为所输入数据的实际长度＋2 字节。所输入数据的长度可以是 0 字节。MAX 指示最大存储大小为 2^31－1 字节。

image：长度可变的二进制数据，从 0～2^31－1（2 147 483 647）字节。用于存储图片等数据。

7）其他

timestamp：公开数据库中自动生成的唯一二进制数字的数据类型，通常用作给表行加版本戳的机制。存储大小为 8 字节。该数据类型只是递增的数字，不保留日期或时间。

sql_variant：用于存储 SQL Server 支持的各种数据类型的值，可以用在列、参数、变量和用户定义函数的返回值中。

xml：存储 XML 数据的数据类型。可以在列中或者 xml 类型的变量中存储 xml 实例。

uniqueidentifier：16 字节的全局唯一标记符（GUID）。GUID 是唯一的二进制数。GUID 主要用于多个节点、多台计算机的网络中，分配必须具有唯一性的标识符。

hierarchyid：长度可变的数据类型。可用于表示层次结构中的位置。

geography：地理空间数据类型。用于存储诸如 GPS 纬度和经度坐标之类的椭球体（圆形地球）数据。

geometry：平面空间数据类型。可表示平面坐标系中的数据。

2. 用户自定义数据类型

SQL Server 2014 允许用户自己定义数据类型并存储在数据库中，从而扩展了 T-SQL 数据类型。用户自定义的数据类型如果存储在 model 数据库中，它将作用于所有用户定义的数据库；如果是存储在用户定义的数据库中，它只作用于该用户定义的数据库。

1）使用 SSMS 工具

【例 7.1】 在 tech 数据库中，定义新的数据类型 stuno。

（1）打开 SSMS，在"对象资源管理器"中，展开"数据库"→tech→"可编程性"→"类型"，右击"用户定义数据类型"，在弹出的快捷菜单中选择"新建用户定义数据类型"，出现如图 7.1 所示的对话框。

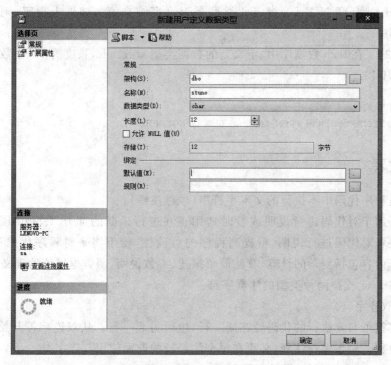

图 7.1 "新建用户定义数据类型"对话框

说明：

- 名称：用户定义数据类型的名称。这里为 stuno。
- 数据类型：用户定义数据类型基于的基本数据类型。这里为 char。
- 长度：用户定义数据类型的长度。这里为 12。
- 允许 NULL 值：选择是否允许为空值。这里不勾选该复选框。

（2）单击"确定"按钮，即完成新类型的定义。

在用户定义数据类型定义成功后，再创建数据库表时，在字段类型中就多了一个选项"stuno：char(12)"。

2）使用 T-SQL 语句

创建"用户定义数据类型"可以使用 CREATE TYPE 语句，其基本语法格式如下：

```
CREATE TYPE [schema_name.]type_name
FROM base_type[(precision[,scale])] [NULL|NOT NULL]
```

其中各参数含义如下：

- type_name：用户定义数据类型的名称。
- base_type：用户定义数据类型所基于的数据类型。
- precision：对于 decimal 或 numeric，其值为非负整数，指示可保留的十进制数字位数的最大值，包括小数点左边和右边的数字。
- scale：对于 decimal 或 numeric，其值为非负整数，指示十进制数字的小数点右边最多可保留多少位，它必须小于或等于精度值。

- NULL|NOT NULL：指定此类型是否可容纳空值。如果未指定，则默认值为 NULL。

【例 7.2】 在 tech 数据库中，定义新的数据类型 stugrade，长度为 16，小数位数为 1，不允许为 NULL。

```
USE tech
CREATE TYPE stugrade FROM decimal(16,1) NOT NULL
```

7.1.3　注释

注释是程序代码中不执行的文本字符串（也称注解）。

注释可用于对代码进行说明或暂时禁用正在进行诊断的部分 T-SQL 语句和批处理。使用注释对代码进行说明，可提高程序的可读性，便于将来对程序代码进行维护。必要的注释内容包括复杂的计算、算法简单描述、参数说明、函数返回值的含义等。

SQL Server 支持两种类型的注释字符：

1) --（双连字符）

双连字符可与要执行的代码处在同一行，也可另起一行。从双连字符开始到行尾的内容均为注释。对于多行注释，必须在每个注释行的前面使用双连字符。

2) /* … */（正斜杠-星号字符对）

正斜杠-星号字符对可与要执行的代码处在同一行，也可另起一行，甚至可以在可执行代码内部。开始注释(/*)与结束注释(*/)之间的所有内容均视为注释。对于多行注释，必须使用开始注释字符(/*)来开始注释，并使用结束注释字符(*/)来结束注释。

7.1.4　常量和变量

根据程序中数据的可变性，数据可以分为常量和变量。

1. 常量

在程序运行过程中，其值不能被改变的量称为常量。常量是表示特定数据值的符号。常量的格式取决于它所表示的值的数据类型。各类常用常量举例说明如表 7.4 所示。

表 7.4　各类常用常量举例说明

类　　型	说　　明	举　　例
字符串	用单引号括起来的字符串，字符串包含汉字、字母、数字字符以及特殊字符	'China' 'O-Cary'
Unicode 字符串	与普通字符串相似，但它前面有一个大写字母 N 作为标识符	N'China' N'O-Cary'
整型	有二进制、十进制和十六进制（前辍 0x）表示	101100,-2017,0x6BE
实型	有定点和浮点表示	19.88,-100E2,0.5E-2

续表

类　　型	说　　明	举　　例
货币	带货币符号前缀的数字	\$ 100,\$ 18.16
日期时间	用单引号括起来的日期时间	'March 8,2017' '8 March,2017' '20170308','12/5/2016' 'March 8,2017 15:26:33'

注意：

(1) 字符串常量，如果单引号中的字符串包含一个嵌入的引号，可以使用两个单引号表示嵌入的单引号。

(2) 整型、实型、货币常量，不使用引号。

2. 变量

变量是指在程序执行中其值可以改变的量。变量用于临时存放数据，变量中的数据随程序的运行而变化，例如，保存存储过程返回的数据。在 SQL Server 中，变量分为局部变量和全局变量。局部变量由用户声明和使用，全局变量由系统声明和维护。局部变量在使用前必须先声明（定义）。变量的三个基本元素：合法的变量名、类型和值。

1) 局部变量的声明和赋值

(1) 局部变量的声明。

局部变量的声明用 DECLARE 语句，其基本语法格式：

```
DECLARE @ local_variable [AS] data_type[=value][,...n]
```

其中各参数含义如下：

- @local_variable：局部变量名称，必须符合标识符格式规则。
- data_type：局部变量的数据类型，不能是 text、ntext 或 image。
- value：可以是常量或表达式，但它必须与变量声明类型匹配，或者可隐式转换为该类型。

所有类型的局部变量声明后初始化均为 NULL。

【例 7.3】 声明两个局部变量@name、@age。

```
DECLARE @name AS varchar(8),@age AS tinyint
```

(2) 局部变量的赋值。

```
SET @local_variable=expression
```

或

```
SELECT @local_variable=expression [,...n]
```

注意：两者明显的区别是一条 SET 语句只能给一个变量赋值，而一条 SELECT 语句可以给多个变量赋值。

【例 7.4】 为局部变量@name、@age 赋值。

```
SET @name='李明'
SET @age=12
```

或

```
SELECT @name='李明',@age=12
SELECT @name,@age        --查询两个变量的赋值结果
```

（3）局部变量声明的同时赋值。

局部变量的声明和赋值可以使用一条 DECLARE 语句完成。

【例 7.5】 声明两个局部变量@name、@age，并赋值。

```
DECLARE @name varchar(8)='李明',@age tinyint=12
```

【例 7.6】 将查询结果赋给变量。

```
USE tech
DECLARE @课程号 char(4)        --声明局部变量@课程号
SET @课程号=(SELECT Cno FROM Course WHERE Cname='管理统计')
SELECT @课程号
```

执行结果：如果 Course 表中没有"管理统计学"，@课程号的值为 NULL。如果有这门课程，@课程号的值为该课程的 Cno。

2）全局变量

全局变量记录了 SQL Server 的各种状态信息。全局变量的名称前面有@@。在 SQL Server 2014 中，系统定义的全局变量如表 7.5 所示。

表 7.5 SQL Server 2014 中的全局变量

全 局 变 量	描　　　述	返 回 类 型
@@CONNECTIONS	返回 SQL Server 自上次启动以来尝试的连接数，无论连接是成功还是失败	int
@@CPU_BUSY	返回 SQL Server 自上次启动后的工作时间，所有 CPU 时间的累积，单位为微秒	int
@@CURSOR_ROWS	返回游标打开后游标中的当前行数	int
@@DATEFIRST	返回 SET DATEFIRST 的当前值	tinyint
@@DBTS	返回当前数据库的当前 timestamp 数据类型的值	varbinary(1)
@@DEFAULT_LANGID	返回默认的登录 ID	smallint
@@ERROR	返回执行的上一个 T-SQL 语句的错误编号	int
@@FETCH_STATUS	返回 FETCH 语句的游标状态	int
@@IDENTITY	返回最后插入的 IDENTITY 列值	numeric(18, 0)
@@IDLE	返回 SQL Server 自上次启动后的空闲时间。所有 CPU 空闲时间，单位为微秒	int

续表

全 局 变 量	描　　述	返 回 类 型
@@IO_BUSY	返回自 SQL Server 本次启动以来,CPU 已经用于执行输入和输出操作的时间,单位为微秒	int
@@LANGID	返回当前使用的语言的本地语言标识符(ID)	smallint
@@LANGUAGE	返回当前所用语言的名称	nvarchar(1)
@@LOCK_TIMEOUT	返回当前会话的当前锁定超时设置(毫秒)	int
@@MAX_CONNECTIONS	返回 SQL Server 实例允许同时连接的最大用户数	int
@@MAX_PRECISION	按照服务器中当前设置的 decimal 和 numeric 数据类型所用的精度级别	tinyint
@@MICROSOFTVERSION	返回 SQL Server 的版本号	int
@@NESTLEVEL	返回本地服务器上执行的当前存储过程的嵌套级别	int
@@OPTIONS	返回当前 SET 选项的信息	int
@@PACK_RECEIVED	返回 SQL Server 本次启动后从网络读取的输入数据包数	int
@@PACK_SENT	返回 SQL Server 本次启动后从网络发送的输出数据包数	int
@@PACKET_ERRORS	返回本次启动 SQL Server 以来发生的网络数据包错误数	int
@@PROCID	返回 T-SQL 当前模块的对象标识符。模块可以是存储过程、用户定义函数或触发器	int
@@REMSERVER	返回注册记录中显示的远程数据服务器的名称	nvarchar(128)
@@ROWCOUNT	返回受上一语句影响的行数	int
@@SERVERNAME	返回运行 SQL Server 的本地服务器的名称	nvarchar(1)
@@SERVICENAME	返回 SQL Server 正在其下运行的注册表项的名称。若当前实例为默认实例,则返回 MSSQLSERVER;若当前实例是命名实例,则返回实例名	nvarchar(1)
@@SPID	返回当前服务器的标识 ID	smallint
@@TEXTSIZE	返回 TEXTSIZE 选项的设置值	int
@@TIMETICKS	返回一个时钟周期的微秒数	int
@@TOTAL_ERRORS	返回本次 SQL Server 启动以来发生的磁盘写入错误数	int
@@TOTAL_READ	返回本次 SQL Server 启动以来读取磁盘的次数	int
@@TOTAL_WRITE	返回本次 SQL Server 启动以来写入磁盘的次数	int
@@TRANCOUNT	返回当前连接的有效事务数	int
@@VERSION	返回当前 SQL Server 的版本、处理器类型、日期和操作系统	nvarchar(1)

7.1.5　运算符和表达式

1. 运算符

运算符是一种符号,用来指定要在一个或多个表达式中执行的操作。在 SQL Server 2014 中,系统提供的运算符如表 7.6 所示。

表 7.6　系统提供的运算符

分　类	运　算　符
算术运算符	＋、－、＊、/、%(求模)
赋值运算符	＝
按位运算符	&(与)、~(非)、|(或)、^(异或)
比较运算符	＝、<>、>、!<(不小于)、<、!＝、>＝、!>、<＝
字符串串联运算符	＋(连接)
复合运算符	＋＝、－＝、＊＝、/＝、%＝、&＝、^＝、|＝(位或等于)
一元运算符	＋(正)、－(负)、~(位非)
逻辑运算符	AND、OR、NOT、ALL、ANY、BETWEEN、EXISTS、IN、LIKE、SOME
集运算符	EXCEPT、INTERSECT、UNION

【例 7.7】　分析下列程序的执行结果。

```
DECLARE @x int=6,@y smallint=8
SELECT @y%@x AS "@y%@x",@y&10 AS "@y&10"
SELECT @x * =2,@y=~@y
SELECT @x AS "@x",@y AS "@y"
```

执行结果如图 7.2 所示。

图 7.2　例 7.7 的执行结果

2. 表达式

表达式可以是常量、函数、列名、变量、运算符的组合。一个表达式通常可以得到一个值,但也可以得到一行或一个表。

3. 运算符优先级

当一个复杂的表达式有多个运算符时,运算符优先级决定执行运算的先后次序。常用运算符的优先级如表 7.7 所示。

表 7.7　常用运算符优先级(T-SQL)

级　别	运　算　符
1	＋(正)、－(负)、~(位非)
2	＊(乘)、/(除)、%(取模)

级　别	运　算　符
3	＋(加)、＋(连接)、－(减)、&(位与)、^(位异或)、|(位或)
4	＝、＞、＜、＞＝、＜＝、＜＞、!＝、!＞、!＜(比较运算符)
5	NOT
6	AND
7	ALL、ANY、BETWEEN、IN、LIKE、OR、SOME
8	＝(赋值)

7.1.6　批处理

批处理是同时从应用程序发送到 SQL Server 并得以执行的一条或多条 T-SQL 语句,并以 GO 作为批处理的结束符号。SQL Server 将批处理的语句编译为单个可执行单元,称为执行计划。

1. SQL Server 服务器对批处理的处理方式

SQL Server 服务器对批处理的处理方式如下。

(1) 执行计划中存在编译错误(如语法错误),可使执行计划无法编译。因此,不会执行批处理中的任何语句。

(2) 执行计划中存在运行错误,如算术溢出或约束冲突,大多数情况是停止执行批处理中当前语句和它之后的语句;某些情况(如违反约束)仅停止执行当前语句,而继续执行批处理中其他所有语句。在遇到运行时错误的语句之前执行的语句不受影响。

唯一例外的情况是批处理位于事务中并且错误导致事务回滚。在这种情况下,所有在运行时错误之前执行的未提交数据修改都将回滚。

(3) 将一个批处理编译到一个执行计划中,要求批处理在逻辑上必须完整。为一个批处理创建的执行计划不能引用另一个批处理中声明的任何局部变量。注释必须在一个批处理中开始并结束。

例如,假定批处理中有六条语句,如果第五条语句有一个编译错误,则批处理中的六条语句都不执行。如果批处理没有编译错误,但有运行错误,第二条语句在运行时失败,则第一条语句的结果不会受到影响,因为已执行了该语句。

2. 建立批处理应遵循的规则

在建立一个批处理时,应遵循如下规则:

(1) CREATE DEFAULT、CREATE FUNCTION、CREATE PROCEDURE、CREATE RULE、CREATE SCHEMA、CREATE TRIGGER 和 CREATE VIEW 语句不能在批处理中与其他语句组合使用。批处理必须以 CREATE 语句开始。所有跟在该批处理后的其他语句将被解释为第一个 CREATE 语句定义的一部分。

（2）不能在同一个批处理中更改表结构后引用新更改的列。

（3）如果 EXECUTE 语句是批处理中的第一句,则不需要 EXECUTE 关键字。如果 EXECUTE 语句不是批处理中的第一条语句,则需要 EXECUTE 关键字。

【例7.8】 指出下列程序的错误。

```
DECLARE @x int= 6 ,@y smallint= 8
SELECT @y%@x AS '@y%@x'
/ * 上述两条语句的作用是声明两个局部变量,然后做取模运算
GO                    --第一个批处理结束,实际处理时是将 GO 作为注释信息的一部分。 * /
GO                    --第二个批处理结束
SET @x * = 2
SELECT @x AS '@x'
GO                    --第三个批处理结束
```

上述程序中存在的错误:

（1）注释没有在一个批处理中开始并结束。

（2）最后一个批处理中引用了第一个批处理定义的局部变量。

纠正的方法是可以删除前两个 GO 语句。

7.2 T-SQL 控制流语句

T-SQL 提供了称为控制流语言的特殊关键字,这些关键字用于控制 T-SQL 语句、语句块、用户定义函数以及存储过程的执行流。控制流关键字如表 7.8 所示。

表 7.8 控制流关键字

控制流关键字	说　明	控制流关键字	说　明
BEGIN…END	定义语句块	CONTINUE	重新开始循环语句
IF…ELSE	双分支语句	GOTO	无条件跳转语句
CASE	多分支语句	RETURN	无条件退出
WHILE	循环语句	WAITFOR	延迟语句
BREAK	跳出循环语句		

如果不使用控制流语言,则各 T-SQL 语句按其出现的顺序分别执行。控制流语句使用与程序设计相似的构造使语句得以互相连接、关联和相互依存。

控制流语句不能跨多个批处理、用户定义函数或存储过程。

7.2.1 BEGIN…END 和 PRINT

1. BEGIN…END

BEGIN 和 END 语句用于将多个 T-SQL 语句组合为一个逻辑块(类似 C ++ 中的大

括号)。执行时,该逻辑块作为一个整体被执行。在控制流语句必须执行包含两条或多条 T-SQL 语句的语句块的任何地方,都可以使用 BEGIN 和 END 语句。其语法格式为:

```
BEGIN
{
    sql_statement|statement_block
}
END
```

其中各参数含义如下:

- sql_statement|statement_block:可以是任何有效的 T-SQL 语句或语句块。
- BEGIN…END 语句块允许嵌套。
- BEGIN 和 END 必须成对使用。

2. PRINT

在程序运行过程中,经常要显示中间结果,可以使用 PRINT 语句,其语法格式为:

```
PRINT{msg_str|@local_variable|string_expr}
```

其中各参数含义如下:

- msg_str:字符串或 Unicode 字符串常量。
- @local_variable:任何有效的字符数据类型的变量。@local_variable 的数据类型必须为 char、nchar、varchar 或 nvarchar,或者必须能够隐式转换为这些数据类型。
- string_expr:返回字符串的表达式。可包括串联的文字值、函数和变量。

7.2.2 IF…ELSE

在程序中,如果要有条件的执行语句时,可以使用 IF…ELSE 语句,其语法格式为:

```
IF Boolean_expression
    {sql_statement|statement_block}            --条件表达式为 TRUE 时执行
[ELSE
    {sql_statement|statement_block}]           --条件表达式为 FALSE 时执行
```

其中各参数含义如下:

- Boolean_expression:返回 TRUE 或 FALSE 的条件表达式。如果布尔表达式中含有 SELECT 语句,则必须用括号将 SELECT 语句括起来。
- sql_statement|statement_block:可以是任何 T-SQL 语句或语句块。
- ELSE {sql_statement|statement_block}:可选。

说明:IF…ELSE 语句可以嵌套。

【例 7.9】 在 tech 数据库中,如果"数据库原理与应用"的平均成绩大于等于 60,显示"数据库原理与应用平均成绩及格了!",否则显示"数据库原理与应用的平均成绩不及格!"。

```
USE tech
IF(SELECT AVG(Grade) FROM Course,Score WHERE Course.Cno=Score.Cno AND Cname='数
据库原理与应用')>=60
    BEGIN
        PRINT '数据库原理与应用'
        PRINT '平均成绩及格了!'
    END
ELSE
    PRINT '数据库原理与应用的平均成绩不及格!'
```

【例 7.10】 在 Score 表中查询 Sno 为 201511010101 的学生平均成绩,如果没有该学生或该学生没有选课,则显示相应的提示信息。

```
USE tech
IF EXISTS(SELECT * FROM Score WHERE Sno='201511010101')
    SELECT AVG(Grade) FROM Score WHERE Sno='201511010101'
ELSE
    IF EXISTS(SELECT * FROM Student WHERE Sno='201511010101')
        PRINT '201511010101 同学还没有选课。'
    ELSE
        PRINT '没有 Sno 为 201511010101 的同学。'
```

7.2.3 CASE

一条 IF…ELSE 语句的作用是根据条件结果选择不同的执行语句。当程序需要根据多个条件选择执行不同的语句时,可以使用 IF…ELSE 嵌套,也可以使用 CASE 语句。CASE 语句的语法格式有两种。

1. 简单 CASE 的语法格式

简单 CASE 的语法格式为:

```
CASE input_expression
    WHEN when_expression THEN result_expression
    [...n]
    [ELSE else_result_expression]
END
```

其中各参数含义如下:

- input_expression:要计算的表达式。input_expression 是任意有效的 SQL Server 表达式。
- when_expression:要与 input_expression 进行比较的简单表达式。when_expression 是任意有效的 SQL Server 表达式。input_expression 及每个 when_

expression的数据类型必须相同或必须是隐式转换的数据类型。

- result_expression：是当input_expression＝when_expression计算结果为TRUE时的表达式。result expression是任意有效的表达式。
- else_result_expression：是前面的比较结果都为FALSE时返回的表达式。如果省略，当前面的比较结果都为FALSE时，则CASE语句返回NULL。else_result_expression是任意有效的SQL Server表达式。

【例7.11】 分析下列程序的执行结果。

```
USE tech
SELECT TOP 7 Sno,Sname,
    CASE Spoli
        WHEN '党员' THEN '是'
        WHEN '预备党员' THEN '预备'
        WHEN '团员' THEN '否'
    END AS '是否党员'
FROM Student
```

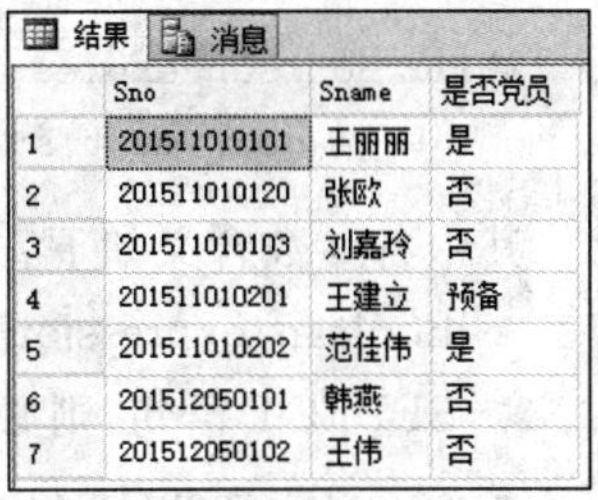

	Sno	Sname	是否党员
1	201511010101	王丽丽	是
2	201511010120	张欧	否
3	201511010103	刘嘉玲	否
4	201511010201	王建立	预备
5	201511010202	范佳伟	是
6	201512050101	韩燕	否
7	201512050102	王伟	否

图7.3 例7.11的执行结果

例7.11的执行结果如图7.3所示。

执行程序时，根据每一条记录Spoli属性的值(党员、预备党员、团员)，在查询结果中对应显示：是、预备、否。

2. 搜索CASE的语法格式

```
CASE
    WHEN Boolean_expression THEN result_expression
    [...n]
    [ELSE else_result_expression]
END
```

其中各参数含义如下：

- Boolean_expression：要计算的布尔表达式(条件)。Boolean_expression是任意有效的SQL Server布尔表达式。
- result_expression：是Boolean_expression计算结果为TRUE时返回的表达式。result expression是任意有效的SQL Server表达式。
- else_result_expression：与简单CASE中的含义相同。

【例7.12】 分析下列程序的执行结果。

```
USE tech
SELECT TOP 20 PERCENT Sno,Cno,
    CASE
        WHEN Grade>=90 THEN 'A'
        WHEN Grade>=80 THEN 'B'
        WHEN Grade>=70 THEN 'C'
        WHEN Grade>=60 THEN 'D'
```

```
    ELSE 'E'
  END AS '等级'
FROM Score
```

	Sno	Cno	等级
1	201511010101	1101	A
2	201511010102	1102	D
3	201511010103	1101	D
4	201511010201	1102	C
5	201511010102	1103	B

图 7.4　例 7.12 的执行结果

例 7.12 的执行结果如图 7.4 所示。

执行程序时,根据每一条记录 Grade 属性的值所满足的条件,在查询结果中对应显示不同的等级。

7.2.4　WHILE、BREAK 和 CONTINUE

在程序中,如果需要重复执行程序的部分语句,可以使用 WHILE 语句,WHILE 语句经常和 BREAK 或 CONTINUE 一起使用。其语法格式为:

```
WHILE Boolean_expression
    {sql_statement|statement_block|BREAK|CONTINUE}    --循环体
```

其中各参数含义如下:

- Boolean_expression:返回 TRUE 或 FALSE 的表达式。如果布尔表达式中含有 SELECT 语句,则必须用括号将 SELECT 语句括起来。
- sql_statement|statement_block:T-SQL 语句或用语句块定义的语句分组。
- BREAK:用于退出本层循环,继续执行 WHILE 后面的语句。
- CONTINUE:用于结束本次循环,忽略循环体中 CONTINUE 关键字后面的任何语句,重新转到下一次循环条件判断。

【例 7.13】　分析下列程序的执行结果。

```
DECLARE @i AS tinyint=0,@s AS smallint=0
WHILE (@i<100)
    BEGIN
        SET @i=@i+1
        SET @s=@s+@i
        IF @s<50
            CONTINUE
        ELSE
            BREAK
    END
SELECT @i AS '@i 累加到',@s AS '累加和是'
```

	@i累加到	累加和是
1	10	55

图 7.5　例 7.13 的执行结果

例 7.13 的执行结果如图 7.5 所示。

例 7.13 中的循环是在求 100 以内自然数的和的过程中,每次循环都要根据条件@s<50 的值,选择执行不同的语句。当条件结果为 TRUE 时,执行 CONTINUE 语句,重新转到下一次循环条件判断;当条件结果为 FALSE 时,执行 BREAK 语句,退出本层循环,继续执行 WHILE 后面的语句。

7.2.5 GOTO、RETURN 和 WAITFOR

1. GOTO

GOTO 语句可以实现无条件的跳转。其语法格式为：

```
GOTO label
```

其中参数含义为：label 为要跳转到的语句标签，是 GOTO 语句执行后要处理的起点。标签的命名必须符合标识符命名规则。

注意：在使用 GOTO 语句之前先要定义一个标签，其语法格式为：

```
label:
```

【例 7.14】 分析下列程序的执行流程。

```
DECLARE @i AS tinyint=0,@s AS smallint=0
label_1: WHILE(@i<100)
BEGIN
    SET @i=@i+1
    SET @s=@s+@i
    IF @s<50
        GOTO label_1
    ELSE
        GOTO label_2
END
label_2: SELECT @i AS '@i 累加到',@s AS '累加和是'
```

例 7.14 程序的执行流程和例 7.13 相同。每次循环都要根据条件@s<50 的值，选择执行不同的语句。当条件结果为 TRUE 时，执行 GOTO label_1 语句，无条件地跳转到 label_1 标签标识的语句行，继续下一次循环条件的判断；当条件结果为 FALSE 时，执行 GOTO label_2 语句，无条件地跳转到 label_2 标签标识的语句行，从而实现结束循环。

2. RETURN

RETURN 语句可以实现从查询或过程中无条件退出，可在任何时候用于从过程、批处理或语句块中退出。RETURN 之后的语句是不执行的。其语法格式为：

```
RETURN [integer_expression]
```

其中参数含义为：integer_expression：可以选择返回 int 型的整数值。存储过程可向执行调用的过程或应用程序返回一个整数值。

注意：如果用于存储过程，RETURN 不能返回 NULL 值。如果某个存储过程试图返回空值，系统将生成警告消息并返回 0 值。除非另外说明，否则所有系统存储过程都将返回一个 0 值，表示成功，非 0 值表示失败。

【例7.15】 分析下列程序的执行流程。

```
USE tech
IF NOT EXISTS(SELECT * FROM Student WHERE Sno='201512060104')
    GOTO label_1
ELSE
    BEGIN
        IF NOT EXISTS(SELECT * FROM Score WHERE Sno='201512060104')
            PRINT '201511010104 同学还没有选课。'
        ELSE
            SELECT AVG(Grade) FROM Score WHERE Sno='201512060104'
        RETURN
    END
label_1: PRINT '没有学号为 201511010104 的同学。'
```

程序执行流程分析：如果 Student 表中没有该学号，GOTO 语句直接跳转到最后一行的 label_1 标签处，执行最后一条语句；如果 Student 表中有该学号，但 Score 表中没该学号，则屏幕输出"201511010104 同学还没有选课。"后执行 RETRUN 语句无条件退出；如果 Student 和 Score 表中都有该学号，则查询其平均成绩后执行 RETRUN 语句无条件退出。

注意：在例7.15中，如果不使用 RETURN 语句，则最后一条语句在三种情况下都将被执行。

3. WAITFOR

WAITFOR 语句可以实现挂起批处理、存储过程或事务的执行，直到已超过指定的时间间隔或者到达一天中指定的时间。其语法格式为：

```
WAITFOR {DELAY 'time_to_pass'|TIME 'time_to_execute'}
```

其中各参数含义如下：

- DELAY 'time_to_pass'：指定完成 WAITFOR 语句之前等待的时间。完成 WAITFOR 语句之前等待的时间最多为 24 小时。
- TIME 'time_to_execute'：指定要等到的时刻。

【例7.16】 分析下列程序的执行结果（假定系统当前的时间为 9:43:35 PM）。

```
PRINT '第一次获取到的系统日期中的秒是'
PRINT DATEPART(second,GETDATE())
WAITFOR DELAY '00:00:05'
PRINT '第二次获取到的系统日期中的秒是'
PRINT DATEPART(second,GETDATE())
WAITFOR TIME '9:43:55 PM'
PRINT '第三次获取到的系统日期中的秒是'
PRINT DATEPART(second,GETDATE())
```

例7.16 的执行结果如图7.6 所示。

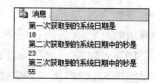

图 7.6 例 7.16 的执行结果

例 7.16 中的第 2 条语句获取到的系统的秒数是 18 秒,第 3 条语句指定完成 WAITFOR 语句之前等待 5 秒,第 5 条语句再次读秒数是 23 秒,第 6 条语句指定要等到 9:43:55,第 8 条语句再读系统的秒数是 55 秒。

7.3　函　　数

函数是一系列 T-SQL 语句的有序集合,并且在工作中可以作为一个逻辑单元来调用,可以重复调用。SQL Server 2014 支持系统内置函数和用户定义函数两种类型。

7.3.1　系统内置函数

SQL Server 2014 提供了丰富的系统内置函数,可分为 14 类,如表 7.9 所示。

表 7.9　SQL Server 2014 提供的系统内置函数

函 数 类 别	说　　明
聚合函数	执行的操作是将多个值合并为一个值
配置函数	是一种标量函数,可返回有关配置设置的信息
游标函数	返回有关游标状态的信息
日期和时间函数	可以更改日期和时间的值
数学函数	执行三角、几何和其他数字运算
元数据函数	返回数据库和数据库对象的属性信息
行集函数	返回可在 T-SQL 语句中表引用所在位置使用的行集
安全函数	返回有关用户和角色的信息
字符串函数	可更改 char、varchar、nchar、nvarchar、binary 和 varbinary 的值
系统函数	对系统级的各种选项和对象进行操作或报告
系统统计函数	返回有关 SQL Server 性能的信息
文本和图像函数	可更改 text 和 image 的值
层次结构 ID 函数	返回在层次结构中的位置
其他函数	…

其中,除了聚合函数和行集函数,其余均属标量函数。标量函数接受一个或多个参数后进行处理和计算,并返回一个单一的值,它们可以应用于任何符合执行函数的代码中。下面介绍常用的几种标量函数,包括数学函数、字符串函数、日期和时间函数等。

其他未介绍的系统函数,读者可以在用户创建的数据库中查阅到系统函数的分类、函数名、参数、返回值的类型和功能。例如,在 tech→“可编程性”→“函数”→“系统函数”→“层次结构 ID 函数”中,有一个 GetRoot 函数,展开其前面的各个“＋”号,可以看到参数和返回值类型,单击该函数后,鼠标停留在函数名上,系统将自动提示此函数的功能,

GetRoot( )的功能是"返回层次结构树的根"。

1. 数学函数

SQL Server 2014 和其他编程语言一样,提供了许多常用的数学函数,用于对数字表达式进行数学运算并返回运算结果。常用的数学函数如表 7.10 所示。

表 7.10　常用的数学函数

函　　数	参　　数	功　　能
Abs	表达式(精确数字或近似数字)	返回绝对值
Sin、Cos、Tan	弧度表达式(float)	返回正弦、余弦、正切
Asin、Acos、Atan	弧度表达式(float)	返回反正弦、反余弦、反正切
Atn2	弧度表达式(float)	返回四个象限的反正切弧度值
Ceiling	表达式(精确数字或近似数字)	返回大于或等于给定值的最小整数
Floor	表达式(精确数字或近似数字)	返回小于或等于给定值的最大整数
Degrees	表达式(精确数字或近似数字)	把弧度转化为角度
Radians	度数表达式(精确数字或近似数字)	把角度转化为弧度
Rand	(可选)种子值(integer)	返回 0~1 的一个随机数
Round	表达式(精确数字或近似数字),精度(integer)	将给定的数据四舍五入到指定的长度或精度
Sign	表达式(精确数字或近似数字)	返回给定数据的符号
Exp	弧度表达式(float)	返回给定数据的指数值
PI	无	常量,3.141 59
Log、Log10	弧度表达式(float)	返回自然对数、以 10 为底的对数
Sqrt	表达式(float)	返回给定值的平方根
Square	表达式(float)	返回给定值的平方

【例 7.17】　分析下列程序的执行结果。

```
SELECT Round(166.4567,2),Sqrt(16),Sign(-56)
SELECT Exp(1),Rand(2),Log10(100),Ceiling(-5.4)
```

例 7.17 的执行结果如图 7.7 所示。

例 7.17 中,Round(166.4567,2)是将 166.4567 四舍五入到两位小数位;Sqrt(16)是返回 16 的平方根;Exp(1)可以得到 e 的值;Rand(2)返回一个随机数,指定种子值 2,函数返回值始终相同,如果未指定种子值,系统随机分配,每次函数返回值都不同;Log10(100)返回以 10 为底 100 的对数;Ceiling(-5.4)返回大于或等于-5.4 的最小整数-5。

2. 字符串函数

字符串函数可以对字符串表达式进行操作,也是数据库处理中常用的函数类型。其中常用的字符串函数如表 7.11 所示。

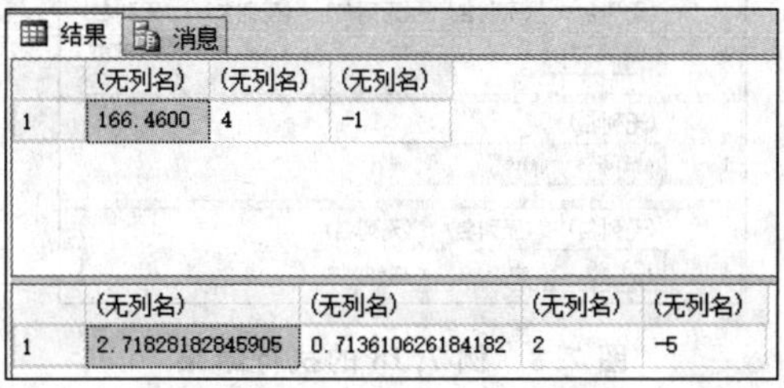

图 7.7 例 7.17 的执行结果

表 7.11 常用的字符串函数

函 数	参 数	功 能
Ascii	表达式（char 或 varchar）	返回字符串表达式中最左侧字符的 ASCII 码
Char	tinyint	将整数 ASCII 码转换为字符
Len	表达式（char 或 varchar）	返回给定字符串的字符数
Lower	表达式（varchar 或 nvarchar）	将大字字符转换为小写字符
Upper	表达式（varchar 或 nvarchar）	将小字字符转换为大写字符
Ltrim	表达式（varchar 或 nvarchar）	返回删除了前导空格之后的字符表达式
Rtrim	表达式（varchar 或 nvarchar）	返回删除了尾部空格之后的字符表达式
Right	表达式（varchar 或 nvarchar），字符数（bigint）	返回字符表达式右侧指定数目的字符
Left	表达式（varchar 或 nvarchar），字符数（integer）	返回字符表达式最左侧指定数目的字符
Space	表达式（integer）	返回由重复空格组成的字符串
Str	表达式（float），（可选）长度（integer，default），（可选）小数位数（integer，default）	返回从数值表达转换而来的字符表达式
Substring	表达式（varchar、nvarchar、text、ntext、varbinary 或 image），开始位置（bigint），长度（bigint）	返回字符表达式、二进制表达式、文本表达式或图像表达式的一部分
Reverse	表达式（varchar 或 nvarchar）	返回字符表达式的逆向表达式

【例 7.18】 分析下列程序的执行结果。

```
SELECT Ascii('red'),Char(114),Len('How are you'),Lower('STUdent'),Upper('STUdent')
SELECT Ltrim('  ok!')+Rtrim('OK!  ')+Right('I am a student',7)+Space(6)+Left
  ('I am a student',4)
SELECT Str(123.8899,6,3),Substring('I am a student',3,2),Reverse('student')
```

例 7.18 的执行结果如图 7.8 所示。

图 7.8　例 7.18 的执行结果

例 7.18 中,Ascii('red')返回字符串 red 中最左侧字符 r 的 ASCII 码;Ltrim('　ok!')可以删除"ok!"左边的空格;Rtrim('OK!　')可以删除"OK!"右边的空格;Right(Left)返回字符串右侧(左侧)指定数目的字符;Space 用于返回指定数目的空格。

注意:Str(123.8899,6,3)的结果中的小数位只有 2 位,如果长度改为 10,结果小数位数就是 3,指定长度时,小数点也应包括在内。

3. 日期和时间函数

日期和时间函数主要用来处理日期和时间数据。常用的日期和时间函数如表 7.12所示。

表 7.12　常用的日期和时间函数

函　　数	参　　数	功　　能
Datepart	日期部分(varchar),表达式(datetime)	返回表示指定日期的指定日期部分的整数
Getdate	无	返回当前的系统日期和时间
Day	表达式(datetime)	返回表示指定日期的"日"日期部分的整数
Month	表达式(datetime)	返回表示指定日期的"月"日期部分的整数
Year	表达式(datetime)	返回表示指定日期的"年"日期部分的整数

【**例 7.19**】　分析下列程序的执行结果(假定系统当前日期和时间如图 7.9 所示)。

```
SELECT Datepart(s,Getdate()),Getdate(),Day(Getdate())
SELECT Month('2017-2-16'),Year('02/16/2017')
```

例 7.19 的执行结果如图 7.9 所示。

注意:例 7.19 中 Getdate()函数,返回的是系统的当前日期和时间。Datepart(S,Getdate())函数返回系统的秒数,函数的第一个参数 s 是 second的缩写。Datepart 函数第一个参数的常用有效缩写字符串如表 7.13 所示。Day(Getdate())函数返回系统的日数。Month()和 Year()函数返回指定的日期的月和年。

图 7.9　例 7.19 的执行结果

表 7.13　Datepart 函数第一个参数的常用有效缩写字符串

日期部分	缩　写	日期部分	缩　写
year	yy,yyyy	week	wk,ww
quarter	qq,q	hour	hh
month	mm,m	minute	mi,n
day	dd,d	second	ss,s

4. 其他函数

在其他函数中,这里只介绍 Cast 和 Convert 函数,这两者功能类似,但语法不同,如表 7.14 所示。

表 7.14　Cast 和 Convert 函数

函 数 语 法	功　　能
Cast(expression AS data_type[(length)])	将一种数据类型显式转换为另一种数据类型
Convert(data_type[(length)],expression,[style])	将一种数据类型显式转换为另一种数据类型

其中参数含义为:style 指定 Convert 函数转换为 expression 的样式代码。读者可以在微软的技术资源库中查阅详细的样式代码。

【例 7.20】　分析下列程序的执行结果。

```
USE tech
SELECT TOP 1 Cast(Sbirth AS char(10)) FROM Student
SELECT TOP 1 Convert(char(10),Sbirth,110) FROM Student
```

例 7.20 中,Cast(Sbirth AS char(10))将 Sbirth 转换为 char(10)类型;Convert(char(10),Sbirth,110)将 Sbirth 转换为 char(10),110 指定日期的输出格式是 mm-dd-yy。

例 7.20 的执行结果为:

```
1995-03-03
03-03-1995
```

7.3.2　用户定义函数

与其他编程语言中的函数类似,SQL Server 用户定义函数是接受参数、执行操作(例如复杂计算)并将操作结果以值的形式返回的例程。返回值可以是单个标量值或结果集。根据返回值的形式不同,可以分为三类:标量函数、内嵌表值函数和多语句表值函数。

标量函数的返回值是单个数据值。返回类型可以是除 text、ntext、image、cursor 和 timestamp 外的任何数据类型。标量函数有函数体。

内嵌表值函数的返回值是一个表,内嵌表值函数没有函数主体。

多语句表值函数的返回值也是一个表,多语句表值函数有函数体。

1. 标量函数

（1）创建标量函数的一般语法格式为：

```
CREATE FUNCTION [schema_name.]function_name
([{@parameter_name [AS ][type_schema_name.]parameter_data_type[=default]}[,...
n]])
RETURNS return_data_type
[AS]
    BEGIN
        function_body
        RETURN scalar_expression
    END
```

其中各参数含义如下：

- schema_name：用户定义函数所属的架构的名称。
- function_name：用户定义函数的名称。函数名称必须符合有关标识符的命名规则，并且在数据库中以及对其架构来说是唯一的。
- @parameter_name：用户定义函数中的参数。可声明一个或多个参数。
- [type_schema_name.]parameter_data_type：参数的数据类型及其所属的架构，后者为可选项。
- [=default]：参数的默认值。如果定义了 default 值，则无须指定此参数的值即可执行函数。
- return_data_type：标量用户定义函数的返回值。对于 T-SQL 函数，可以使用除 timestamp 数据类型之外的所有数据类型（包括 CLR 用户定义类型）。对于 CLR 函数，允许使用除 text、ntext、image 和 timestamp 数据类型之外的所有数据类型（包括 CLR 用户定义类型）。不能将非标量类型 cursor 和 table 指定为 T-SQL 函数或 CLR 函数中的返回数据类型。
- function_body：指定一系列定义函数值的 T-SQL 语句，这些语句在一起使用不会产生负面影响（例如修改表）。function_body 仅用于标量函数和多语句表值函数。

在标量函数中，function_body 是一系列 T-SQL 语句，这些语句一起使用的计算结果为标量值。

在多语句表值函数中，function_body 是一系列 T-SQL 语句，这些语句将填充 TABLE 返回变量。

- scalar_expression：指定标量函数返回的标量值。

（2）调用标量函数的语法格式为：

```
[schema_name.]function_name(parameter_expression 1,..., parameter_expression n)
```

【例 7.21】 创建标量函数，求 Score 表中某个学生的平均成绩，并调用该标量函数求 Sno 为"201511010101"的学生平均成绩。

```
USE tech
GO
/* 检查该函数 Stu_average 是否已定义,若已定义,则删除。函数 Object_ID 用于验证对象是
否存在 */
IF Object_ID(N'dbo.Stu_average',N'FN') IS NOT NULL
    DROP FUNCTION dbo.Stu_average
GO
CREATE FUNCTION dbo.Stu_average(@sno varchar(12))   /* 创建函数 */
RETURNS float
AS
    BEGIN
        DECLARE @aver float
        SET @aver= (SELECT avg(Grade) FROM Score WHERE Sno=@sno)
        RETURN(@aver)
    END
GO
SELECT dbo.Stu_average('201511010101')                /* 调用函数 */
```

2. 内嵌表值函数

(1) 创建内嵌表值函数的一般语法格式为:

```
CREATE FUNCTION [schema_name.]function_name
([{@parameter_name [AS ][type_schema_name.]parameter_data_type[=default]}[,...
n]])
RETURNS TABLE
[AS]
RETURN [(]select_stmt[)]
```

其中各参数含义如下:
- TABLE:指定表值函数的返回值为表。在内嵌表值函数中,TABLE 返回值是通过单个 SELECT 语句定义的。内嵌表值函数没有关联的返回变量。
- select_stmt:定义内嵌表值函数返回值的单个 SELECT 语句。

其他参数与标量函数相同。

(2)调用内嵌表值函数。

内嵌表值函数的调用只能用 SELECT 语句。具体操作见例 7.22。

【例 7.22】　创建内嵌表值函数,查询选修了某门课程的某种政治面貌学生的 Sno、Sname、Major、Spoli、Cno 和 Grade;调用该函数查询选修了 1101 课程的"党员"的相关信息。

```
USE tech
GO
/* 检查要创建的函数 Dt_inform 是否已定义,若已定义,则删除 */
IF EXISTS(SELECT name FROM sysobjects WHERE name='Dt_inform' AND type='IF')
```

```
       DROP FUNCTION dbo.Dt_inform
GO
CREATE FUNCTION Dt_inform (@cno varchar(4),@ps varchar(8))    /*创建函数*/
RETURNS TABLE
AS
RETURN
      SELECT Student.Sno,Sname,Spoli,Cno,Grade FROM Student,Score
      WHERE Student.Sno=Score.Sno AND Cno=@cno AND Spoli=@ps
GO
SELECT * FROM Dt_inform('1101','党员')                        /*调用函数*/
GO
```

注意：例 7.22 的执行结果中，调用函数查询的相关信息在"结果"页中，"消息"页中显示的信息有两种情况：第一次执行时，显示"（X 行受影响）"；第二次执行时，前面多了"数据库中已存在名为'Dt_inform'的对象"，但并不影响执行结果，用户仍可以在"结果"页中看到调用函数查询的相关信息。

3. 多语句表值函数

（1）创建多语句表值函数的一般语法格式为：

```
CREATE FUNCTION [schema_name.]function_name
([{@parameter_name [AS ][type_schema_name.]parameter_data_type[=default]}][,...
n]])
RETURNS @return_variable TABLE <table_type_definition>
[AS]
  BEGIN
      function_body
      RETURN
  END
```

其中各参数含义如下：

- @return_variable：是 TABLE 变量，用于存储和汇总应作为函数值返回的行。
- table_type_definition：定义 T-SQL 函数的表数据类型。表声明包含列定义和列约束（或表约束）。表始终放在主文件组中。
- function_body：在标量函数中已说明。

其他参数与标量函数相同。

（2）调用多语句表值函数。

多语句表值函数的调用与内嵌表值函数相同。

【例 7.23】 在 tech 数据库中创建返回 table 的函数，查询某位学生的选课情况，包括 Sno、Sname、Cname、Ccredit、Grade，其中，学生姓名的缺省值为"张欧"。并调用该函数，查询"韩燕"和学生姓名缺省时的选课情况。

① 创建多语句表值函数 Stu_score。

```
USE tech
GO
CREATE FUNCTION Stu_score(@sname varchar(8)='张欧')
RETURNS @stu_list TABLE
(Sno char(12),
  Sname varchar(8),
  Cname varchar(30),
  Ccredit tinyint,
  Grade float
)
AS
BEGIN
  INSERT @stu_list
    SELECT Student.Sno,Sname,Cname,Ccredit,Grade FROM Student,Score,Course
    WHERE Student.Sno=Score.Sno AND Course.Cno=Score.Cno
        AND Sname=@sname
    RETURN
  END
GO
```

② 调用函数 Stu_score。

```
SELECT * FROM Stu_score('韩燕')        /*调用函数时,给定参数值*/
SELECT * FROM Stu_score(default)       /*调用函数时,使用创建函数的默认值*/
```

7.4 本 章 小 结

在 T-SQL 编程中,标识符、数据类型、注释、常量和变量、运算符和表达式和批处理等内容是 T-SQL 编程的基础知识。它们和高级程序设计语言有许多不同之处。

在控制流语句中,BEGIN…END 把多条语句写在一个语句复合体中;IF…ELSE 语句和 CASE 语句通过条件的选择判断决定程序的执行;循环语句 WHILE 可以根据条件循环执行语句块,直到条件不满足,循环结束。在循环语句中,可以使用 BREAK 语句跳出循环,也可以使用 CONTINUE 语句重新开始下一次循环;GOTO 语句是无条件跳转语句;RETURN 是无条件退出语句。

函数是一系列 T-SQL 语句的有序集合,可以重复调用。SQL Server 2014 支持系统内置函数和用户定义函数两种类型。系统内置函数用户只能使用不能修改。用户定义函数根据返回值的形式不同,可以分为三类:标量函数、内嵌表值函数和多语句表值函数。

标量函数的返回值是单个数据值,标量函数有函数体。

内嵌表值函数的返回值是一个表,内嵌表值函数没有函数主体。

多语句表值函数的返回值也是一个表,多语句表值函数有函数体。

习 题 7

一、选择题

1. 下面( )不是 SQL Server 2014 的基本数据类型。

   A. variant   B. varchar   C. varbinary   D. nvarchar

2. 使用下列( )数据类型可以存储达 2GB 的数据。

   A. text   B. varbinary   C. varchar(max)   D. varchar

3. 下面关于 SQL Server 数据库中变量的描述,不正确的是( )。

   A. SQL Server 中变量可分为全局变量和局部变量两大类

   B. 全局变量由系统提供且预先声明,通过在名称前加两个@符号区别于局部变量

   C. 使用 SELECT 语句不能给变量赋值

   D. 在批处理或存储过程中使用 DECLARE 语句声明局部变量

4. 在 SQL Server 中局部变量前面的字符为( )。

   A. *   B. #   C. @@   D. @

5. 下面程序的运行结果为( )。

```
DECLARE @var1 int, @var2 int
SET @var1=200
SET @var2=100
IF @var1<@var2
  PRINT '@var1 的值小于@var2 的值'
ELSE
  BEGIN
    PRINT '执行 SQL 语句块'
    PRINT '@var1 的值大于@var2 的值'
END
GO
```

   A. @var1 的值大于@var2 的值   B. 执行 SQL 语句块

                                              @var1 的值大于@var2 的值

   C. @var1 的值小于@var2 的值   D. @var1 的值小于@var2 的值

                                              执行 SQL 语句块

                                              @var1 的值大于@var2 的值

6. 下面程序的运行结果为( )。

```
DECLARE @number int,@varnumber int
SET @number=0
SET @varnumber=0
WHILE @varnumber<=10
```

```
    BEGIN
        SET @number =@number+@varnumber
        SET @varnumber=@varnumber+1
    END
SELECT @number
```

  A. 45   B. 10   C. 55   D. 11

7. 执行以下语句：

```
DECLARE @n int
SET @n=3
WHILE @n<5
    BEGIN
        IF @n=4
            Print ltrim(@n)+'的平方数为'+ltrim(@n * @n)
        SET @n=@n+1
    END
```

执行完成后循环次数为( )。

  A. 0 次   B. 1 次   C. 2 次   D. 死循环

8. 下列说法错误的是( )。

  A. 内嵌表值函数没有函数主体,返回的表是单个 SELECT 语句的结果集

  B. 多语句表值函数的调用与内嵌表值函数的调用方法相同

  C. 多语句表值函数的功能可以用标量函数来实现

  D. 在内嵌表值函数的定义中,不使用 BEGIN…END 块定义函数主体

9. 调用标量函数时,至少应使用( )和函数名。

  A. 服务器名 B. 数据库名 C. 数据库架构名 D. 用户名

10. 以下( )不是 SQL Server 支持的用户自定义函数。

  A. 标量函数   B. 矢量函数

  C. 内嵌表值函数   D. 多语句表值函数

11. 关于 T-SQL 语言中的 CASE 语句,以下说法正确的是( )。

  A. THEN 关键字后面可以使用 INSERT、UPDATE 和 DELETE 语句

  B. THEN 关键字后面可以使用 PRINT 语句

  C. CASE 关键字后面不能有任何的表达式

  D. CASE 语句中 ELSE 关键字可以省略

二、综合题

1. 简述常规标识符格式的规则。

2. (1) 使用 SSMS 工具,在 tech 数据库中定义新的数据类型 stugrade1,长度为 6,小数位数为 2,允许为 NULL。

 (2) 使用 T-SQL 语句,在 tech 数据库中定义新的数据类型 stugrade2,长度为 6,小数位数为 2,不允许为 NULL。

3. 在 Score 表中查询 Sno 为 201511010102 的学生最好成绩,如果没有该学生或该学生没有选课,则显示相应的提示信息。

4. 将 Score 表的 Grade 按 A、B、C、D、E 五分制成绩来显示:90 分以上为 A,80～89 分为 B,70～79 分为 C,60～69 分为 D,60 分以下为 E。

5. 分析下列函数值:

(1) CEILING(23.56),FLOOR(12.62),POWER(2,3),ROUND(134.52116,2),SQRT(25)

(2) ASCII('B'),CHAR(65),LOWER('This is a BOOK'),

　　UPPER('This is a BOOK'),SUBSTRING('STUDENT',2,4)

(3) GETDATE(),Datepart(yy, '2017-03-18'), Cast('2017-03-08' AS char(10))

6. 某学校人事部门拟调整教师工资,调整的规则是对基本工资进行反复增加,教授加 100 元,副教授加 80 元,讲师加 50 元,助理讲师加 40 元,直到所有职工工资都在 6000 元以上。请编写程序实现。其数据表为"工资表(职工号,职工姓名,职称,基本工资,岗位工资)"。

7. (1) 创建一个标量函数,求 Score 表中某门课程的平均成绩;

(2) 调用该标量函数求 Cno 为 1103 的课程平均成绩。

8. (1) 创建一个内嵌表值函数,查询选修了某门课程的 Cname、平均成绩;

(2) 调用该函数查询选修了"管理统计学"课程的 Cname、平均成绩。

9. (1) 创建一个多语句表值函数,获取选修课程的 Cno、Cname、Grade;

(2) 调用该函数查询选修课程的 Cno、Cname、Grade。

视图、索引和游标

本章学习目标

- 掌握视图、索引和游标的基本概念。
- 了解数据库中使用视图、索引和游标的好处。
- 掌握视图、索引和游标的使用方法。

数据库基本表是数据库设计人员根据需求分析,考虑所有用户的需求,按照数据库设计原则设计出的全局数据,这个全局数据不一定满足特定用户的特定需求,此时,可以根据用户的特定需求在原数据库基本表的基础上重新定义表的数据结构,由此得到的就是视图。

数据检索是数据库操作中常用的操作之一,当数据库容量很大时,从海量数据中检索需要的某些数据需要耗费一定时间,为了提高检索的速度,可以在数据库中建立索引。索引是对数据库表中一个或多个列的值进行排序的结构,建立索引可以提高对表中记录的检索速度,提高系统的性能。

通常使用 SELECT 语句会得到一个包含多条记录的结果集,如果想从这个结果集中读取每一条记录,可以使用游标。游标能从一个 SELECT 查询结果集中逐一地读取一条记录,即游标提供了一种能从包含多条数据记录的结果集中每次提取一条记录的机制。

本章主要介绍视图、索引和游标的基本概念及应用。

8.1 视　　图

视图是关系数据库系统提供给用户以多角度查看数据库中数据的重要机制。从用户角度来看,一个视图是从一个特定角度来查看数据库中的数据。从数据库系统内部来看,一个视图是由 SELECT 语句组成的查询定义的虚拟表。

8.1.1 视图概述

视图是一个虚拟表,视图的内容通过查询语句 SELECT 定义。视图同表一样,也包含一系列带有名称的列和行数据,列和行数据来自定义视图的查询所引用的表,并且在引用视图时动态生成,视图在数据库中并不是以数据值存储集形式存在,除非是索引视图,即视图并不存储列和行数据，只存储视图的定义（一个 SELECT 语句），视图中显示的数据仍存储在定义视图的基本表中，视图只是一个查询结果，所以称之为虚拟表。

通过使用视图，不同的用户可以浏览数据库表中不同的数据，通常用来集中、简化和自定义每个用户对数据库的不同认识和需求。视图可以用作安全机制，方法是允许用户通过视图访问特定数据，而不授予用户直接访问视图基本表的权限。

1. 视图的作用

数据库系统中使用视图的优点主要表现在以下几点：

（1）简单、方便性。使用视图可以集中、简化和自定义每个用户对数据库的认识。视图不仅可以简化用户对整个数据库数据的理解，也可以简化操作，那些经常使用的复杂的查询，或者分散在多个表中的数据查询，可以定义为视图，从而使得用户不必为以后的操作指定复杂的条件，只需对此视图进行简单查询即可。

（2）安全性。通过给不同的用户定义不同的视图，用户通过视图只能查询和修改与自己相关的数据，而不能看到数据库的其他数据，这样把用户限制在数据的不同子集上，屏蔽了用户对机密数据的访问，简化了用户权限的管理，增强了数据库的安全性。

（3）数据逻辑独立性。数据逻辑独立性是指应用程序与数据库的逻辑结构是相互独立的，即当数据库的逻辑结构改变时，用户和应用程序不会受到影响。通过使用视图，可以帮助用户屏蔽基本表结构的改变带来的影响。此时，只需要修改视图定义中的查询语句，使视图显示的数据结构保持不变，从而基于视图的应用程序无须改变。

2. 视图的类型

在 SQL Server 2014 中，视图可以分为标准视图、索引视图、分区视图和系统视图。

标准视图是为了系统应用需求，用户自定义的视图。标准视图包含了一个表或多个表中的数据，用户可以使用标准视图对数据进行查询、修改、删除等基本操作。标准视图是用户使用较多的一种视图。

索引视图是被具体化了的视图，即已经对视图定义进行了计算并且生成的数据像表一样存储。可以为视图创建索引，即对视图创建一个唯一的聚集索引。索引视图可以显著提高某些类型查询的性能。索引视图尤其适合于聚合许多行的查询，但它们不太适合于经常更新的基本数据集。

分区视图在一台或多台服务器间水平连接一组成员表中的分区数据，这样，数据看上去如同来自一个表。连接同一个 SQL Server 实例中的成员表的视图是一个本地分区视图。如果视图在服务器间连接表中的数据，则它是分布式分区视图。

系统视图公开目录元数据。可以使用系统视图返回与 SQL Server 实例或在该实例中定义的对象有关的信息。例如，可以查询 sys.databases 目录视图以便返回与实例中提供的用户定义数据库有关的信息。

8.1.2　创建视图

创建视图主要有两种方法，一种是在 SSMS 中使用向导创建，一种是在查询窗口中执行 T-SQL 语句创建。不管使用哪种方法,创建视图时要考虑以下问题。

(1) 只能在当前数据库中创建视图。

(2) 视图名称必须遵循标识符命名规则,且对每个架构必须唯一。

(3) 视图最多可以包含 1024 列。

(4) 在数据库中具有 CREATE VIEW 权限,并具有在其中创建视图的架构的 ALTER 权限。

(5) 创建视图的查询语句中不能包含 ORDER BY 子句,除非在 SELECT 语句的选择列表中也有一个 TOP 子句;并且 ORDER BY 子句仅用于确定视图定义中的 TOP 或 OFFSET 子句返回的行,ORDER BY 不保证在查询视图时得到有序结果,除非在查询本身中也指定了 ORDER BY。

(6) 创建视图的查询语句中不能包含 INTO、OPTION 或 COMPUTE 关键字。

(7) 创建视图时不能引用临时表或表变量,也不能创建临时视图,但可以在其他视图上再建立视图。

(8) 如果某个视图依赖于已删除的表(或视图),则当有人试图使用该视图时,数据库引擎将产生错误消息。如果创建了新表或视图(该表的结构与以前的基表没有不同之处)以替换删除的表或视图,则视图将再次可用。如果新表或视图的结构发生更改,则必须删除并重新创建该视图。

(9) 通过视图进行查询时,数据库引擎将进行检查以确保语句中任何位置被引用的所有数据库对象都存在,这些对象在语句的上下文中有效,以及数据修改语句没有违反任何数据完整性规则;如果检查失败,将返回错误消息;如果检查成功,则将操作转换为对基础表的操作。

(10) 创建视图后,有关视图的信息将存储在下列目录视图中: sys. views、sys. columns 和 sys. sql_expression_dependencies。CREATE VIEW 语句的文本将存储在 sys. sql_modules 目录视图中。可以通过查询这些目录视图,查看有关的视图的信息。

1. 在 SSMS 中创建视图

在 SSMS 中使用向导创建视图,是一种图形界面环境下最快捷的方式。下面以创建学生表中所有男生且出生日期是 1995 年以后的学生信息的视图 view_stu 为例,介绍在 SSMS 中创建视图的步骤,该视图只显示学生的学号、姓名、性别和出生日期。

(1) 在"对象资源管理器"中展开需要建立视图的数据库,这里展开 tech 数据库,右击"视图"选项,在弹出的快捷菜单中选择"新建视图"选项,此时出现"添加表"对话框,该对话框有四个选项卡,分别显示当前数据库中可以选择使用的表、视图、函数和同义词,这里选择"表"选项卡中的 Student 表,然后单击"添加"按钮,就把选择的表添加到视图设计界面中了,如图 8.1 所示。

(2) 当需要的对象添加完毕,单击对话框中的"关闭"按钮,关闭"添加表"对话框,进入视图设计界面。该界面分为四个子窗口。最上面一个子窗口显示添加的表结构的图形表示,用户可以通过勾选列名前的复选框让某列显示在创建的视图中,这里我们选择 Sno、Sname、Ssex 和 Sbirth 四列。第二个子窗口显示用户选择的列、列的别名、表、是否

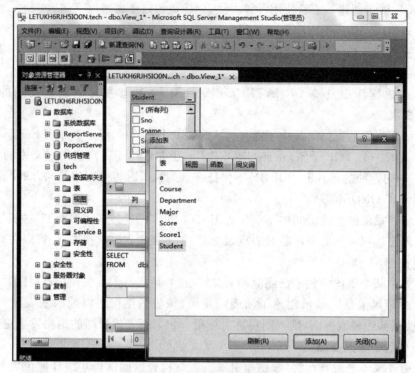

图 8.1 添加视图用到的表

输出、排序类型等属性。通过设置第二个子窗口，用户可以进一步设置视图显示的内容，对显示内容进行筛选。这里视图要限制男生且出生日期是 1995 年以后，可在第二个窗口"筛选器"属性中把 Ssex 设置为"='男'"，把 Sbirth 设置为"＞='1995/1/1'"，如图 8.2 所示。该窗口中有三个"或"属性，当把多个条件放在不同的"或"属性中时，表示多个条件之间是"或"的关系，例如，把 Sbirth 的"＞='1995/1/1'"条件放到"或"中，此时表示视图中显示性别为男或出生日期是 1995 年以后的学生信息。"排序类型"和"排序顺序"两个属性只有当查询中使用了 top 子句时才可以使用。第三个子窗口显示前两个窗口设置时同步生成的 T-SQL 语句代码。第四个窗口显示视图执行的结果。

列	别名	表	输出	排序类型	排序顺序	筛选器	或...	或...	或...
Sno		Student	☑						
Sname		Student	☑						
Ssex		Student	☑			= '男'			
Sbirth		Student	☑			>= '1995/1/1'			
			☐						

图 8.2 设置视图属性窗口

（3）视图设置完毕，单击工具栏上的"保存"按钮 🖫，输入视图名称 view_stu，单击"确定"按钮，视图创建完毕。此时单击工具栏上的"执行"按钮!，可以在第四个窗口显示视图内容。最终设计界面如图 8.3 所示。

在"对象资源管理器"中展开创建了视图的数据库，如 tech 数据库，展开"视图"选项，

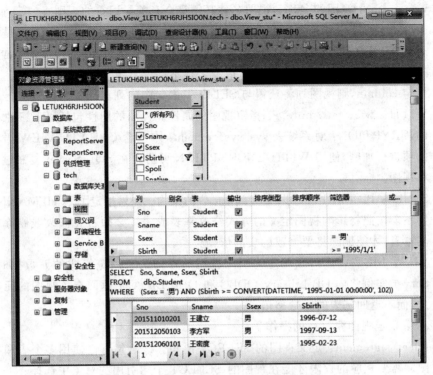

图 8.3　创建视图 view_stu 的最终界面

就可以看到用户新创建的视图，其中"视图"选项中的"系统视图"是系统定义的视图。如果新创建的视图没有显示在"视图"选项中，可以右击"视图"，在弹出的快捷菜单中选择"刷新"，就可以看到。

2. 使用 T-SQL 语句创建视图

在 SQL Server 2014 中，可以在查询窗口中执行 T-SQL 语句创建视图。T-SQL 提供了 CREATE VIEW 语句创建视图，其基本语法格式如下：

```
CREATE VIEW [ schema_name . ] view_name [ (column [ ,...n ] ) ]
[ WITH <view_attribute> [ ,...n ] ]
AS select_statement
[ WITH CHECK OPTION ]
<view_attribute>::=
{
  [ ENCRYPTION ]
  [ SCHEMABINDING ]
  [ VIEW_METADATA ]
}
```

其中各参数含义如下：

- schema_name：视图所属架构的名称。

- view_name：视图的名称。视图名称必须符合有关标识符的规则。
- column：视图中的列使用的名称。只在下列情况下需要指定列名：列是从算术表达式、函数或常量派生的；两个或更多的列可能会具有相同的名称（通常是由于连接的原因）；视图中的某个列的指定名称不同于其派生来源列的名称。如果未指定 column，则视图列将获得与 SELECT 语句中的列相同的名称。
- WITH <view_attribute>：指定视图的属性。视图的属性包括以下三种。
  ENCRYPTION：对系统表 sys. syscomments 中包含 CREATE VIEW 语句文本的项进行加密，使用 WITH ENCRYPTION 可防止在 SQL Server 复制过程中发布视图。
  SCHEMABINDING：将视图绑定到基础表的架构。如果指定了 SCHEMABINDING，则不能按照将影响视图定义的方式修改基表或表。必须首先修改或删除视图定义本身，才能删除将要修改的表的依赖关系。
  VIEW_METADATA：指定为引用视图的查询请求浏览模式的元数据时，SQL Server 实例将向 DB-Library、ODBC 和 OLE DB API 返回有关视图的元数据信息，而不返回基表的元数据信息。
- AS：指定视图要执行的操作。
- select_statement：定义视图的 SELECT 语句。该语句可以使用多个表和其他视图。需要相应的权限才能在视图的 SELECT 子句引用的对象中选择。
- WITH CHECK OPTION：强制针对视图执行的所有数据修改语句都必须符合在 select_statement 中设置的条件。通过视图修改行时，WITH CHECK OPTION 可确保提交修改后仍可通过视图看到数据。

【例 8.1】 创建视图 stu_course_grade，视图中包含学生的学号、姓名、选修的课程名和该课程的成绩。

创建过程如下：

（1）打开 SSMS，单击"新建查询"按钮，打开查询命令窗口。

（2）在查询命令窗口中输入如下 T-SQL 语句：

```
USE tech
GO
CREATE VIEW stu_course_grade
AS
    SELECT Student.Sno,Sname,Cname,Grade
    FROM Student,Course,Score
    WHERE Student.Sno=Score.Sno AND Score.Cno=Course.Cno
GO
```

（3）单击"分析"按钮√，分析有没有语法错误，当在结果窗口中显示"命令已成功完成"时，表示创建视图的 T-SQL 语句没有语法错误，否则，有语法错误，则要修改创建视图的 T-SQL 语句。当没有语法错误时，单击"！执行（X）"按钮创建视图，在"消息"窗口提示"命令已成功完成"，表示视图创建成功。

此时,单击"对象资源管理器"中的"视图"前的"+"号,就可以看到新创建的视图。如果新创建的视图没有出现,可以右击"视图",在弹出的快捷菜单中选择"刷新",此时新创建的视图就出现了,如图8.4所示。

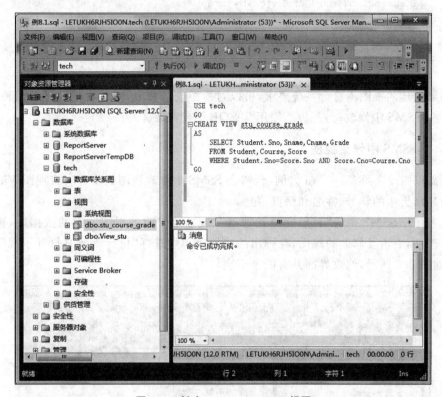

图 8.4 创建 stu_course_grade 视图

【**例 8.2**】 创建视图 stu_age,显示学生的学号、姓名和年龄。

```
USE tech
GO
CREATE VIEW stu_age
AS
    SELECT Sno,Sname,YEAR(GETDATE())-YEAR(Sbirth) as Sage
    FROM Student
GO
```

【**例 8.3**】 在视图上创建视图:利用例 8.1 创建的视图 stu_course_grade 创建视图 stu_department_major,要求显示学生的学号、姓名、选修的课程名称、成绩、所在系和专业信息。

```
USE tech
GO
CREATE VIEW stu_department_major
AS
```

```
SELECT Sno,Sname,Cname,Grade,Deptname,Majorname
FROM stu_course_grade,Department,Major
WHERE substring(sno,5,2)=Department.Deptno
AND substring(sno,7,2)=Major.Majorno
GO
```

8.1.3　修改视图

如果创建的视图不符合系统要求，可以对视图进行修改，修改视图同样有两种方法：一种是在 SSMS 中修改；另一种是使用 T-SQL 语句修改。

1. 在 SSMS 中修改视图

下面以修改视图 View_stu 为例，介绍在 SSMS 中修改视图的步骤。将视图 View_stu 修改为显示男生的学号、姓名和籍贯信息。

（1）打开 SSMS 中的"对象资源管理器"，展开要修改的视图所在的数据库，再展开"视图"选项，右击要修改的视图，在弹出的快捷菜单中选择"设计"，此时打开了视图修改界面，如图 8.5 所示，修改界面共有四个子窗口。

图 8.5　修改视图界面

（2）如果视图需要用到新的表或视图，可以在第一个子窗口中右击空白处，在弹出的快捷菜单中选择"添加表"，在弹出的"添加表"对话框中添加需要的表。如果某个表或视图不再需要,可以在第一个子窗口中右击要移除的表的标题,在弹出的快捷菜单中选择"删除",把表或视图移除。视图需要的表修改完毕后,在每一个表中重新选择视图要显示的列。这里选择 Sno、Sname、Snative。

(3) 在第二个子窗口中进一步修改视图的属性,它和创建视图时是类似的。此例中只需将 Sbirth 列的条件删除即可。最后,单击工具栏上的"保存"按钮保存对视图的修改。单击工具栏上的"执行"按钮!,在第四个子窗口可以看到修改后的视图的内容。

2. 使用 T-SQL 语句修改视图

SQL Server 2014 提供了 ALTER VIEW 语句修改视图,其基本语法格式如下:

```
ALTER VIEW [ schema_name . ] view_name [ ( column [ ,...n ] ) ]
[ WITH <view_attribute>[ ,...n ] ]
AS select_statement
[ WITH CHECK OPTION ]
<view_attribute>::=
{
    [ ENCRYPTION ]
    [ SCHEMABINDING ]
    [ VIEW_METADATA ]
}
```

语句中各参数的含义与 CREATE VIEW 语句中的参数含义相同。

【例 8.4】 修改视图 stu_course_grade,求每个学生选修的课程总数,要求包括学号、姓名和选修的课程总数。

```
USE tech
GO
ALTER VIEW stu_course_grade
AS
    SELECT Student.Sno,Sname,COUNT(Score.Cno) AS 课程总数
    FROM Student,Score
    WHERE Student.Sno=Score.Sno
    GROUP BY Student.Sno,Sname
GO
```

需要注意的是,如果原来的视图定义是使用 WITH ENCRYPTION 或 CHECK OPTION 创建的,则只有在 ALTER VIEW 中也包含这些选项时,才会启用这些选项。

8.1.4 使用视图

视图创建完毕,就可以如同查询基本表一样查询视图,并且可以通过视图修改基本表中的某些数据。

1. 查询视图

查询视图的方法和查询表的方法是一样的,可以在 SSMS 中查询视图,也可以在查

询窗口中执行 SELECT 语句查询视图。

在 SSMS 中查询视图时,在"对象资源管理器"中找到要查询的视图,例如查询视图 stu_course_grade,右击视图名,在弹出的快捷菜单中选择"选择前 1000 行",即可浏览视图中的数据,如图 8.6 所示。

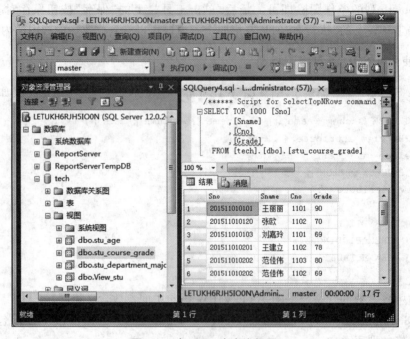

图 8.6　在 SSMS 中查询视图

从图 8.6 可以看到,在下面子窗口中显示视图中的数据,上面子窗口中会同时显示 SELECT 查询语句。

也可以在查询窗口中直接执行 SELECT 查询语句来浏览视图数据。这时可以像查询表数据一样进行各种复杂的查询,得到用户需要的数据,而不仅仅是查询视图中的全部数据。

【例 8.5】　查询每个学生的选修课程的平均分,显示学生的学号和姓名。

```
USE tech
GO
SELECT Sno,Sname,AVG(Grade) AS average
FROM stu_course_grade
GROUP BY Sno,Sname
GO
```

执行结果如图 8.7 所示。

2. 更新视图数据

更新视图数据,实际上是更新视图引用的基本表的数据,因为视图中并不存储数据,数据还是存储在基本表中。通过视图更新数据,并不是所有视图都可以更新,只有满足

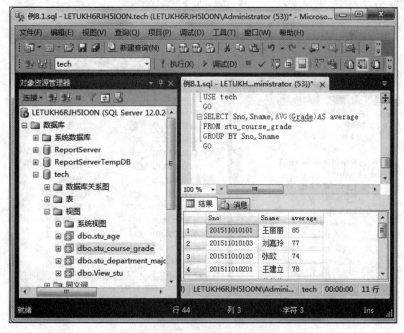

图 8.7　使用 T-SQL 语句查询视图

一定条件的视图才可以更新。更新规则包括：

（1）任何修改（包括 UPDATE、INSERT 和 DELETE 语句）都只能引用一个基表的列。

如果视图只引用一个表的行、列，则可更新，包括 UPDATE、INSERT 和 DELETE 语句；如果视图中不包含表定义时某个不允许取空值又没有给默认值的列，则此视图不可以插入（INSERT）数据。

如果视图引用的表有多个，不能向该视图添加（INSERT）涉及多个表的，即插入的数据只可以涉及一个基表数据；不能通过视图删除（DELETE）数据；一次修改（UPDATE）只能修改一个基表中的数据。

（2）视图中被修改的列必须直接引用表列中的基础数据。不能通过任何其他方式对这些列进行派生，如通过聚合函数 AVG、COUNT、SUM、MIN、MAX、GROUPING 等，或通过表达式计算的列。使用集合运算符 UNION、UNION ALL、CROSSJOIN、EXCEPT 和 INTERSECT 形成的列将计入计算结果，且不可更新。

（3）被修改的列不受 GROUP BY、HAVING 或 DISTINCT 子句的影响。

可以在 SSMS 中修改数据，在"对象资源管理器"中展开要更新的视图，右击该视图，在弹出的快捷菜单中选择"编辑前 200 行"，打开如图 8.8 所示的界面，在窗口中直接修改即可，修改时要注意满足更新的规则才可以修改，否则系统提示出错。

也可以在查询窗口中执行 T-SQL 语句更新视图。

【例 8.6】　通过视图 View_stu 向学生表 Student 插入一条记录。

```
USE tech
GO
```

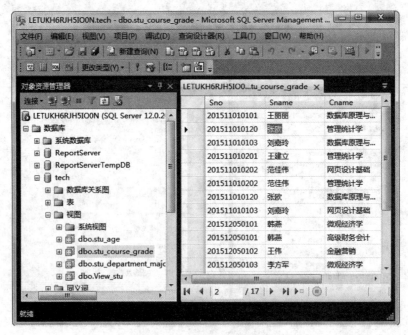

图 8.8　在 SSMS 中修改视图

```
INSERT INTO View_stu values('201600010201','王力','男','1995-05-06')
```

此时通过语句：

```
SELECT * FROM View_stu
```

可以看到视图 View_stu 中新增了该条记录，通过语句：

```
SELECT * FROM Student
```

可以看到学生表 Student 中增加的新记录，如图 8.9 所示，只是政治面貌 Spoli 和籍贯 Snative 是 NULL，如果定义表时有默认值，则显示默认值。

Sno	Sname	Ssex	Sbirth	Spoli	Snative
201511010120	张欧	女	1996-09-08	团员	河南
201511010103	刘嘉玲	女	1996-04-24	团员	天津
201511010201	王建立	男	1996-07-12	预备党员	北京
201511010202	范佳伟	男	1994-04-21	党员	山东
201512050101	韩燕	女	1995-02-04	团员	河南
201512050102	王伟	女	1996-09-25	团员	天津
201512050103	李方军	男	1997-09-13	团员	上海
201512060101	王密度	男	1995-02-23	预备党员	安徽
201512060102	郝菊红	女	1995-03-16	团员	山东
201512060103	赵鹏程	男	1995-02-26	团员	北京
201600010201	王力	男	1995-05-06	*NULL*	*NULL*
NULL	*NULL*	*NULL*	*NULL*	*NULL*	*NULL*

图 8.9　通过视图增加记录后基本表中的数据

视图 View_stu 中是男生的数据,此时如果通过插入语句 INSERT 插入一条女生记录,同样可以插入进去。如果不允许通过视图 View_stu 插入不满足视图定义的数据,那么在创建视图时应使用 WITH CHECK OPTION 选项。

【例 8.7】 通过视图 stu_course_grade 修改数据,将"王丽丽"的"数据库原理与应用"的成绩修改为 92 分。

```
USE tech
GO
UPDATE stu_course_grade
SET Grade=92
WHERE Sname='王丽丽' AND Cname='数据库原理与应用'
GO
```

此时通过 SELECT 语句查看视图 stu_course_grade 和表 Score,可以看到相应的数据都发生了改变。

通过上面对视图的使用可以发现,利用视图对数据进行操作时,会比直接使用表更方便,视图把多个表的数据集中在了一起,所以在进行数据操作时操作语句变得非常简洁、方便。

8.1.5 删除视图

打开 SSMS,在"对象资源管理器"中找到要删除的视图,右击该视图,在弹出的快捷菜单中选择"删除",在弹出的"删除对象"对话框中单击"确定"按钮即可。也可以在查询窗口中使用 T-SQL 语句删除视图,删除视图的语法格式如下:

```
DROP VIEW [ schema_name . ] view_name [,...n ]
```

【例 8.8】 删除视图 stu_course_grade。

```
USE tech
GO
DROP VIEW stu_course_grade
GO
```

删除视图时,将从系统目录中删除视图的定义和有关视图的其他信息,还将删除视图的所有权限。

8.2 索 引

使用索引,可以加快从表或视图中检索行的速度。索引包含由表或视图中的一列或多列生成的键,这些键存储在一个结构(B 树)中,使 SQL Server 可以快速、有效地查找与键值关联的行。通过建立索引,可以对数据库表中一个或多个列的值进行排序,所以建立索引可以加快数据查询的速度,减少系统的响应时间,提高系统性能,建立索引的目的就是提高检索速度。

数据库索引好比是一本书的目录,能加快查询速度。如果没有目录,要查找书中某一部分内容,就需要从头开始逐页查找,查询速度较慢;如果建立了目录,就可以根据内容找到对应的目录页,进而直接定位到要找的页码。索引的作用类似于目录,如果没有索引,对于这样的查询:select * from Student where id='1010110',要遍历整个表,直到找到 id='1010110'的数据为止,有了索引之后(在 id 这一列上建立的索引),便可在索引中查找,索引是按照索引列排序的,所以能快速定位到 id='1010110'的数据行。从一定意义上说,索引是用来快速定位的。

使用索引的优点有以下几点:

(1) 通过创建唯一性索引,可以保证数据库表中每一行数据的唯一性。

(2) 可以大大加快数据的检索速度,这也是创建索引的最主要的原因。

(3) 可以加速表和表之间的连接,特别是在实现数据的参照完整性方面特别有意义。

(4) 在使用分组和排序子句进行数据检索时,同样可以显著减少查询中分组和排序的时间。

(5) 通过使用索引,可以在查询的过程中,使用优化隐藏器,提高系统的性能。

虽然数据库中使用索引有诸多好处,但是过多或不当的索引也会导致系统低效。并不是数据库中建立的索引越多越好,因为使用索引有时也会增加系统开支,降低系统性能,主要体现在以下两方面:

(1) 创建索引和维护索引要耗费时间,当对表中的数据进行增加、删除、修改操作时,索引就要进行相应的维护,这需要耗费时间,而且这种时间随着数据量的增加而增加。

(2) 索引需要占物理空间,除了数据表占数据空间之外,每一个索引还要占一定的物理空间,如果要建立聚簇索引,那么需要的空间就会更大。

8.2.1　索引的类型

按照索引列值是否唯一,索引分为唯一索引和非唯一索引。索引列不允许有两行相同的记录,即索引列值唯一的索引称为唯一索引;索引列可以有多行记录相同,即索引列值不唯一的索引称为非唯一索引。例如,在姓名列上建立了唯一索引,则在输入数据时,姓名不允许重名,如果在姓名列上建立非唯一索引,则输入数据时,姓名列允许重名。

按照索引列是单个字段还是多个字段的组合,索引分为单列索引和复合索引。索引列是根据单个字段创建的称为单列索引,索引列是根据多个字段组合创建的称为复合索引。

按照索引的组织方式不同,索引可以分为聚集索引和非聚集索引。

1. 聚集索引

聚集索引根据数据行的键值在表或视图中排序和存储这些数据行,索引定义中包含聚集索引列。每个表只能有一个聚集索引,因为数据行本身只能按一个顺序排序。只有当表包含聚集索引时,表中的数据行才按索引键值的排序顺序存储。如果表具有聚集索引,则该表称为聚集表。如果表没有聚集索引,则其数据行存储在一个称为堆的无序结构中。

实际上,书的目录就是一个聚集索引,书中内容的顺序与目录的顺序是一致的,所以如果要查找第 1 章的内容,很自然地就在书的前面部分找,如果查找第 5、6 章的内容,很自然地就从书的中间部分找。再如,汉语词典的汉语拼音目录也是一个聚集索引,查找"爱"字,很自然地在字典前面找,而查找"上"就到字典后面找。

创建了聚集索引后,表记录的排列顺序与索引的排列顺序一致,这样的优点是查询速度快,因为一旦具有第一个索引值的记录被找到,具有连续索引值的记录也一定物理地紧跟其后。聚集索引的缺点是对表进行修改时速度较慢,这是因为为了保持表中的记录的物理顺序与索引的顺序一致,当有数据发生改变时,必须在数据页中进行数据重排。

2. 非聚集索引

非聚集索引具有独立于数据行的结构,非聚集索引包含非聚集索引键值,并且每个键值项都有指向包含该键值的数据行的指针。非聚集索引中的项目按索引键值的顺序存储,而表中的数据按另一种顺序存储,索引带有指针指向数据的存储位置。非聚集索引检索效率比聚集索引低,但对数据更新影响较小。

再来看汉语词典的例子,如果认识某个字,可以使用汉语拼音快速查找到该字,但也有不认识的字,这时可以根据"偏旁部首"查找该字,找到后根据这个字后面的页码直接翻到该字所在的页码即可。但是,"部首目录"顺序和字典正文的顺序并不一致,它实际上是一个非聚集索引。例如,查"李"字,目录中显示正文中的位置是 294 页,目录中"李"字的上面是"杞"字,而正文中的位置是 396 页,"李"的下面是"杨"字,页面是 575 页。很显然,在正文中这些字并不是真正地分别位于"李"字的上下方,现在目录中看到的连续的"杞""李""杨"三字是其在非聚集索引中的排序,是字典正文中的字在非聚集索引中的映射。像这种目录纯粹是目录,正文纯粹是正文的排序方式就是非聚集索引。

聚集索引和非聚集索引都可以是唯一的。这意味着任何两行都不能有相同的索引键值。另外,索引也可以不是唯一的,即多行可以共享同一键值。对表列定义了 PRIMARY KEY 约束和 UNIQUE 约束时,会自动创建唯一索引。

8.2.2　创建索引

我们知道数据库中创建索引可以一定条件下提高查询速度,但不恰当的索引也可能会降低系统性能,因此,在创建索引时,什么情况下适合建立索引,什么情况下不适合建立索引,需要考虑清楚。

一般来说,适合建立索引的情况有:

(1) 在经常需要搜索的列上建立索引,可以加快搜索的速度。

(2) 对于主键和外键列应建立索引,因为经常通过主键列查询数据,而外键用于表间的连接。

(3) 在经常需要根据范围进行搜索的列上创建索引,因为索引已经排序,其指定的范围是连续的。

(4) 在经常需要排序的列上创建索引,因为索引已经排序,这样查询可以利用索引的排序,缩短排序查询时间。

(5) 经常使用在 WHERE 子句中的列上创建索引,加快条件的判断速度。

（6）视图中如果包含聚集函数或连接，创建视图索引可以显著提升性能。

一般来说，不适合建立索引的情况有：

（1）对于那些在查询中很少使用或者参考的列不应该创建索引。这是因为，既然这些列很少使用到，那么有索引或者无索引，并不能提高查询速度。相反，由于增加了索引，反而降低了系统的维护速度，增大了空间需求。

（2）对于那些只有很少数据值的列不应该创建索引。

（3）当修改性能远远大于检索性能时，不应该创建索引。这是因为修改性能和检索性能是互相矛盾的。当增加索引时，会提高检索性能，但是会降低修改性能。当减少索引时，会提高修改性能，降低检索性能。因此，当修改性能远远大于检索性能时，不应该创建索引。

（4）对于小型表（数据量较少）不应创建索引。因为查询优化器在遍历用于搜索数据的索引时，花费的时间可能比执行简单的表扫描还长，因此，小型表的索引可能在查询时从来不用，但仍必须在表中的数据更新时进行维护。

在 SQL Server 2014 中，提供了两种方法建立索引：一种是在 SSMS 中创建索引；一种是在查询窗口中执行 T-SQL 语句。

1. 在 SSMS 中创建索引

在 SSMS 中创建索引是一种图形界面环境下最快捷的创建方式，下面以在 tech 数据库的 Student 表的 Sname 列创建唯一非聚集索引 index_sname 为例，说明在 SSMS 中创建索引的步骤。

（1）在 SSMS 的"对象资源管理器"中，展开要创建索引的表，这里展开 tech 数据库的 Student 表，展开表前的"＋"号，右击"索引"选项，在弹出的快捷菜单中选择"新建索引"→"非聚集索引"，如图 8.10 所示。

图 8.10　新建索引

由于 Student 表中已经建立主键,自动建立了聚集索引,一个表只能有一个聚集索引,因此这里只能建非聚集索引。

(2) 选择"非聚集索引"后,进入如图 8.11 所示的"新建索引"对话框。

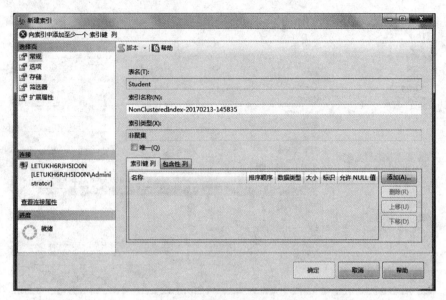

图 8.11 "新建索引"对话框

在"常规"选择页中,在"索引名称"文本框中输入索引名称,这里输入 index_sname。

在"唯一"复选框中设置是否是唯一索引,这里选择否。

在"索引键列"选项卡中可以为新建的索引添加、删除、上移和下移索引列,并设置每个列的排序顺序。单击"添加"按钮,弹出"选择列"对话框,如图 8.12 所示。在该对话框中选择索引列即可,该例中是在学生表的姓名列建立索引,所以这里选择 Sname 列。如

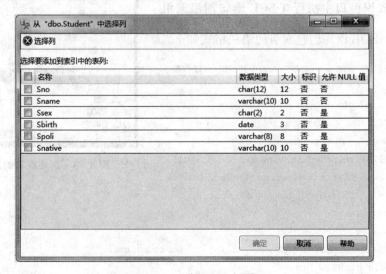

图 8.12 "选择列"对话框

果选中的某列在索引中不再需要,可以选中该列,单击"删除"按钮;如果索引列由多个列组合而成时,可以通过"上移""下移"按钮更改索引键列中表列的顺序。

（3）设置完成后,如图 8.13 所示。单击"确定"按钮,索引创建完成。

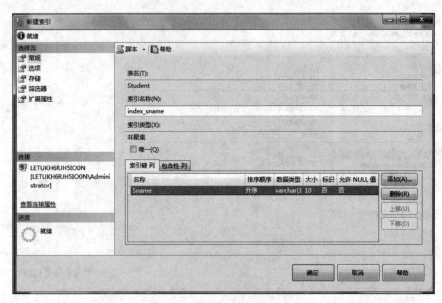

图 8.13　设置索引完成界面

（4）索引创建完成后,在 SSMS 的"对象资源管理器"中,展开创建索引的表,这里是 tech 数据库的 Student 表,再展开"索引"选项前的"＋"号,就可以看到新创建的索引了,如图 8.14 所示。

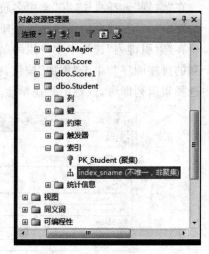

2. 在查询窗口中执行 T-SQL 语句创建索引

使用 T-SQL 语句创建索引的语法格式如下:

```
CREATE [ UNIQUE ] [ CLUSTERED | NONCLUSTERED ]
INDEX index_name
    ON <object>(column [ ASC | DESC ] [ ,...n ] )
    [ INCLUDE (column_name [ ,...n ] ) ]
    [ WHERE <filter_predicate>]
    [ WITH(<relational_index_option>[,...n])]
    [ ON { partition _ scheme _ name (column _
    name) | filegroup_name | default }]
<object>::=
{
    [ database_name. [ schema_name ] . | schema_name. ]
    table_or_view_name
}
```

图 8.14　创建成功的索引

其中各参数含义如下：

- UNIQUE：为表或视图创建唯一索引。唯一索引不允许两行具有相同的索引键值。视图的聚集索引必须唯一。
- CLUSTERED|NONCLUSTERED：用来指定创建聚集索引还是非聚集索引。CLUSTERED 表示聚集索引，NONCLUSTERED 表示非聚集索引，如果没有指定，默认为创建非聚集索引。
- index_name：创建的索引的名字。
- object：要为其建立索引的完全限定对象或非完全限定对象。database_name 指数据库的名称；schema_name 是表或视图所属架构的名称；table_or_view_name 是要为其建立索引的表或视图的名称。
- column：索引所基于的一列或多列。指定两个或多个列名，可为指定列的组合值创建组合索引。在 table_or_view_name 后的括号中，按排序优先级列出组合索引中要包括的列。
- ASC|DESC：确定索引列的升序或降序排序，ASC 表示升序，DESC 表示降序，默认值为 ASC。
- INCLUDE (column_name [,…n])：指定要添加到非聚集索引的叶级别的非键列。非聚集索引可以唯一，也可以不唯一。
- WHERE <filter_predicate>：通过指定索引中要包含哪些行来创建筛选索引。筛选索引必须是对表的非聚集索引。为筛选索引中的数据行创建筛选统计信息。
- WITH (<relational_index_option> [,…n])：设置索引填充因子等其他各种选项。
- ON { partition_scheme_name (column_name) | filegroup_name | default }：指定索引文件所在的文件组。

【例 8.9】　使用 T-SQL 语句在 tech 数据库的学生表 Student 的出生日期列 Sbirth 创建一个降序索引，索引名为 index_birthday。

```
USE tech
GO
CREATE INDEX index_birthday
ON Student(Sbirth DESC)
GO
```

本例中没有使用 UNIQUE、CLUSTERED 和 NONCLUSTERED 关键字，系统会自动将该索引设置为不唯一、非聚集的普通索引。

【例 8.10】　使用 T-SQL 语句在 tech 数据库的学生表 Student 中根据姓名 Sname 和籍贯 Snative 创建一个名为 index_name_native 的唯一索引，要求姓名升序排序，籍贯降序排序。

```
USE tech
GO
CREATE UNIQUE NONCLUSTERED INDEX index_name_native
```

```
ON Student(Sname ASC,Snative DESC)
GO
```

在数据库设计过程中,设计良好的索引可以减少磁盘输入输出(I/O)操作,并且消耗的系统资源也较少,从而可以提高查询性能。对于包含 SELECT、UPDATE、DELETE 或 MERGE 语句的各种查询,索引会很有用。执行查询时,查询优化器评估可用于检索数据的每个方法,然后选择最有效的方法,可能采用的方法包括扫描表和扫描一个或多个索引(如果有)。

扫描表时,查询优化器读取表中的所有行,并提取满足查询条件的行。扫描表会有许多磁盘 I/O 操作,并占用大量资源。但是,如果查询的结果集是占表中较高百分比的行,扫描表会是最为有效的方法。

查询优化器使用索引时,搜索索引键列,查找到查询所需行的存储位置,然后从该位置提取匹配行。通常,搜索索引比搜索表要快很多,因为索引与表不同,一般每行包含的列非常少,且行遵循排序顺序。

查询优化器在执行查询时通常会选择最有效的方法。如果没有索引,则查询优化器必须扫描表。因此,设计数据库时,非常重要的任务是设计并创建最适合应用环境的索引,以便查询优化器可以从多个有效的索引中选择。例如执行查询:

```
SELECT Sname,Cname,Grade
FROM Student,Score,Course
WHERE Student.Sno=Score.Sno AND Course.Cno=Score.Cno
```

执行完后,单击工具栏上的"显示估计的执行计划"命令按钮,可以看到该查询的执行计划如图 8.15 所示。

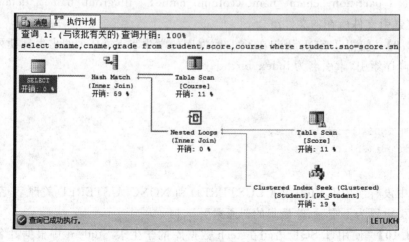

图 8.15　查询执行计划

8.2.3　删除索引

如果某个索引不再需要,可以将其从数据库中删除。

对于通过主键 PRIMARY KEY 或唯一键 UNIQUE 形成的索引,删除时可通过删除主键或唯一键来删除索引。删除某个表时,会自动删除在此表上创建的索引。

1. 在 SSMS 中删除索引

在 SSMS 中打开"对象资源管理器",展开要删除索引所在的表,展开索引前面的"+"号,右击要删除的索引,在弹出的快捷菜单中选择"删除",如图 8.16 所示。

图 8.16   删除索引

2. 在查询窗口中执行 T-SQL 语句删除索引

SQL Server 2014 提供了 DROP INDEX 语句删除索引,其基本语法格式如下:

```
DROP INDEX table_name.index_name
```

【例 8.11】 删除学生表 Student 上的 index_birthday 索引。

```
USE tech
GO
DROP INDEX Student.index_birthday
GO
```

8.3   游   标

关系数据库中的操作会对整个行集起作用,例如,由 SELECT 语句返回的行集包括满足 WHERE 条件的所有行,这种由语句返回的完整行集称为结果集。应用程序,特别是交互式联机应用程序,并不总能将整个结果集作为一个单元来有效地处理。这些应用程序需要一种机制以便每次处理一行或部分行,游标就是提供这种机制的对结果集的一种扩展。

游标通过以下方式来扩展结果处理：

（1）允许定位在结果集的特定行。

（2）从结果集的当前位置检索一行或部分行。

（3）支持对结果集中当前位置的行进行数据修改。

（4）为由其他用户对显示在结果集中的数据库数据所做的更改提供不同级别的可见性支持。

（5）提供脚本、存储过程和触发器中用于访问结果集中的数据的 T-SQL 语句。

8.3.1　游标的类型

1. 根据游标的用途分类

根据游标的用途，SQL Server 游标主要有 T-SQL 游标、应用程序编程接口（API）服务器游标和客户端游标。

1）T-SQL 游标

该游标基于 DECLARE CURSOR 语法，主要用于 T-SQL 脚本、存储过程和触发器中。T-SQL 游标在服务器上实现，由从客户端发送到服务器的 T-SQL 语句管理。它们还可能包含在批处理、存储过程或触发器中。

2）应用程序编程接口（API）服务器游标

该游标支持 OLE DB 和 ODBC 中的 API 游标函数。API 服务器游标在服务器上实现。客户端应用程序调用 API 游标函数时，SQL Server Native Client OLE DB 访问接口或 ODBC 驱动程序会把请求传输到服务器，以便对 API 服务器游标进行操作。

3）客户端游标

该游标由 SQL Server Native Client ODBC 驱动程序和实现 ADO API 的 DLL 在内部实现。客户端游标通过在客户端高速缓存所有结果集行来实现。客户端应用程序调用 API 游标函数时，SQL Server Native Client ODBC 驱动程序或 ADO DLL 会对客户端上高速缓存的结果集行执行游标操作。

由于 T-SQL 游标和 API 服务器游标都在服务器上实现，故称它们为服务器游标。本节所讲的游标主要是服务器游标。

2. 根据服务器游标的处理特性分类

根据服务器游标的处理特性，服务器游标主要有只进游标、静态游标、由键集驱动的游标和动态游标。

1）只进游标

只进游标不支持滚动，它只支持游标从头到尾顺序提取。行只在从数据库中提取出来后才能检索。对所有由当前用户发出或由其他用户提交并影响结果集中的行的 INSERT、UPDATE 和 DELETE 语句，其效果在这些行从游标中提取时是可见的。由于游标无法向后滚动，则在提取行后对数据库中的行进行的大多数更改通过游标均不可见。当值用于确定所修改的结果集(例如更新聚集索引涵盖的列)中行的位置时,修改后的值通过游标可见。

2) 静态游标

静态游标的完整结果集是打开游标时在 tempdb 中生成的。静态游标总是按照打开游标时的原样显示结果集。静态游标在滚动期间很少或根本检测不到变化,但消耗的资源相对很少。静态游标不会显示打开游标以后在数据库中新插入的行,即使这些行符合游标 SELECT 语句的搜索条件。如果组成结果集的行被其他用户更新,则新的数据值不会显示在静态游标中。静态游标会显示打开游标以后从数据库中删除的行。静态游标中不反映 UPDATE、INSERT 或者 DELETE 操作(除非关闭游标然后重新打开),甚至不反映使用打开游标的同一连接所做的修改。SQL Server 静态游标始终是只读的。由于静态游标的结果集存储在 tempdb 的工作表中,因此结果集中的行大小不能超过 SQL Server 表的最大行大小。T-SQL 称静态游标为不敏感游标,一些数据库 API 将这类游标识别为快照游标。

3) 由键集驱动的游标

打开由键集驱动的游标时,该游标中各行的成员身份和顺序是固定的。由键集驱动的游标由一组唯一标识符(键)控制,这组键称为键集。键是根据以唯一方式标识结果集中各行的一组列生成的。键集是打开游标时来自符合 SELECT 语句要求的所有行中的一组键值。由键集驱动的游标对应的键集是打开该游标时在 tempdb 中生成的。

4) 动态游标

动态游标与静态游标相对。当滚动游标时,动态游标反映结果集中所做的所有更改,结果集中的行数据值、顺序和成员在每次提取时都会改变,所有用户做的全部 UPDATE、INSERT 和 DELETE 语句均通过游标可见。如果使用 API 函数(如 SQLSetPos)或 T-SQL 中的 WHERE CURRENT OF 子句通过游标进行更新,它们将立即可见。在游标外部所做的更新直到提交时才可见,除非将游标的事务隔离级别设为未提交读。

8.3.2　游标的操作

T-SQL 游标和 API 游标使用在服务器端,所以被称为服务器游标,也被称为后台游标。这里主要介绍服务器游标的操作。

T-SQL 游标和 API 游标有不同的语法,但基本的操作过程是一样的。

(1) 声明游标,将游标与 T-SQL 语句的结果集相关联,并且定义该游标的特性,例如是否能够更新游标中的行。

(2) 打开游标。

(3) 从游标中检索要查看的行。从游标中检索一行或部分行的操作称为提取。执行一系列提取操作以便向前或向后检索行的操作称为滚动。

(4) 根据需要,对游标中当前位置的行执行修改操作(更新或删除)。

(5) 关闭游标、删除游标。

下面具体介绍游标的使用过程。

1. 声明游标

声明游标是定义 T-SQL 服务器游标的属性,例如游标的滚动行为和用于生成游标所操作的结果集的查询。SQL Server 2014 提供 DECLARE CURSOR 语句声明游标,它既接受基于 ISO 标准的语法,也接受使用一组 T-SQL 扩展的语法。

基于 ISO 标准的基本语法格式为:

```
DECLARE cursor_name [ INSENSITIVE ] [ SCROLL ] CURSOR
FOR select_statement
[ FOR { READ ONLY | UPDATE [ OF column_name [ ,...n ] ] } ]
```

其中各参数含义如下:

- cursor_name:是所定义的游标的名称。cursor_name 必须符合标识符规则。
- INSENSITIVE:定义一个游标,以创建将由该游标使用的数据的临时副本。对游标的所有请求都从 tempdb 中的这一临时表中得到应答,因此,在对该游标进行提取操作时返回的数据中不反映对基表所做的修改,并且该游标不允许修改。如果省略 INSENSITIVE,则已提交的(任何用户)对基础表的删除和更新会反映在后面的提取操作中。
- SCROLL:指定所有的提取选项(FIRST、LAST、PRIOR、NEXT、RELATIVE、ABSOLUTE)均可用。如果未在 ISO DECLARE CURSOR 中指定 SCROLL,则 NEXT 是唯一支持的提取选项。如果也指定了 FAST_FORWARD,则不能指定 SCROLL。
- select_statement:定义游标结果集的标准 SELECT 语句。在游标声明的 select_statement 中不允许使用关键字 FOR BROWSE 和 INTO。如果 select_statement 中的子句与所请求的游标类型的功能有冲突,则 SQL Server 会将游标隐式转换为其他类型。
- READ ONLY:禁止通过该游标进行更新。在 UPDATE 或 DELETE 语句的 WHERE CURRENT OF 子句中不能引用游标。该选项优先于要更新的游标的默认功能。
- UPDATE [OF column_name [,...n]]:定义游标中可更新的列。如果指定了 OF column_name[,...n],则只允许修改所列出的列。如果指定了 UPDATE,但未指定列的列表,则可以更新所有列。

T-SQL 扩展的基本语法格式如下:

```
DECLARE cursor_name CURSOR [ LOCAL | GLOBAL ]
[ FORWARD_ONLY | SCROLL ]
[ STATIC | KEYSET | DYNAMIC | FAST_FORWARD ]
[ READ_ONLY | SCROLL_LOCKS | OPTIMISTIC ]
[ TYPE_WARNING ]
FOR select_statement
[ FOR UPDATE [ OF column_name [ ,...n ] ] ]
```

其中各参数含义如下：

- cursor_name：是所定义游标的名称。cursor_name 必须符合标识符规则。

- LOCAL：指定该游标的范围对在其中创建它的批处理、存储过程或触发器是局部的。该游标名称仅在这个作用域内有效。在批处理、存储过程、触发器或存储过程 OUTPUT 参数中，该游标可由局部游标变量引用。OUTPUT 参数用于将局部游标传递回调用批处理、存储过程或触发器，它们可在存储过程终止后给游标变量分配参数使其引用游标。除非 OUTPUT 参数将游标传递回来，否则游标将在批处理、存储过程或触发器终止时隐式释放。如果 OUTPUT 参数将游标传递回来，则游标在最后引用它的变量释放或离开作用域时释放。

- GLOBAL：指定该游标是全局游标。在由连接执行的任何存储过程或批处理中，都可以引用该游标名称。该游标仅在断开连接时隐式释放。如果 GLOBAL 和 LOCAL 参数都未指定，则默认值由 default to local cursor 数据库选项的设置控制。

- FORWARD_ONLY：指定游标只能从第一行滚动到最后一行。FETCH NEXT 是唯一支持的提取选项。如果在指定 FORWARD_ONLY 时不指定 STATIC、KEYSET 和 DYNAMIC 关键字，则游标作为 DYNAMIC 游标进行操作。如果 FORWARD_ONLY 和 SCROLL 均未指定，则除非指定 STATIC、KEYSET 或 DYNAMIC 关键字，否则默认为 FORWARD_ONLY。STATIC、KEYSET 和 DYNAMIC 游标默认为 SCROLL。与 ODBC 和 ADO 这类数据库 API 不同，STATIC、KEYSET 和 DYNAMIC T-SQL 游标支持 FORWARD_ONLY。

- STATIC：定义一个游标，以创建将由该游标使用的数据的临时复本。对游标的所有请求都从 tempdb 中的这一临时表中得到应答，因此，在对该游标进行提取操作时返回的数据中不反映对基表所做的修改，并且该游标不允许修改。

- KEYSET：指定当游标打开时，游标中行的成员身份和顺序已经固定。对行进行唯一标识的键集内置在 tempdb 内一个称为 keyset 的表中。对基表中的非键值所做的更改（由游标所有者更改或由其他用户提交）可以在用户滚动游标时看到。其他用户执行的插入是不可见的（不能通过 T-SQL 服务器游标执行插入）。

- DYNAMIC：定义一个游标，以反映在滚动游标时对结果集内的各行所做的所有数据更改。行的数据值、顺序和成员身份在每次提取时都会更改。动态游标不支持 ABSOLUTE 提取选项。

- FAST_FORWARD：指定启用了性能优化的 FORWARD_ONLY、READ_ONLY 游标。如果指定了 SCROLL 或 FOR_UPDATE，则不能也指定 FAST_FORWARD。

- READ_ONLY：禁止通过该游标进行更新。在 UPDATE 或 DELETE 语句的 WHERE CURRENT OF 子句中不能引用该游标。该选项优于要更新的游标的默认功能。

- SCROLL_LOCKS：指定通过游标进行的定位更新或删除一定会成功。将行读入游标时 SQL Server 将锁定这些行，以确保随后可对它们进行修改。如果还指定了 FAST_FORWARD 或 STATIC,则不能指定 SCROLL_LOCKS。

- OPTIMISTIC:指定如果行自读入游标以来已得到更新,则通过游标进行的定位更新或定位删除不成功。当将行读入游标时,SQL Server 不锁定行。它改用timestamp 列值的比较结果来确定行读入游标后是否发生了修改,如果表不含timestamp 列,它改用校验和值进行确定。如果已修改该行,则尝试进行的定位更新或删除将失败。如果还指定了 FAST_FORWARD,则不能指定OPTIMISTIC。

- TYPE_WARNING:指定将游标从所请求的类型隐式转换为另一种类型时向客户端发送警告消息。

- select_statement:是定义游标结果集的标准 SELECT 语句。在游标声明的select_statement 中不允许使用关键字 COMPUTE、COMPUTE BY、FOR BROWSE 和 INTO。

- FOR UPDATE [OF column_name [,...n]:定义游标中可更新的列。如果提供了 OF column_name [,...n],则只允许修改所列出的列。如果指定了UPDATE,但未指定列的列表,则除非指定了 READ_ONLY 并发选项,否则可以更新所有的列。

【例 8.12】 声明一个动态的可前后滚动的游标 cursor_stu,该游标用来查询 tech 数据库中学生表 Student 中女生的学号、姓名、出生日期和籍贯,其中的籍贯列数据可以修改。

```
DECLARE cursor_stu CURSOR
DYNAMIC
FOR
SELECT Sno,Sname,Sbirth,Snative
FROM Student
WHERE Ssex='女'
FOR UPDATE OF Snative
```

本例是利用 T-SQL 扩展方式声明的游标,该游标与学生表 Student 的查询结果关联,是动态的、可前后滚动的,其中籍贯列数据可以修改。

2. 打开游标

声明了游标后,必须打开才能使用,SQL Server 2014 提供了 OPEN 语句打开游标,基本语法格式为:

```
OPEN {{[GLOBAL]cursor_name}|cursor_variable_name}
```

其中各参数含义如下:

- GLOBAL:打开的游标是全局游标。

- cursor_name:游标的名字。如果一个全局游标和一个局部游标有相同的游标名,则使用 GLOBAL 表示打开的是全局游标,否则表明打开的是局部游标。

- cursor_variable_name：为游标变量。当打开一个游标后，SQL Server 首先检查
  声明游标的语法是否正确，如果游标声明中有变量，则将变量值带入。

【例 8.13】　打开游标 cursor_stu。

```
OPEN cursor_stu
GO
```

3. 操作游标

打开游标后，就可以从游标中读取数据，进行相关的处理。SQL Server 2014 提供
FETCH 语句对游标进行操作，其基本语法格式如下：

```
FETCH [ [ NEXT | PRIOR | FIRST | LAST | ABSOLUTE { n | @nvar } | RELATIVE { n
| @nvar } ]
FROM ] { { [ GLOBAL ] cursor_name } | @cursor_variable_name }
[ INTO @variable_name [ ,...n ] ]
```

其中各参数含义如下：

- NEXT：紧跟当前行返回结果行，并且当前行递增为返回行。如果 FETCH
  NEXT 为对游标的第一次提取操作，则返回结果集中的第一行。NEXT 为默认
  的游标提取选项。
- PRIOR：返回紧邻当前行前面的结果行，并且当前行递减为返回行。如果
  FETCH PRIOR 为对游标的第一次提取操作，则没有行返回并且游标置于第一
  行之前。
- FIRST：返回游标中的第一行并将其作为当前行。
- LAST：返回游标中的最后一行并将其作为当前行。
- ABSOLUTE{n|@nvar}：如果 n 或@nvar 为正，则返回从当前行开始向后的第 n
  行，并将返回行变成新的当前行。如果 n 或@nvar 为负，则返回从当前行开始向
  前的第 n 行，并将返回行变成新的当前行。如果 n 或@nvar 为 0，则返回当前行。
  在对游标进行第一次提取时，如果在将 n 或@nvar 设置为负数或 0 的情况下指
  定 FETCH RELATIVE，则不返回行。n 必须是整数常量，并且@nvar 的数据类
  型必须为 smallint、tinyint 或 int。
- GLOBAL：指定 cursor_name 表示全局游标。
- cursor_name：要从中进行提取的开放游标的名称。如果全局游标和局部游标都
  使用 cursor_name 作为它们的名称，那么指定 GLOBAL 时，cursor_name 指的是
  全局游标；未指定 GLOBAL 时，则指的是局部游标。
- @cursor_variable_name：游标变量名，引用要从中进行提取操作的打开的游标。
- INTO @variable_name [,...n]：允许将提取操作的列数据放到局部变量中。
  列表中的各个变量从左到右与游标结果集中的相应列相关联。各变量的数据类
  型必须与相应的结果集列的数据类型匹配，或是结果集列数据类型所支持的隐式
  转换。变量的数目必须与游标选择列表中的列数一致。

【例 8.14】 从打开的 cursor_stu 游标中读取数据。

打开 cursor_stu 后,在查询窗口中输入如
下语句:

```
FETCH NEXT FROM cursor_stu
GO
```

此时可以看到游标中的第一条记录,如
图 8.17 所示。

【例 8.15】 从打开的 cursor_stu 游标中
读取下一条记录,并存入变量中。

打开 cursor_stu 后,在查询窗口中输入如
下语句:

图 8.17 获取游标数据

```
DECLARE @sno varchar(12),@sname varchar
(10),@sbirth date,@snative varchar(10)
FETCH NEXT FROM cursor_stu into @sno,@sname,@sbirth,@snative
SELECT 学号=@sno,姓名=@sname,出生日期=@sbirth,籍贯=@snative
GO
```

此例中,先声明变量,然后把游标中读取的数据分别存入变量,可以供后面程序使
用。执行结果如图 8.18 所示。

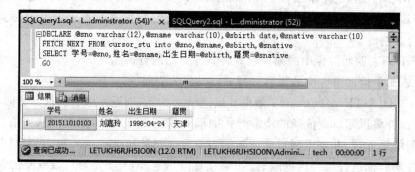

图 8.18 例 8.15 执行结果

4. 关闭游标

游标操作处理完后,必须关闭游标,释放当前结果集,然后解除定位游标的行上的游
标锁定。SQL Server 提供 CLOSE 语句关闭游标,CLOSE 将保留数据结构以便重新打
开,但在重新打开游标之前,不允许提取和定位更新。必须对打开的游标发布 CLOSE,
不允许对仅声明或已关闭的游标执行 CLOSE。

CLOSE 命令的基本语法格式:

```
CLOSE { { [ GLOBAL ] cursor_name } | cursor_variable_name }
```

各参数含义与 OPEN 命令相同。

【例 8.16】 关闭游标 cursor_stu。

```
CLOSE cursor_stu
GO
```

5. 删除游标

如果游标不再使用，就可以删除游标。释放最后的游标引用时，组成该游标的数据结构由 Microsoft SQL Server 释放。SQL Server 2014 提供 DEALLOCATE 语句删除游标，其基本语法结构如下：

```
DEALLOCATE { { [ GLOBAL ] cursor_name } | @cursor_variable_name }
```

各参数含义与 OPEN 命令相同。

【例 8.17】 删除游标 cursor_stu。

在查询窗口中输入语句：

```
DEALLOCATE cursor_stu
GO
```

8.4 本 章 小 结

本章主要介绍了视图、索引和游标的基本概念和应用。

视图是关系数据库系统提供给用户以多角度查看数据库中数据的重要机制。从用户角度来看，一个视图是从一个特定角度来查看数据库中的数据，不同的用户可以浏览数据库表中不同的数据，通常常用来集中、简化和自定义每个用户对数据库的不同认识和需求。本章主要介绍了视图的分类：标准视图、索引视图、分区视图和系统视图；介绍了视图创建的两种常用方法：在 SSMS 中创建和使用 T-SQL 语句创建；介绍了视图的修改和使用，通过对视图的操作可以体现到对表的操作。

索引是对数据库表中一列或多列的值进行排序的一种结构，使用索引可快速访问数据库表中的特定数据。本章主要介绍了索引的类型，重点介绍了聚集索引和非聚集索引，通常我们在表中通过设置主键 PRIMARY KEY 来建立聚集索引，此时自动建立的索引也是唯一索引，一个表最多只能有一个聚集索引，而非聚集索引可以有多个，聚集索引和非聚集索引都可以是唯一索引也可以是非唯一索引；本章重点介绍了索引的创建和删除方法，同样有两种方法可以快速创建、删除索引。

游标提供了一种对从表中检索出的数据进行操作的灵活手段，实现了从包括多条数据记录的结果集中每次提取一条记录的机制。游标总是与一条 T-SQL 查询语句相关联，游标由结果集(可以是零条、一条或由相关的选择语句检索出的多条记录)和结果集中指向特定记录的游标位置组成。本章主要介绍了游标的类型和游标操作的过程。

在数据库的三级模式结构中，实际上，索引属于内模式部分，基本表对应的是模式部分，而视图是外模式部分，它们是数据库中的基本对象。

习　题　8

一、选择题

1. 在 SQL Server 2014 数据库中,下列关于视图的说法错误的是(　　)。

　　A. 用户可以用 T-SQL 语言对视图操作

　　B. 视图是从一个或多个基本表导出的表,用户不可以在视图上再定义视图

　　C. 面向用户的模式对应于视图和部分基本表

　　D. 视图并不对应于存储在数据库中的文件,因此视图实际是一个"虚表"

2. SQL Server 中的视图提高了数据库系统的(　　)。

　　A. 完整性　　　　　　B. 可靠性　　　　　　C. 安全性　　　　D. 一致性

3. 视图是一种常用的数据对象,可以对数据进行(　　)。

　　A. 查询　　　　　　B. 插入　　　　　　C. 更新　　　　D. 以上三个选项都是

4. 对于学生 S、选课 SC、课程 C 有如下关系模式:

```
S(Stid, SNAME, SEX, AGE)
SC(Stid, Cno, GRADE)
C(Cno, CNAME, TEACHER)
```

　　为了提高查询速度,对 SC 表创建唯一索引,应建在(　　)列上。

　　A. (Stid,Cno)　　　B. Stid　　　　　　C. Cno　　　　　D. GRADE

5. 下面关于索引的描述不正确的是(　　)。

　　A. 索引是一个指向表中数据的指针

　　B. 索引是在元组上建立的一种数据库对象

　　C. 索引的建立和删除对表中的数据毫无影响

　　D. 表被删除时将同时删除在其上建立的索引

6. 在数据库物理设计阶段,需要考虑为关系表建立合适的索引。下面关于建立索引的描述,正确的说法是(　　)。

　　A. 对于经常在其上需要执行查询操作并且数据量大的表,可以考虑建立索引

　　B. 对于经常在其上需要执行插入、删除和更新操作的表,可以考虑建立索引

　　C. 对于经常出现在 WHERE 子句中的属性,应尽量避免建立索引

　　D. 对于经常出现在 ORDER BY 子句、GROUP BY 子句中的属性,应尽量避免建立索引

7. 下面关于索引的叙述正确的是(　　)。

　　A. 索引能保证表记录的唯一性

　　B. 索引是数据库中的一种特殊类型的对象,它与数据表有着紧密的关系

　　C. SQL Server 可创建两种类型的索引,唯一性索引和聚集索引

　　D. 索引是只对数据库表中的一列值进行排序的一种结构

8. 下列(　　)属性不适合建立索引。

A. 经常出现在 GROUP BY 子句中的属性

B. 经常参与连接操作的属性

C. 经常出现在 WHERE 子句中的属性

D. 经常需要进行更新操作的属性

9. 为数据表创建索引的主要目的是（　　）。

　A. 提高查询的检索性能

　B. 创建唯一索引

　C. 创建主键

　D. 便于对数据进行插入、删除和修改

10. 主键索引可确保字段中输入值的（　　）。

　A. 多样　　　　　B. 重复　　　　　C. 唯一　　　　D. 若干

11. 下面关于游标的使用说法错误的是（　　）。

　A. 使用游标可以显著提高数据检索的速度

　B. 使用游标可以定位在结果集的特定行

　C. 使用游标可以对结果集中的每一行进行相同或不同的操作，而不是一次对整个结果集进行同一种操作

　D. 游标必须先声明才可以使用

二、简答题

1. 简述视图的概念及分类。

2. 简述数据库中使用视图的优点。

3. 更新视图必须满足哪些条件？

4. 简述索引的概念及分类。

5. 简述数据库中使用索引的优点及缺点。

6. 简述聚集索引和非聚集索引的异同。

7. 简述游标的作用。

三、操作题

根据第 5 章习题中"供货管理"数据库中的表，完成以下题目。

1. 在 SSMS 中创建视图，要求包含供应商名、项目名、零件名和供应数量。

2. 使用 T-SQL 语句创建视图统计每种零件的供应量，要求包含零件号、零件名和供应数量。

3. 使用 T-SQL 语句创建视图统计每个供应商供应的零件情况，要求包含供应商号、供应商名、供应的零件号、零件名和每种零件供应的数量。

4. 在查询窗口中使用 T-SQL 语句创建视图，统计每个项目使用了哪些零件，要求包含项目号、项目名、零件号、零件名。

5. 使用 SELECT 语句查询第 4 题的视图，要求按项目名升序显示。

6. 通过视图修改基本表数据：通过第 1 题视图把"众合"供应商给"热电厂"供应的

"螺丝刀"数量修改为 26。

7. 修改第 1 题的视图,只包含供应商所在城市是北京的信息。

8. 删除第 7 题创建的视图。

9. 在 SSMS 中根据零件名升序创建非聚集、非唯一索引。

10. 使用 T-SQL 语句按照供应表的供应商号、零件号、项目号创建聚集索引。

11. 使用 T-SQL 语句按照供应商表的供应商名升序、城市降序创建非聚集非唯一索引。

12. 删除第 11 题创建的索引。

13. 游标操作:

(1) 利用 T-SQL 扩展方式声明游标,查询零件表中的零件号、零件名和规格。

(2) 打开声明的游标。

(3) 读取游标中的第一条记录。

(4) 读取游标中的最后一条记录。

(5) 读取当前记录指针位置前一条记录。

(6) 读取第 4 条记录。

(7) 读取当前记录指针位置前第 3 条记录,并存入变量保存。

(8) 关闭游标。

(9) 删除游标。

存储过程和触发器

本章学习目标
- 理解存储过程和触发器的概念。
- 了解数据库中使用存储过程和触发器的好处。
- 掌握存储过程和触发器的创建和使用方法。

存储过程和触发器是 SQL Server 2014 中的重要数据库对象,对提高数据库的安全性、完整性起着重要作用。本章首先向读者介绍存储过程的基本知识,包括存储过程的基本概念、存储过程的创建、执行、修改、删除、重命名和查看等操作;再介绍触发器的基本知识,包括触发器的基本概念,触发器的类型,触发器的创建、修改、查看、删除、禁用、启用等。

9.1 存 储 过 程

存储过程(Stored Procedure)是在大型数据库系统中为了完成特定功能的一组 T-SQL 语句的集合,经编译后存储在数据库中。创建存储过程后,当需要其功能时,只需通过存储过程名并给出参数(如果存储过程有参数)调用即可,且存储过程在首次执行时进行编译,不需要每次执行时重新编译,所以比执行单个 T-SQL 语句块要快。

存储过程的显著特点是:一个存储过程可以包含大量的 T-SQL 语句实现特定的功能,且存储过程在首次运行时,查询优化对其进行分析、编译、执行,得到一个执行计划存储在系统表中,作为数据库的对象之一,当需要时直接使用存储过程名调用即可。存储过程可以由用户调用,也可以由另一个过程或触发器调用,调用时可以给存储过程传递参数,存储过程也可以返回输出参数的值,如果没有参数,存储过程一般会返回一个结果集。

9.1.1 使用存储过程的优点

在数据库中使用存储过程可以提高系统的安全性,减少系统响应的时间,提高系统效率。具体来说存储过程的使用具有以下优点:

(1) 减少了服务器/客户端网络流量。

存储过程中的多个 T-SQL 语句命令作为单个批处理执行,可以显著减少服务器和客户端之间的网络流量,因为此时只需将对存储过程的调用代码通过网络发送即可。如果没有使用存储过程进行代码的封装,每个单独的代码行都要通过网络发送,这就大大加大了网络流量。

(2) 提供更强的安全性。

多个用户可以通过使用存储过程对基础数据库对象执行操作,而不必给这些用户设置对基础数据库对象的直接权限。这样极大地保护了基础数据库对象,消除了在单独的对象级别授予权限的要求,简化了安全层。

在通过网络调用存储过程时,只对执行过程的调用是可见的,因此,恶意用户无法看到表和数据库对象名称、嵌入的 T-SQL 语句或者搜索关键数据。使用存储过程参数有助于避免 SQL 注入攻击。因为参数输入被视作文字值而非可执行代码,所以,攻击者将命令插入存储过程的 T-SQL 语句并损害安全性将更为困难。另外,可以对存储过程进行加密,这有助于对源代码进行保密。

这些安全特性将数据库对象结构和数据库用户隔离开来,进一步提高了数据的完整性和可靠性。

(3) 代码的重复使用。

任何重复的数据库操作的代码都非常适合在存储过程中进行封装。这消除了不必要的重复编写相同代码,降低了代码的不一致性,并且允许拥有所需权限的任何用户或应用程序访问和执行代码。

在客户端应用程序调用存储过程时,如果数据库发生任何更改,只需更新存储过程即可,应用程序层保持独立,并且不必知道对数据库布局、关系或进程的任何更改情况,这使得数据库的设计与应用程序编写独立开来。

(4) 提高执行速度。

默认情况下,在首次执行存储过程时,将对存储过程进行编译,并且创建一个执行计划,供以后的执行重复使用。由于以后执行存储过程时不必创建新的执行计划,因此,它通常用更少的时间来处理。如果存储过程引用的表或数据发生显著变化,则预编译的执行计划可能会导致存储过程的执行速度减慢,此时,重新编译存储过程和强制执行新的执行计划可提高性能。

9.1.2 存储过程的类型

存储过程的类型主要有系统存储过程、用户定义存储过程、临时存储过程和扩展存储过程。

1. 系统存储过程

系统存储过程是安装数据库时随附的,即安装 SQL Server 数据库时自动创建系统存储过程。系统存储过程可以执行许多管理和信息活动(如获取数据库信息或者数据库对象的信息等)。它们物理上存储在内部隐藏的 Resource 数据库中,但逻辑上出现在每个系统定义数据库和用户定义数据库的 sys 架构中,此外,msdb 数据库还在 dbo 架构中包含用于计划警报和作业的系统存储过程。

系统存储过程可以为用户提供数据库管理方面的方便,为数据库管理员管理 SQL Server 提供支持。例如,可以使用用户很容易的从系统表中提取信息、管理数据库,并执行设计更新系统表的其他任务。当创建新的数据库时,一些系统存储过程会在新数据库中自动创建,调用系统存储过程执行一定功能时,可以直接调用存储过程名,而不必在过程名前加上数据库名。

系统存储过程的命名以前缀 sp_开头,建议用户自己定义存储过程时不要使用此前缀。在 SSMS 中可以方便地查看和调用系统存储过程。启动 SSMS 后,在左侧"对象资源管理器"中展开 tech 数据库,展开"可编程性"→"存储过程"→"系统存储过程",就可以看到所有系统存储过程的列表,如图 9.1 所示。

2. 用户定义存储过程

用户定义存储过程是由用户创建并能完成某一特定功能的存储过程。一般用户定义存储过程定义在用户创建的数据库中,一般有两种类型:T-SQL 存储过程和 CLR (Common Language Runtime,公共语言运行库)存储过程。

没有特别说明,本书所提到的存储过程指的是 T-SQL 存储过程,是封装了可重用代码的 T-SQL 语句块。用户定义存储过程中可以接受输入参数,向客户端返回表格或标量结果和消息,调用数据定义语言(DDL)和数据操作语言(DML)语句,以及返回输出参数。用户定义存储过程创建后,保存在用户数据库中,打开"对象资源管理器",打开存储过程所在的用户数据库,如 tech 数据库,展开"可编程性"→"存储过程",在系统存储过程下面就是用户定义的 T-SQL 存储过程,如图 9.2 所示。

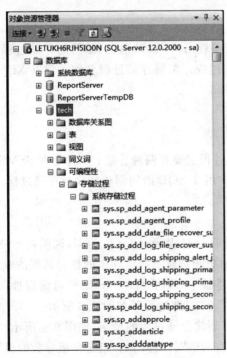

图 9.1 系统存储过程

图 9.2 用户定义存储过程

CLR 存储过程包含对 Microsoft . NET Framework 公共语言运行库(CLR)方法的引用,这些引用在. NET Framework 程序集中是作为类的公共静态方法实现的。

3. 临时存储过程

临时存储过程是用户定义存储过程的一种形式。临时存储过程与永久过程相似,也是由用户创建实现一定功能的过程,不同的是,不管当前数据库是哪个数据库,临时存储过程并不存储在当前数据库中,而是存储在系统数据库 tempdb 中。

临时存储过程有两种类型:本地临时存储过程和全局临时存储过程。

如果在创建存储过程时存储过程命名以单个符号"♯"开头,表示该存储过程是本地临时存储过程,它们仅对当前的用户连接是可见的,也只有当前的用户可以执行它,当用户关闭连接时,本地临时存储过程就会自动删除。

如果在创建存储过程时存储过程命名以两个符号"♯♯"开头,表示该存储过程是全局临时存储过程,它们对任何用户都是可见的。也就是说,全局临时存储过程一旦创建,连接到数据库服务器的任意用户都可以执行它,而不需要再额外设定权限。当创建全局临时存储过程的用户断开与 SQL Server 的连接时,SQL Server 将检查是否有其他用户正在执行该全局临时存储过程,如果没有,则将全局临时存储过程删除;如果有,则会让该用户继续执行,等到所有用户都不再执行该全局临时存储过程时,全局临时存储过程将会自动删除。

不管是本地临时存储过程还是全局临时存储过程,它们都存储在系统数据库 tempdb 中,而且都随着 SQL Server 的停止而自动删除,不复存在。

4. 扩展存储过程

扩展存储过程是用户可以使用外部高级编程语言(如 C 语言)编写的存储过程,SQL Server 实例可以动态地加载和运行扩展存储过程。扩展存储过程名称通常以 XP_开头,它的使用和执行与一般的存储过程相同。

9.1.3　创建和执行存储过程

在 SQL Server 2014 中创建和执行存储过程主要有两种方法:一种是在 SSMS 中创建和执行存储过程;另一种是在查询窗口中使用 T-SQL 语句创建和执行存储过程。

1. 在 SSMS 中创建和执行存储过程

【例 9.1】　下面以在 tech 数据库中创建存储过程 stu_grade 为例,说明在 SSMS 中创建存储过程的方法。stu_grade 存储过程的功能是显示指定学生的指定课程的成绩。

(1) 打开 SSMS,依次展开"对象资源管理器"→"数据库"→tech→"可编程性",右击"存储过程",在弹出的快捷菜单中选择"新建"→"存储过程",如图 9.3 所示。

(2) 此时,打开的查询命令窗口中给出了创建存储过程的模板,如图 9.4 所示。

(3) 单击"查询"菜单,选择"指定模板参数的值",在弹出的"指定模板参数的值"对话框中设置新建存储过程的相关参数值,例如存储过程作者、创建日期、存储过程描述、存

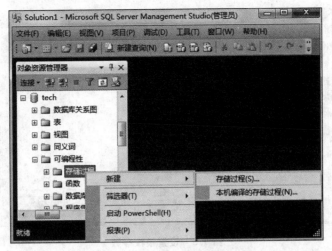

图 9.3 新建存储过程

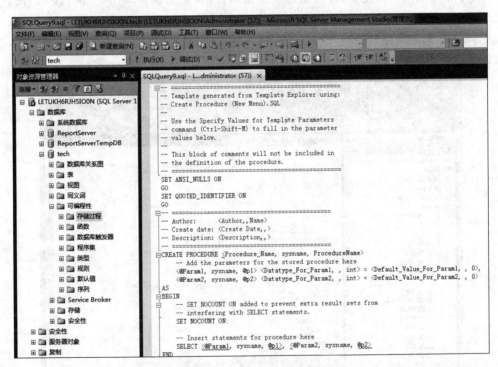

图 9.4 创建存储过程的模板

储过程名、参数名、参数数据类型、参数默认值等。设置参数如图 9.5 所示,单击"确定"按钮,返回存储过程模板窗口。

(4) 在存储过程模板窗口中将查询语句"SELECT @sno,@cno"替换为:

```
SELECT *
FROM Score
WHERE Sno=@sno and Cno=@cno
```

图 9.5　设置模板参数

（5）单击"分析"按钮√，检查是否有语法错误，检查无误后单击"！执行（X）"按钮，至此一个新的存储过程创建成功。

（6）在"对象资源管理器"中，右击"存储过程"，在弹出的快捷菜单中选择"刷新"，就可以看到新创建的存储过程 stu_grade，如图 9.6 所示。

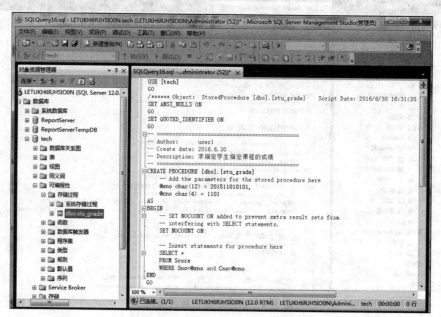

图 9.6　新建完成的存储过程

在 SSMS 中创建存储过程时，也可以不使用"指定模板参数的值"对话框设置存储过程的参数，可以直接在如图 9.4 所示的创建存储过程模板中输入各个参数值。

下面介绍在 SSMS 中如何执行存储过程。以执行上面创建的存储过程 stu_grade 为例进行介绍。

（1）在"对象资源管理器"中右击要执行的存储过程 stu_grade，在弹出的快捷菜单中选择"执行存储过程",弹出如图 9.7 所示的对话框。

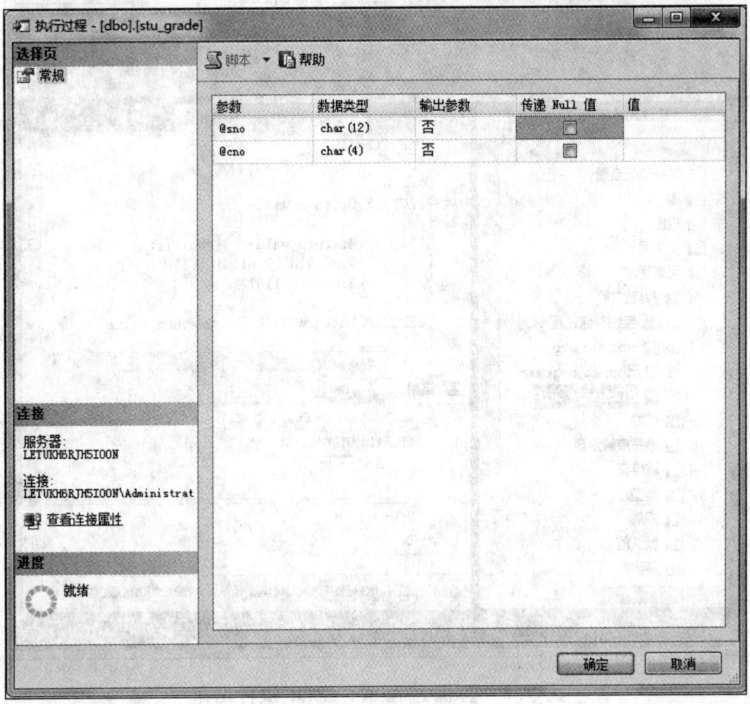

图 9.7　执行过程

（2）在"执行过程"对话框中,会显示该存储过程的参数,这里有两个输入参数:
@sno 和@cno。如果要给某参数传递空值 Null,就勾选"传递 Null 值"复选框,如果给参
数具体值,就不要勾选该复选框,而是在"值"列输入具体参数值。这里给@sno 参数输入
值 201511010101,给@cno 参数输入值 1101,然后单击"确定"按钮。

（3）执行结果如图 9.8 所示,显示学号为 201511010101 课程号为 1101 的成绩为 85
分。Return Value 是存储过程的返回值,该存储过程没有使用 return 语句返回值,所以
返回值 Return Value 为 0。

2. 使用 T-SQL 语句创建和执行存储过程

SQL Server 2014 提供了 CREATER PROCEDURE 语句在当前数据库中创建永久
存储过程,或者在 tempdb 数据库中创建临时存储过程。其语法格式如下:

```
CREATE { PROC | PROCEDURE } [schema_name.] procedure_name [ ; number ]
[ { @parameter [ type_schema_name. ] data_type } ]
[ VARYING ] [ =default ] [ OUT | OUTPUT | [READONLY]
  ] [ , ... n ]
[ WITH <procedure_option>[ ... n ] ]
[ FOR REPLICATION ]
AS { [ BEGIN ] sql_statement [;] [ ...n ] [ END ] }
[;]
```

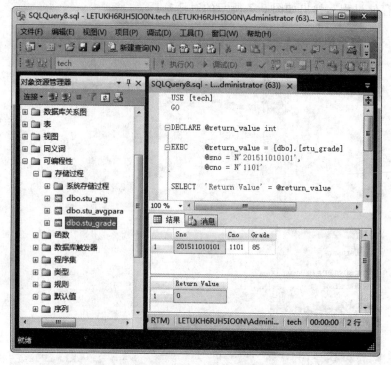

图 9.8 存储过程 stu_grade 执行结果

```
<procedure_option>::=
[ ENCRYPTION ]
[ RECOMPILE ]
[ EXECUTE AS clause ]
```

其中各参数含义如下：

- schema_name：存储过程所属架构的名称。存储过程是绑定到架构的，如果在创建存储过程时未指定架构名称，则自动分配正在创建存储过程的用户的默认架构。

- procedure_name：存储过程的名称。存储过程名称必须遵循有关标识符的命名规则，并且在架构中必须唯一。在命名过程时避免使用 sp_前缀。此前缀由 SQL Server 用来指定系统过程。可在 procedure_name 前面使用一个符号"＃"（＃procedure_name）来创建局部临时存储过程，使用两个符号"＃ ＃"（＃＃procedure_name）来创建全局临时存储过程。

- number：用于对同名的存储过程分组的可选整数。使用该整数的好处是，可以用一条 DROP PROCEDURE 语句将同组的存储过程一起删除。

- @parameter：在过程中声明的参数。参数名称前面必须有@符号，参数名称必须符合有关标识符的规则。每个过程的参数仅用于该过程本身，其他过程中可以使用相同的参数名称。一个存储过程可声明一个或多个参数，最多可以设置 2100 个参数。除非定义了参数的默认值或者将参数设置为等于另一个参数，否则用户必须在调用过程时为每个声明的参数提供值。如果过程包含表值参数,并且该参数在调用中缺失,则传入空表。参数只能代替常量表达式,而不能用于代替表名、列名或其他数据库对象的名称。如果指定了 FOR REPLICATION,则无法声明参数。

- [type_schema_name.] data_type:参数的数据类型以及该数据类型所属的架构。所有 T-SQL 数据类型都可以用作参数。可以使用用户定义的表类型创建表值参数,表值参数只能是 INPUT 参数,并且这些参数必须带有 READONLY 关键字。cursor 数据类型只能是 OUTPUT 参数,并且必须带有 VARYING 关键字。

- VARYING:指定作为输出参数支持的结果集。该参数由过程动态构造,其内容可能发生改变。仅适用于 cursor 参数。该选项对于 CLR 过程无效。

- default:参数的默认值。如果为参数定义了默认值,则无须指定此参数的值即可执行存储过程。默认值必须是常量或 NULL。该常量值可以采用通配符的形式,这使其可以在将该参数传递到存储过程时使用 LIKE 关键字。

- OUT|OUTPUT:表示参数是输出参数。使用 OUTPUT 参数将值返回给过程的调用方。除非是 CLR 过程,否则 text、ntext 和 image 参数不能用作 OUTPUT 参数。OUTPUT 参数可以为游标占位符,CLR 过程除外。不能将表值数据类型指定为过程的 OUTPUT 参数。

- READONLY:指示不能在过程的主体中更新或修改参数。如果参数类型为表值类型,则必须指定 READONLY。

- FOR REPLICATION:指定为复制创建该存储过程。因此,它不能在订阅服务器上执行。使用 FOR REPLICATION 选项创建的过程可用作过程筛选器,且仅在复制过程中执行。如果指定了 FOR REPLICATION,则无法声明参数。对于 CLR 过程,不能指定 FOR REPLICATION。对于使用 FOR REPLICATION 创建的过程,忽略 RECOMPILE 选项。

- { [BEGIN] sql_statement [;] [...n] [END] }:构成存储过程主体的一个或多个 T-SQL 语句。可以使用可选的 BEGIN 和 END 关键字将这些语句括起来。

- ENCRYPITION:指示 SQL Server 将 CREATE PROCEDURE 语句的原始文本转换为模糊格式。模糊代码的输出在 SQL Server 的任何目录视图中都不能直接显示。对系统表或数据库文件没有访问权限的用户不能检索模糊文本,但是,可以通过 DAC 端口访问系统表的特权用户或直接访问数据文件的特权用户可以使用此文本。此外,能够向服务器进程附加调试器的用户可在运行时从内存中检索已解密的过程。该选项对于 CLR 过程无效。

- RECOMPILE:指示数据库引擎不缓存此过程的查询计划,这强制在每次执行此过程时都对该过程进行编译。在指定了 FOR REPLICATION 或者用于 CLR 过程时不能使用此选项。若要指示数据库引擎放弃过程内单个查询的查询计划,请在该查询的定义中使用 RECOMPILE 查询提示。

- EXECUTE AS clause:指定在其中执行存储过程的安全上下文。

需要注意的是：

- 创建存储过程语句必须是批处理的第一条语句，不能与其他 T-SQL 语句一起使用。
- 在创建存储过程时允许在存储过程中引用一个不存在的对象。在创建时，系统只检查创建存储过程的语法。存储过程被第一次调用执行时，会编译生成一个可执行计划，在编译阶段才会检查存储过程所引用的对象是否存在。所以，如果一个创建存储过程的语句在语法上没有错误，即使引用了不存在的对象也可以创建成功，只要在执行时引用的对象已经存在了就可以。如果执行时存储过程引用的对象不存在，则执行操作会失败。

根据存储过程中是否含有参数，可以将存储过程分为无参存储过程和有参存储过程，其中有参存储过程又分带输入参数的存储过程和带输入、输出参数的存储过程。

下面通过几个例子说明使用 T-SQL 语句创建存储过程的方法。

【例 9.2】 在 tech 数据库中使用 T-SQL 语句方法创建无参存储过程 stu_avg，查询每个学生的所有课程的平均成绩。

创建过程如下：

（1）打开 SSMS，用鼠标单击"新建查询"按钮，打开查询命令窗口。

（2）在查询命令窗口中输入如下 T-SQL 语句：

```
USE tech
GO
CREATE PROCEDURE stu_avg
AS
    SELECT Sno,AVG(Grade)
    FROM Score
    GROUP BY Sno
GO
```

（3）单击"分析"按钮√，分析有没有语法错误，当在结果窗口中显示"命令已成功完成"时，表示创建存储过程的 T-SQL 语句没有语法错误，否则有语法错误，则要修改创建存储过程的 T-SQL 语句。当没有语法错误时，单击"！执行（X）"按钮创建存储过程，在"消息"窗口提示"命令已成功完成"，表示存储过程创建成功。

此时，单击"对象资源管理器"中的"存储过程"前的"＋"号，就可以看到新创建的存储过程。如果新创建的存储过程没有出现，可以右击"存储过程"，在弹出的快捷菜单中选择"刷新"，此时新创建的存储过程就出现了，结果如图 9.9 所示。

SQL Server 2014 使用 EXECUTE 或 EXEC 关键字执行存储过程，其基本语句格式如下：

```
[ { EXEC | EXECUTE } ]
{
    [ @return_status =] procedure_name[;number]
      [ [ @parameter =] { value | @variable [ OUTPUT ] } ] [ ,...n ]
```

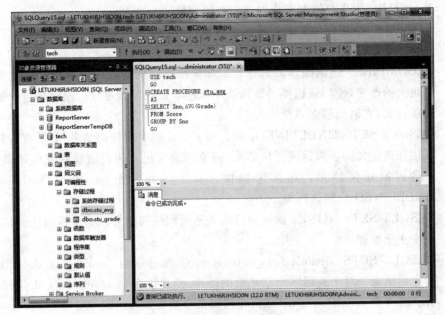

图 9.9　新建存储过程

```
    [ WITH <execute_option>[ , ...n ] ]
}
<execute_option>::=
{
    RECOMPILE
    | { RESULT SETS UNDEFINED }
    | { RESULT SETS NONE }
    | { RESULT SETS ( <result_sets_definition>[ , ...n ] ) }
}
```

其中各参数含义如下:

- @return_status:可选的整型变量,存储模块的返回状态。这个变量在用于 EXECUTE 语句前,必须在批处理、存储过程或函数中声明过。
- procedure_name:要执行的存储过程名称。
- number:是可选整数,用于对同名的过程分组,使得同组的存储过程可以用 DROP PROCEDURE 语句删除。该参数不能用于扩展存储过程。
- @parameter:存储过程参数,在 CREATE PROCEDURE 语句中定义。参数名称前必须加上符号@。在与 @parameter_name=value 格式一起使用时,参数名和常量不必按它们在存储过程中定义的顺序提供。但是,如果对任何参数使用了 @parameter_name=value 格式,则必须对所有后续参数都使用此格式。默认情况下,参数可为空值。
- value:传递给存储过程的参数值。如果参数名称没有指定,参数值必须与在使用 CREATE PROCEDURE 创建存储过程时定义的顺序一致。

- @variable：用来存储参数或返回参数的变量。
- OUTPUT：指定存储过程返回一个参数。该存储过程的匹配参数也必须已使用关键字 OUTPUT 创建。
- RECOMPILE：强制编译新的计划。如果所提供的参数为非典型参数或者数据有很大的改变，使用该选项。该选项不能用于扩展存储过程。建议尽量少使用该选项，因为它消耗较多系统资源。
- RESULT SETS UNDEFINED：此选项不保证将返回任何结果（如果有），并且不提供任何定义。如果返回任何结果，则说明语句正常执行而没有发生错误，否则不会返回任何结果。如果未提供 result_sets_option，则 RESULT SETS UNDEFINED 是默认行为。
- RESULT SETS NONE：保证执行语句不返回任何结果。如果返回任何结果，则会中止批处理。
- RESULT SETS ＜result_sets_definition＞：保证返回 result_sets_definition 中指定的结果。对于返回多个结果集的语句，需提供多个 result_sets_definition 部分。将每个 result_sets_definition 用圆括号括起来并由逗号分隔。

【例 9.3】 执行存储过程 stu_avg。

stu_avg 存储过程不含有任何参数，所以执行时可以不考虑参数问题，直接在 EXEC 或 EXECUTE 后面加存储过程名即可，执行语句为：

```
USE tech
GO
EXECUTE stu_avg
```

stu_avg 存储过程不使用任何参数，执行该存储过程时会显示所有学生的平均成绩。执行结果如图 9.10 所示。

如果学生人数较多，要从结果中查找某个具体学生的平均成绩比较费时，此时可以考虑创建带输入参数的存储过程，输入参数指定某个具体学生，存储过程根据输入参数的值显示某学生的平均成绩。

【例 9.4】 在 tech 数据库中使用 T-SQL 语句创建带输入参数的存储过程 stu_avgpara，查询指定学生的所有课程的平均成绩。

```
USE tech
GO
CREATE PROCEDURE stu_avgpara @Sno char(12)
AS
    SELECT AVG(grade) 平均成绩
    FROM Score
    WHERE Sno=@Sno
GO
```

存储过程 stu_avgpara 使用了输入参数@Sno 指定要查询哪个学生的所有课程的平均成绩，执行时，给定参数值是多少就查询该值对应的学号的平均成绩。

图 9.10 stu_avg 执行结果

需要注意的是,输入参数要指定数据类型,数据类型与该参数所代表的字段的类型一般要一致,由于 Score 表中学号 Sno 的数据类型是 char(12),因此参数@Sno 的数据类型也最好是 char(12)。

【例 9.5】 执行存储过程 stu_avgpara,查询学号为 201511010101 的学生的平均成绩。

stu_avgpara 有输入参数,所以执行时要给参数指定参数值,此时执行语句为:

```
USE tech
GO
EXECUTE stu_avgpara @sno='201511010101'
```

也可以省略参数名@sno,直接写为:

```
EXECUTE stu_avgpara '201511010101'
```

执行结果如图 9.11 所示。

【例 9.6】 执行存储过程 stu_grade,查询学号为 201511010101 课程号为 1101 的课程成绩。

```
USE tech
GO
EXECUTE stu_grade @sno='201511010101',@cno='1101'
```

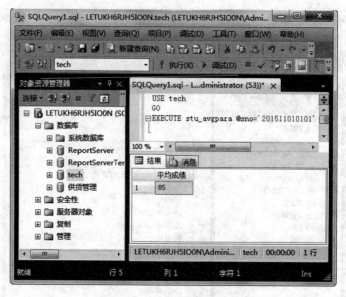

图 9.11　stu_avgpara 执行结果

EXECUTE 也可以改为:

```
EXECUTE stu_grade '201511010101', '1101'
```

当执行语句中省略参数名时,201511010101 和 1101 的顺序不能变,必须和定义存储过程时一致。

创建带输入参数的存储过程时,可以设定输入参数的默认值,这样当执行存储过程参数值缺省时,输入参数值取默认值,如例 9.7 所示。

【例 9.7】 在 tech 数据库中使用 T-SQL 语句创建带输入参数和默认值的存储过程 stu_name,从学生表 Student 中返回输入参数指定的学生的信息,如果没有指定参数值则返回所有学生信息(即默认值是所有学生)。

```
USE tech
GO
CREATE PROCEDURE stu_name @Sname varchar(10)='%'
AS
    SELECT *
    FROM Student
    WHERE Sname LIKE @Sname
GO
```

【例 9.8】 执行存储过程 stu_name。

显示所有学生信息:

```
EXECUTE stu_name
```

显示学生"王丽丽"的信息:

```
EXECUTE stu_name '王丽丽'
```

【例 9.9】 修改例 9.7,可以实现模糊查询,即输入学生姓名信息不全时同样可以得到查询结果,例如输入"王",可以查询所有姓"王"的学生信息。

```
USE tech
GO
ALTER PROCEDURE stu_name @Sname varchar(10)='%'
AS
SELECT *
FROM Student
WHERE Sname LIKE '%'+@Sname+'%'
GO
```

此时使用执行语句:

```
EXECUTE stu_name '王'
```

会显示所有姓"王"的学生信息。执行结果如图 9.12 所示。

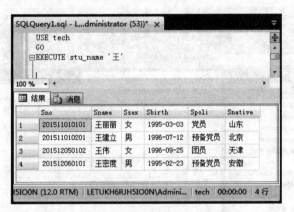

图 9.12 改后的 **stu_name** 执行结果

读者可以尝试重新创建存储过程 stu_avgpara,使其可以进行模糊查询。例如,输入 20151101 可以查询满足学号包含 20151101 的所有学生的平均成绩。

【例 9.10】 在 tech 数据库中使用 T-SQL 语句创建带输入参数和输出参数的存储过程 stu_avgparaout,通过输入参数指定学生的学号,查询指定学生的所有课程的平均成绩,通过输出参数返回平均成绩。

这里要求输出参数返回结果,所以要使用 OUTPUT 关键字,在查询窗口中输入以下语句:

```
USE tech
GO
ALTER PROCEDURE stu_avgparaout @sno char(12),@avg numeric OUTPUT
AS
SELECT @avg=AVG(Grade)
```

```
FROM Scorc
WHERE Sno=@sno
GO
```

其中,@sno 是输入参数,用来指定哪个学生;@avg 后面有关键字 OUTPUT,表示是输出参数,用来返回指定学生的平均成绩。

【例 9.11】 执行例 9.10 中的存储过程。

由于存储过程 stu_avgparaout 带输出参数,因此要声明一个变量来保存输出参数值,以查询学号为 201511010102 的学生的平均成绩为例。该存储过程的执行语句如下:

```
DECLARE @average numeric
EXECUTE stu_avgparaout '201511010102',@average OUTPUT
PRINT '学号为201511010102的学生的平均成绩为: '+STR(@average)
```

需要注意的是,在执行存储过程时,输出参数后的 OUTPUT 关键字不能省略。执行结果如图 9.13 所示。

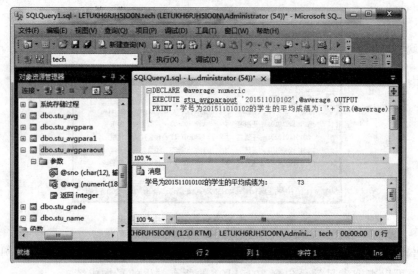

图 9.13　存储过程 stu_avgparaout 执行结果

【例 9.12】 在 tech 数据库中使用 T-SQL 语句创建带参数的存储过程 stu_update,修改指定学生指定课程的成绩。如果没有这个学生的指定课程的信息,则给出相应的提示信息。

```
USE tech
GO
CREATE PROCEDURE stu_update @sno char(12),@cno char(4),@grade tinyint
AS
    IF EXISTS (SELECT * FROM Score WHERE Sno=@sno AND Cno=@cno)
        UPDATE Score SET Grade =@grade WHERE Sno=@sno AND Cno=@cno
```

```
    ELSE
        PRINT '学号为'+@sno+'课程号为'+@cno+'的记录不存在!'
GO
```

该存储过程中有三个输入参数,分别表示要修改的学生的学号、课程号和修改后的成绩。存储过程中使用 IF…ELSE…语句判断要修改的学生信息在 Score 表中是否存在,若存在则修改为指定的成绩,若不存在则给出提示信息。

以修改学号为 201511010101、课程号为 1101,成绩修改为 90 为例执行该存储过程的语句为:

```
EXECUTE stu_update '201511010101','1101',90
```

执行结果显示"1 行受影响",表示成绩修改成功。

如果修改学号为 201611010101、课程号为 1101,成绩修改为 90,此时执行结果显示"学号为 201611010101 课程号为 1101 的记录不存在"。

9.1.4 修改和删除存储过程

存储过程创建好之后,如果不能满足用户需求,需要修改部分功能,此时需要修改存储过程。某些存储过程不再需要,此时可以删除存储过程。修改和删除存储过程同样有两种方式:在 SSMS 中和使用 T-SQL 语句进行修改和删除。

1. 在 SSMS 中修改和删除存储过程

下面举例说明在 SSMS 中修改、删除存储过程的步骤。

【例 9.13】 修改存储过程 stu_avgpara,查询指定学生的所有课程的平均成绩。并能实现默认值查询和模糊查询,即当学号缺省时,可以默认查询所有学生的平均成绩;当输入学号的一部分时可以实现模糊查询。

(1) 在"对象资源管理器"中,右击要修改的存储过程 stu_avgpara,在弹出的快捷菜单中选择"修改",打开查询窗口如图 9.14 所示。

(2) 在查询窗口中修改相应的语句。此处修改图 9.14 中的"@sno char(12)"为"@sno varchar(12)='%'",实现默认值查询,然后修改图 9.14 中的"WHERE Sno=@sno"为"WHERE Sno LIKE '%'+ @sno + '%'",实现模糊查询。

(3) 语句修改完成后,单击"分析"按钮√,没有语法错误后,单击"! 执行(X)"按钮,保存修改。

如果要删除某个不需要的存储过程,例如要删除存储过程 stu_avgpara,在 SSMS 的"对象资源管理器"中,右击要删除的存储过程 stu_avgpara,在弹出的快捷菜单中选择"删除"命令,弹出"删除对象"对话框,单击"确定"按钮即可。

需要注意的是,如果某些对象依赖于被删除的存储过程,则删除存储过程可能会导致这些对象执行失败。如果创建了具有相同名称和参数的新过程来替换已被删除的过程,那么引用该过程的其他对象仍能成功处理。所以在删除存储过程前,要查看该存储过程的依赖关系,以保证与该存储过程有依赖关系的对象不受影响。

图 9.14　修改存储过程界面

2. 使用 T-SQL 语句修改和删除存储过程

SQL Server 2014 提供了 ALTER PROCEDURE 语句修改存储过程,其基本语法格式如下:

```
ALTER { PROC | PROCEDURE } [schema_name.] procedure_name [ ; number ]
    [ { @parameter [ type_schema_name. ] data_type }
        [ VARYING ] [ =default ] [ OUT | OUTPUT ] [READONLY]
    ] [ ,...n ]
[ WITH <procedure_option>[ ,...n ] ]
[ FOR REPLICATION ]
AS { [ BEGIN ] sql_statement [;] [ ...n ] [ END ] }
[;]
<procedure_option>::=
    [ ENCRYPTION ]
    [ RECOMPILE ]
    [ EXECUTE AS Clause ]
```

各参数含义与 CREATE PROCEDURE 语句中参数的含义一致,在此不再叙述。

下面通过举例说明使用 ALTER PROCEDURE 语句修改存储过程的方法。

【例 9.14】 使用 T-SQL 语句实现例 9.13 的功能。

```
USE tech
GO
ALTER PROCEDURE stu_avgpara @Sno varchar(12)='%'
AS
```

```
SELECT AVG(grade) 平均成绩
FROM Score
WHERE Sno LIKE '%'+@Sno+'%'
GO
```

然后单击"分析"按钮√,检查无误后,单击"! 执行(X)"按钮,保存修改。此时在查询窗口中输入执行语句:

```
EXECUTE stu_avgpara
```

执行结果显示为平均成绩 75,表示查询所有学生的所有课程的平均成绩。如果在查询窗口中输入执行语句:

```
EXECUTE stu_avgpara '20151101'
```

执行结果显示为平均成绩 77,表示查询 2015 级院系编号为 11 专业编号为 01 的学生的所有课程的平均成绩。

SQL Server 2014 提供 DROP PROCEDURE 语句删除不需要的存储过程,其基本语法格式为:

```
DROP { PROC | PROCEDURE } { [ schema_name. ] procedure_name } [ ,...n ]
```

【例 9.15】 删除存储过程 stu_avgpara。

```
DROP PROCEDURE stu_avgpara
```

9.1.5 存储过程的其他操作

1. 重命名存储过程

重命名存储过程可以在 SSMS 中展开要重命名的存储过程,右击,在弹出的快捷菜单中选择"重命名",输入新的名字即可。

也可以使用系统存储过程 sp_rename 实现重命名存储过程,其基本语法格式为:

```
sp_rename 'Proc_name','newName','OBJECT'
```

其中,proc_name 是要重命名的存储过程,newName 是重命名后的名字。

例如,将存储过程 stu_avgpara 重命名为 stu_avgpara1:

```
EXECUTE sp_rename 'stu_avgpara','stu_avgpara1','OBJECT'
```

重命名存储过程不会更改 sys.sql_modules 目录视图的定义列中相应对象名的名称。因此,建议不要重命名存储过程,而是删除存储过程,然后使用新名称重新创建该存储过程。例如,将 stu_avgpara 重命名为 stu_avgpara1,其中 stu_avgpara 的创建语句如例 9.15 所示,可以使用下面语句进行重命名:

```
USE tech
GO
```

```
IF OBJECT_ID ('stu_avgpara', 'P') IS NOT NULL
    DROP PROCEDURE stu_avgpara
GO
CREATE PROCEDURE stu_avgpara1 @sno varchar(12)='%'
AS
    SELECT AVG(grade) 平均成绩
    FROM Score
    WHERE Sno LIKE '%'+@Sno+'%'
GO
```

2. 查看存储过程的定义

存储过程创建完成后,如果要查看它的定义语句,可以使用 SSMS 查看,也可以使用系统存储过程查看。

1) 使用 SSMS 界面查看存储过程的定义

在"对象资源管理器"中,右击要查看的存储过程,在弹出的快捷菜单中选择"编写存储过程脚本为"→"CREATE 到"→"新查询编辑器窗口",如图 9.15 所示。

图 9.15　查看存储过程定义

此时在打开的查询编辑器窗口中可以看到该存储过程的定义,如图 9.16 所示。

2) 使用系统存储过程查看存储过程的定义

查看存储过程定义的常用的系统存储过程有 sp_helptext 和 sp_help。其中,sp_helptext 主要用于查看存储过程的定义语句;sp_help 主要用于查看存储过程的名称、所有者、类型和创建时间,以及存储过程中使用的参数信息。

sp_helptext 的基本语法格式为:

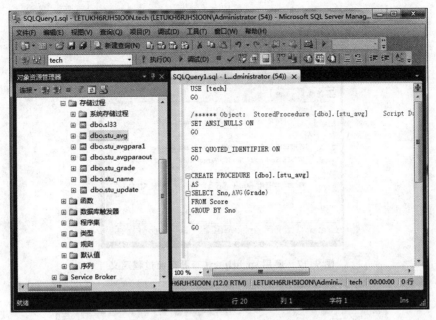

图 9.16　存储过程定义窗口

```
sp_helptext [ @objname =] 'name'
```

其中，@objname 是参数，可以省略；name 是要查看的存储过程名称。

sp_help 的基本语法格式为：

```
sp_help [ [ @objname =] 'name' ]
```

其中，[@objname =] 'name'的含义与 sp_helptext 一致，但 sp_helptext 中的存储过程名不能省略，而 sp_help 中的存储过程名可以省略，省略时会显示所有数据库对象的基本信息，如果使用 name 指定某个存储过程，则显示该存储过程的基本信息。

【例 9.16】　查看存储过程 stu_update 的定义。

```
EXECUTE sp_helptext @objname ='stu_update'
```

执行结果如图 9.17 所示。这里执行存储过程的语句也可以简写为：

```
sp_helptext 'stu_update'
```

执行结果是一样的。

【例 9.17】　查看存储过程 stu_update 的定义。

```
EXECUTE sp_help @objname ='stu_update'
```

执行结果如图 9.18 所示。图中显示存储过程 stu_update 的名称、所有者、类型和创建时间，另外把存储过程中的参数信息列出。同样上述执行存储过程语句可简写为：

```
sp_help 'stu_update'
```

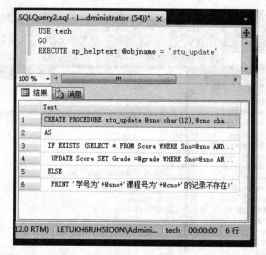

图 9.17　使用 sp_helptext 查看存储过程定义

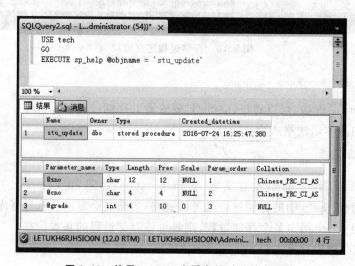

图 9.18　使用 sp_help 查看存储过程基本信息

3) 使用对象目录视图 sys.sql_modules 查看存储过程定义

sys.sql_modules 是系统定义的对象目录视图,对每个 T-SQL 语言定义的模块对象都返回一行,主要返回对象的创建信息。例如,它可以返回表的架构、字段等信息,存储过程的定义信息等。

【例 9.18】　使用 sys.sql_modules 查看 stu_update 的定义。

```
USE tech
GO
SELECT definition
FROM sys.sql_modules
WHERE object_id =OBJECT_ID(N'stu_update')
```

此时在查询结果中会显示 stu_update 的定义语句,如图 9.19 所示。

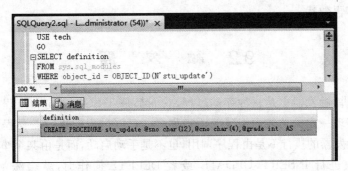

图 9.19　使用 sys. sql_modules 查看存储过程 stu_update 的定义

3. 查看存储过程的依赖关系

存储过程中通常会引用到数据库中的表或视图，或者调用其他存储过程，当对存储过程进行修改、删除、重命名等操作时，可能会影响到与该存储过程相关的其他对象，所以需要了解存储过程的依赖关系。

查看存储过程依赖关系的最简单的方法是使用 SSMS，在"对象资源管理器"中，右击要查看的存储过程，在弹出的快捷菜单中选择"查看依赖关系"，打开"对象依赖关系"对话框，显示依赖于该存储过程的对象和该存储过程依赖的对象。例如，查看存储过程 su_update 的依赖关系如图 9.20 所示。

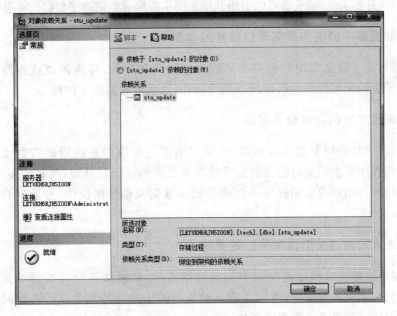

图 9.20　存储过程 stu_update 的依赖关系

除了可以在 SSMS 查看存储过程的依赖关系，还可以在查询窗口中使用系统函数 sys. dm_sql_referencing_entities、sys. dm_sql_referenced_entities 和对象目录视图 sys. sql_expression_dependencies 查看存储过程的依赖关系。有兴趣的读者可以查阅相关资料,在此不再叙述。

9.2 触 发 器

从本质上讲,触发器也是一种存储过程,它们都是 T-SQL 语句和流程控制语句的集合,都是为了实现一定的功能而编写的语句集合。存储过程的执行需要程序调用或用户手动执行,而触发器的执行不是由程序调用,也不是手动启动,而是由某个事件来触发。例如,当对一个表进行 INSERT、UPDATE 或者 DELETE 操作时,就会激活触发器,SQL Server 会自动执行触发器所定义的 SQL 语句,这种激活是当操作发生时自动激活的。

使用触发器可以查询其他表,可以包含复杂的 SQL 语句,用于强制服从复杂的业务规则或要求,实现复杂的逻辑处理。触发器的主要作用是为了实现由主键和外键所不能保证的复杂的参照完整性和数据一致性,强制引用完整性,以便在对数据进行添加、删除和修改操作时保持表之间定义的关系。

触发器的主要功能体现在以下几个方面:

1. 强制实现比 CHECK 约束更复杂的数据完整性

CHECK 约束可以实现数据的完整性约束,但是在 CHECK 约束中只能引用当前表中的字段,如果要通过其他表字段进行当前表数据的检查约束,CHECK 约束就实现不了,此时可以使用触发器实现,触发器可以引用其他表的字段完成当前表中数据的完整性约束。

2. 对数据库中的相关表实现级联修改和删除

触发器可通过数据库中的相关表实现级联修改和删除,即当修改或删除主表数据时,同时对子表的相关数据进行修改或删除操作,以保证数据的一致性。

3. 实现自定义的错误信息提示

当数据的完整性约束遭到破坏时,约束只能通过标准的系统错误信息传递错误信息,如果应用程序要求使用自定义信息或较为复杂的错误信息处理,则必须使用触发器。通过使用触发器,用户或应用程序可以捕获破坏数据完整性的操作,并返回自定义的错误提示信息。

4. 禁止或回滚违反引用完整性的更改

触发器可以禁止或回滚违反引用完整性的更改,从而取消所尝试的数据修改。例如,可以创建一个插入触发器,当插入的列的值与表中某列的某个值不匹配时回滚这个插入,从而保证了所要求的数据完整性。

5. 跟踪数据库修改前后数据的变化状态

数据库提供了访问由 INSERT、UPDATE 或 DELETE 语句引起的数据前后状态变化的能力。

6. 调用存储过程

约束是不可以调用存储过程的,但触发器是一种特殊的存储过程,存储过程中可以调用其他存储过程,所以触发器可以调用一个或多个存储过程,甚至可以通过外部过程的调用,从而在数据库管理系统本身之外进行操作。

综上所述,触发器可以实现更高级的业务规则、复杂的行为限制和完善的完整性约束,触发器功能强大,能轻松可靠地实现许多复杂的功能。但是,在数据库中并不是使用触发器越多越好,要慎用触发器。触发器本身没有过错,但是滥用会造成数据库及应用程序的维护困难。在数据库操作中,可以通过关系、触发器、存储过程、应用程序等来实现数据操作,同时规则、约束、缺省值等也是保证数据完整性的重要保障。如果对触发器过分依赖,势必影响数据库的结构,同时增加了维护的难度,降低了数据库系统的效率。所以,要合理使用触发器,必须使用时才使用。

9.2.1　触发器的类型

SQL Server 2014 主要包括三种常规类型的触发器:DML 触发器、DDL 触发器和登录触发器。

1. DML 触发器

DML 触发器是当数据库中发生数据操作语言(DML)事件时自动触发的触发器。DML 事件主要包括 INSERT、UPDATE 和 DELETE 语句。DML 触发器可用于强制业务规则和数据完整性、查询其他表并包括复杂的 T-SQL 语句。将触发器和触发它的语句作为可在触发器内回滚的单个事务对待,如果检测到错误(例如,磁盘空间不足),则整个事务自动回滚。

1) DML 触发器与约束的区别

DML 触发器类似于约束,可以强制实体完整性或域完整性。一般情况下,实体完整性总应在最低级别上通过索引进行强制,这些索引应是 PRIMARY KEY 和 UNIQUE 约束的一部分,或者是独立于约束而创建的。域完整性应通过 CHECK 约束进行强制,而引用完整性(RI)则应通过 FOREIGN KEY 约束进行强制。当约束支持的功能无法满足应用程序的功能要求时,DML 触发器非常有用。

DML 触发器和约束的区别主要表现在以下几点:

- DML 触发器可以将更改通过级联方式传播给数据库中的相关表;不过,使用级联引用完整性约束可以更有效地执行这些更改。除非 REFERENCES 子句定义了级联引用操作,否则 FOREIGN KEY 约束只能用与另一列中的值完全匹配的值来验证列值。
- DML 触发器可以防止恶意或错误的 INSERT、UPDATE 以及 DELETE 操作,并强制执行比 CHECK 约束定义的限制更为复杂的其他限制。与 CHECK 约束不同,DML 触发器可以引用其他表中的列。
- DML 触发器可以评估数据修改前后表的状态,并根据该差异采取措施。

- 一个表中的多个同类 DML 触发器(INSERT、UPDATE 或 DELETE)允许采取多个不同的操作来响应同一个修改语句。
- 约束只能通过标准化的系统错误消息来传递错误消息。如果应用程序需要(或能受益于)使用自定义消息和较为复杂的错误处理,则必须使用触发器。
- DML 触发器可以禁止或回滚违反引用完整性的更改,从而取消所尝试的数据修改。当更改外键且新值与其主键不匹配时,这样的触发器将生效。但是,FOREIGN KEY 约束通常用于此目的。
- 如果触发器表上存在约束,则在 INSTEAD OF 触发器执行后但在 AFTER 触发器执行前检查这些约束。如果违反了约束,则回滚 INSTEAD OF 触发器操作并且不执行 AFTER 触发器。

2) DML 触发器的类型

DML 触发器的类型主要分为两类:AFTER 触发器和 INSTEAD OF 触发器。

(1) AFTER 触发器。

在执行 INSERT、UPDATE、MERGE 或 DELETE 语句的操作之后执行 AFTER 触发器。这类触发器是在操作已经完成之后才会被激活执行,主要用于数据变更后的处理。如果操作违反了约束,则永远不会执行 AFTER 触发器。因此,这些触发器不能用于任何可能防止违反约束的处理。AFTER 触发器只能在表上定义,可以为针对表的同一操作定义多个触发器。

(2) INSTEAD OF 触发器。

INSTEAD OF 触发器一般用来取代原来的操作,它是在数据变更之前触发的,此时,并不执行原来的操作语句(INSERT、UPDATE、DELETE),而是转而执行触发器本身定义的语句。因此,触发器可用于对一个或多个列执行错误或值检查,然后在插入、更新或删除行之前执行其他操作。INSTEAD OF 触发器不仅可以定义在表上,也可以定义在视图上。它能够扩展视图可支持的更新类型,基于多个基表的视图必须使用 INSTEAD OF 触发器来支持引用多个表中数据的插入、更新和删除操作。

表 9.1 列出了 AFTER 触发器和 INSTEAD OF 触发器的区别。

表 9.1　AFTER 触发器和 INSTEAD OF 触发器的区别

功　能	AFTER 触发器	INSTEAD OF 触发器
适用范围	表	表和视图
每个表或视图包含触发器的个数	每个触发操作 UPDATE、DELETE 和 INSERT 可包含多个触发器	每个触发操作 UPDATE、DELETE 和 INSERT 只能包含一个触发器
级联引用	无条件限制	不允许在作为级联引用完整性约束目标的表上使用 INSTEAD OF UPDATE 和 DELETE 触发器
执行	在约束处理完成,数据操作完成之后执行	在约束处理之前,替代数据操作

2. DDL 触发器

DDL 触发器是 SQL Server 2005 以后版本新增的一个触发器类型。与 DML 触发器不同的是，它不再响应数据操作语句（UPDATE、DELETE 和 INSERT），而是响应数据定义语言（DDL）语句，这些语句关键字主要有 CREATE、ALTER、DROP、DENY、REVOKE、UPDATE STATISTICS 等。

使用 DDL 触发器可以实现：

- 防止对数据库架构进行某些更改。
- 希望数据库中发生某种情况以响应数据库架构的更改。
- 记录数据库架构的更改或事件。

触发器的作用域取决于事件。例如，每当数据库或服务器实例上发生 CREATE TABLE 事件时，都会激发为响应 CREATE TABLE 事件创建的 DDL 触发器。仅当服务器实例上发生 CREATE LOGIN 事件时，才能激发为响应 CREATE LOGIN 事件创建的 DDL 触发器。

当在执行触发 DDL 触发器的 DDL 语句后，DDL 触发器才会触发。DDL 触发器无法作为 INSTEAD OF 触发器使用。

数据库范围内的 DDL 触发器都作为对象存储在创建它们的数据库中。可以在 master 数据库中创建 DDL 触发器，这些触发器的行为与在用户设计的数据库中创建的 DDL 触发器的行为类似。可以通过查询 sys. triggers 目录视图获取有关 DDL 触发器的信息。可以在创建触发器的数据库上下文中或通过指定数据库名称作为标识符（如 master. sys. triggers），查询 sys. triggers。

服务器范围内的 DDL 触发器作为对象存储在 master 数据库中。然而，可以通过在任何数据库上下文中查询 sys. server_triggers 目录视图，获取有关服务器范围内的 DDL 触发器的信息。

3. 登录触发器

登录触发器将为响应 LOGIN 事件而激发存储过程。与 SQL Server 实例建立用户会话时将引发此事件。登录触发器将在登录的身份验证阶段完成之后且用户会话实际建立之前激发。因此，来自触发器内部且通常将到达用户的所有消息（例如错误消息和来自 PRINT 语句的消息）会传送到 SQL Server 错误日志。如果身份验证失败，将不激发登录触发器。

可以使用登录触发器来审核和控制服务器会话，例如通过跟踪登录活动、限制 SQL Server 的登录名或限制特定登录名的会话数。

9.2.2　创建触发器

我们已经了解到，触发器是数据库服务器中发生事件时自动执行的特殊存储过程。如果用户通过数据操作语言（DML）事件编辑数据，则触发 DML 触发器。DML 事件是针对表或视图的 INSERT、UPDATE 或 DELETE 语句。DDL 触发器用于响应各种数据定义语言（DDL）事件。这些事件主要对应于 T-SQL 语言中的 CREATE、ALTER 和 DROP 等语句，以及执行类似 DDL 操作的某些系统存储过程。下面介绍 DML 触发器和 DDL 触发器的创建方法。

1. 创建 DML 触发器

在 SQL Server 2014 中创建 DML 触发器主要有两种方式：在 SSMS 中创建或在查询窗口中执行 T-SQL 语句创建。

1）在 SSMS 中创建

在 SSMS 中创建触发器的步骤如下：

（1）打开 SSMS，在"对象资源管理器"中展开要创建触发器的数据库表或视图，右击"触发器"，在弹出的快捷菜单中选择"新建触发器"，如图 9.21 所示。

（2）此时打开如图 9.22 所示的界面，可以直接在窗口中设置触发器的各参数值，然后编辑 T-SQL 语句。

（3）打开图 9.22 界面后，也可以单击"查询"菜单，选择"指定模板参数的值"，打开"指定模板参数的值"对话框，在对话框中输入各参数的值，如图 9.23 所示。

图 9.21　创建触发器

（4）参数设置完后，在图 9.22 所示的查询窗口中的"Insert statements for trigger here"处输入触发器语句即可。例如，创建触发器，不允许修改课程表 Course，则可以输入如下语句：

图 9.22　创建 DML 触发器的 T-SQL 语句

图 9.23 设置模板参数

```
PRINT   '禁止修改课程表 Course!'
ROLLBACK
```

(5) T-SQL 语句编辑完成后,单击"分析"按钮√,没有语法错误后,单击"! 执行(X)"按钮,此时触发器创建完成,在"对象资源管理器"中展开"触发器",可以查看到新创建的触发器,如图 9.24 所示。

图 9.24 创建完成的 Trigger_Update 触发器

2) 使用 T-SQL 语句创建

在 SQL Server 2014 中创建触发器另一种方法是使用 T-SQL 语句,SQL Server

2014 提供了 CREATE TRIGGER 语句创建触发器,其基本语法格式如下:

```
CREATE TRIGGER [ schema_name . ]trigger_name
ON { table | view }
[ WITH <dml_trigger_option>[ ,...n ] ]
{ FOR | AFTER | INSTEAD OF }
{ [ INSERT ] [ , ] [ UPDATE ] [ , ] [ DELETE ] }
[ WITH APPEND ]
[ NOT FOR REPLICATION ]
AS { sql_statement [ ; ] [ ,...n ] }
<dml_trigger_option>::=
    [ ENCRYPTION ]
    [ EXECUTE AS Clause ]
```

其中各参数含义如下:

- schema_name:DML 触发器所属架构的名称。DML 触发器的作用域是为其创建该触发器的表或视图的架构。不能为 DDL 或登录触发器指定 schema_name。
- trigger_name:触发器的名称。trigger_name 必须遵循标识符规则,但 trigger_name 不能以♯或♯♯开头。
- table | view:对其执行 DML 触发器的表或视图,有时称为触发器表或触发器视图。可以根据需要指定表或视图的完全限定名称。视图只能被 INSTEAD OF 触发器引用。不能对局部或全局临时表定义 DML 触发器。
- WITH ENCRYPTION:对 CREATE TRIGGER 语句的文本进行模糊处理。使用 WITH ENCRYPTION 可以防止将触发器作为 SQL Server 复制的一部分进行发布。
- FOR | AFTER:AFTER 指定 DML 触发器仅在触发 SQL 语句中指定的所有操作都已成功执行时才被触发。所有的引用级联操作和约束检查也必须在激发此触发器之前成功完成。如果仅指定 FOR 关键字,则 AFTER 为默认值。不能对视图定义 AFTER 触发器。
- INSTEAD OF:指定执行 DML 触发器语句而不是执行 SQL 语句,不能为 DDL 或登录触发器指定 INSTEAD OF。对于表或视图,每个 INSERT、UPDATE 或 DELETE 语句最多可定义一个 INSTEAD OF 触发器。INSTEAD OF 触发器不可以用于使用 WITH CHECK OPTION 的可更新视图。如果将 INSTEAD OF 触发器添加到指定了 WITH CHECK OPTION 的可更新视图中,则 SQL Server 将引发错误。用户须用 ALTER VIEW 删除该选项后才能定义 INSTEAD OF 触发器。
- [INSERT] [,] [UPDATE] [,] [DELETE]:指定数据修改语句,必须至少指定一个选项。在触发器定义中允许使用上述选项的任意顺序组合。对于 INSTEAD OF 触发器,不允许对具有指定级联操作 ON DELETE 的引用关系的表使用 DELETE 选项。同样,也不允许对具有指定级联操作 ON UPDATE 的引用关系的表使用 UPDATE 选项。
- WITH APPEND:指定应该再添加一个现有类型的触发器。WITH APPEND

不能与 INSTEAD OF 触发器一起使用。如果显式声明了 AFTER 触发器,则也不能使用该子句。仅当为了向后兼容而指定了 FOR 时(但没有 INSTEAD OF 或 AFTER)时,才能使用 WITH APPEND。

- NOT FOR REPLICATION:指示当复制代理修改涉及触发器的表时,不应执行触发器。
- sql_statement:定义触发器被触发后将执行的数据库操作,指定触发器执行的条件和动作。触发器条件是除引起触发器执行操作外的附加条件。
- EXECUTE AS:指定用于执行该触发器的安全上下文。允许用户控制 SQL Server 实例用于验证被触发器引用的任意数据库对象的权限的用户账户。

【例 9.19】 在 tech 数据库的 Score 表上创建 DML 触发器 unupdate,禁止修改 Score 表的数据。

```
USE tech
GO
CREATE TRIGGER unupdate ON Score
FOR UPDATE
AS
    PRINT '禁止修改成绩表 score!'
    ROLLBACK
GO
```

单击"分析"按钮√,没有错误后单击"!执行(X)"按钮,此时在"对象资源管理器"中展开 Score 表,展开"触发器"项,可以看到新创建的触发器 unupdate,如图 9.25 所示。

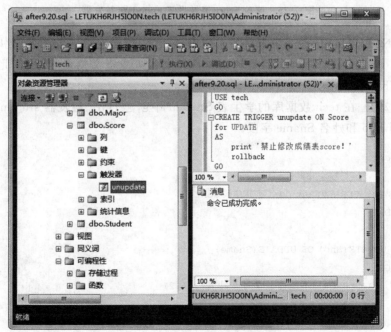

图 9.25 在 Score 表上创建的 DML 触发器 unupdate

在查询窗口中输入修改 Score 表的语句：

```
UPDATE Score
SET Grade=95 WHERE Sno='201511010101' and Cno='1101'
```

此时发生了 UPDATE 事件，自动触发 unupdate 触发器。由于 unupdate 触发器是 AFTER 类型的，所以触发器内的语句是在执行了 UPDATE 语句之后执行，触发器内应使用 ROLLBACK 语句使 UPDATE 操作回滚，进而达到禁止修改的目的。执行结果如图 9.26 所示。这里也可以把 unupdate 改为 INSTEAD OF 类型的触发器，语句如下：

```
CREATE TRIGGER unupdate ON Score
INSTEAD OF UPDATE
AS
    PRINT ' 禁止修改成绩表 score!'
GO
```

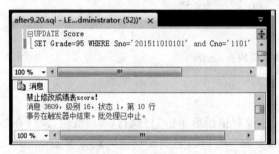

图 9.26　修改 Score 表触发了 unupdate 触发器

由于 INSTEAD OF 触发器取代原来的操作，它在数据变更之前触发，此时，并不执行原来的 UPDATE 操作语句，而是转而执行触发器本身定义的语句，所以此时不需要 ROLLBACK 回滚操作。

【例 9.20】　在 tech 数据库的学生表 Student 中创建 DML 触发器 stu_unupdate，禁止修改学号 Sno 和姓名 Sname 字段。

```
USE tech
GO
CREATE TRIGGER stu_unupdate ON Student
FOR UPDATE
AS
    IF UPDATE(Sno) OR UPDATE(Sname)
    BEGIN
        RAISERROR('不能修改学号和姓名',16,2)
        ROLLBACK
    END
```

当对 Student 表进行修改数据时，如果修改学号 Sno 或姓名 Sname 字段，会执行触发器语句,给出提示信息并对 UPDATE 操作回滚,禁止修改;如果修改其他字段,则不会有任何影响,但此时也同样触发了触发器。

【例 9.21】　在 tech 数据库的 Student 表上创建触发器 stu_reminder,当修改或插入数据时给出提示信息。

```
USE tech
GO
CREATE TRIGGER stu_reminder ON Student
AFTER UPDATE,INSERT
AS
    RAISERROR('你在对 Student 表数据进行修改或插入新数据!',16,2)
```

当对 Student 表进行数据更新和插入新数据时都会触发 stu_reminder 触发器。

在触发器的执行过程中,SQL Server 为每个 DML 触发器创建和管理两个特殊的表:deleted 表和 inserted 表,它们在结构上类似于定义了触发器的表,在内容上,deleted 和 inserted 表保存了可能会被用户更改的行的旧值或新值。SQL Server 会自动创建和管理这两个表,可以使用这两个驻留内存的临时表来测试特定数据修改的影响以及设置 DML 触发器操作条件,但不能直接修改表中的数据或对表执行数据定义语言(DDL)操作。

在 DML 触发器中,inserted 和 deleted 表主要用于执行以下操作:

- 扩展表之间的引用完整性。
- 在以视图为基础的基表中插入或更新数据。
- 检查错误并采取相应的措施。
- 找出数据修改前后表的状态差异并基于该差异采取相应的措施。

deleted 表用于存储 DELETE 和 UPDATE 语句所影响的行的副本。在执行 DELETE 或 UPDATE 语句的过程中,受影响的行从触发器表中删除,并传输到 deleted 表中。deleted 表和触发器表通常没有相同的行。

inserted 表用于存储 INSERT 和 UPDATE 语句所影响的行的副本。在执行插入或更新操作的过程中,新插入的行会同时添加到 inserted 表和触发器表中。inserted 表中的行是触发器表中的新行的副本。

执行插入操作时,新插入的行会同时添加到 inserted 表和触发器表中;执行删除操作时,被删除的行会添加到 deleted 表中;执行更新操作类似于在删除操作之后执行插入操作,在这个过程中,首先,原先的数据行被复制到 deleted 表中,然后,修改后的数据行被复制到触发器表和 inserted 表中。

【例 9.22】　使用触发器实现表的级联更新:如果更新学生表 Student 中的学号 Sno 字段,则成绩表 Score 中的学号 Sno 字段也随之更新。

```
USE tech
GO
CREATE TRIGGER stu_score_update ON Student
AFTER UPDATE
```

```
AS
    IF UPDATE(Sno)
        BEGIN
            DECLARE @Sno1 char(12), @Sno2 char(12)
            SELECT @Sno1=Sno FROM inserted
            SELECT @Sno2=Sno FROM deleted
            UPDATE Score
            SET Sno=@Sno1 where Sno=@Sno2
        End
GO
```

这里从删除表 deleted 中获取被修改的学号 Sno 保存在@Sno2 中,从插入表 inserted 中获取 Student 表中修改之后的学号 Sno 保存在@Sno1 中,在修改 Score 表学号 Sno 时使用这两个变量。

此时,在查询窗口中输入更新语句:

```
UPDATE Student
SET Sno='201511010120' WHERE Sno='201511010102'
```

执行后显示效果如图 9.27 所示。此时,修改了学生表 Student 中的一条记录,同时也修改了 Score 表中学号为 201511010102 的两条记录。

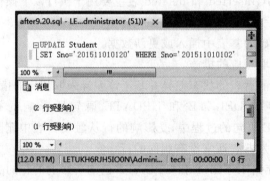

图 9.27 修改 Student 表时触发 stu_score_update 触发器

使用触发器可以实现级联删除,即删除学生表 Student 中记录时,成绩表 Score 表中该学生对应的记录全都删除。读者可以自己尝试完成。

【例 9.23】 使用触发器实现表的参照完整性:向 Score 表中插入数据时,检查插入的学号是否在 Student 表中存在,检查插入的课程号是否在 Course 表中存在,如果都存在允许插入,否则不允许插入,并给出错误提示。

```
USE tech
GO
CREATE TRIGGER tr_score ON Score
FOR INSERT
AS
    IF NOT EXISTS(SELECT * FROM Student WHERE Sno=(SELECT Sno FROM inserted))
```

```
OR NOT EXISTS(SELECT * FROM Course WHERE Cno= (SELECT Cno FROM inserted))
    BEGIN
        DECLARE @Sno char(12),@Cno char(4)
        SET @Sno= (SELECT Sno FROM inserted)
        SET @Cno= (SELECT Cno FROM inserted)
        PRINT '你要插入的记录的学号'+@Sno+'不在学生表中,或者要插入的记录的课程
            号'+@Cno+'不在课程表中!'
        ROLLBACK
    END
```

此时,在查询窗口中输入如下插入语句:

```
INSERT INTO Score values('000000000','1010',30)
```

执行结果如图 9.28 所示。插入的学号或课程号不满足参照完整性。

图 9.28 向 Score 表中插入数据时触发 tr_score 触发器

如果将插入语句改为:

```
INSERT INTO Score values('201511010101','1102',80)
```

此时的数据符合参照完整性规则,触发器会通过检查,允许插入,执行结果如图 9.29 所示。

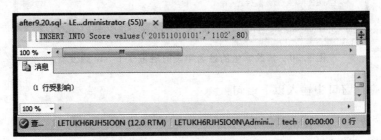

图 9.29 插入符合参照完整性的记录

【**例 9.24**】 在 tech 数据库的 Student 表上创建触发器实现:当修改数据时,如果该记录的政治面貌 Spoli 是党员或预备党员,则不允许修改该记录;否则可以修改,此时要检查修改性别时是否是"男"或"女"。

```
USE tech
GO
CREATE TRIGGER tr_stu ON Student
```

```
AFTER UPDATE
AS
    DECLARE @Ssex char(2),@Spoli varchar(8)
    SELECT @Spoli=Spoli FROM deleted
    SELECT @Ssex=Ssex FROM inserted
    IF @Spoli ='党员' OR @Spoli='预备党员'
    BEGIN
        RAISERROR('党员和预备党员信息不允许修改',16,1)
        ROLLBACK
    END
    ELSE
    IF @Ssex<>'男' and @Ssex<>'女'
    BEGIN
        RAISERROR('性别只能为男或女',16,1)
        ROLLBACK
    END
```

此时,在查询窗口中输入以下语句:

```
UPDATE Student set Sname='网络' where sname='王丽丽'
```

由于"王丽丽"的政治面貌是"党员",因此执行 UPDATE 操作时,执行了触发器的语句,使 UPDATE 操作回滚,无法修改。执行结果如图 9.30 所示。

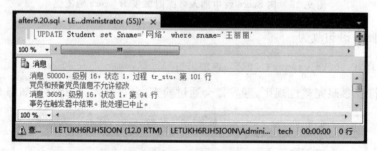

图 9.30　修改学生的姓名字段时触发了 tr_stu 触发器

如果在查询窗口中输入以下语句:

```
UPDATE Student set Ssex='nv' where Sname='张欧'
```

由于"张欧"的政治面貌是"团员",因此可以执行 UPDATE 操作,但是,由于修改的性别 Ssex＝'nv',不满足性别为"男"或"女",所以同样违反了触发器语句,导致 UPDATE 操作回滚,无法修改。

2. 创建 DDL 触发器

创建 DDL 触发器主要使用 T-SQL 语句方式,其基本语法格式为:

```
CREATE TRIGGER trigger_name
ON { ALL SERVER | DATABASE }
```

```
[ WITH <ddl_trigger_option>[ ,...n ] ]
{ FOR | AFTER } { event_type | event_group } [ ,...n ]
AS { sql_statement [ ; ] [ ,...n ] }
<ddl_trigger_option>::=
    [ ENCRYPTION ]
    [ EXECUTE AS Clause ]
```

其中各参数的含义如下：

- trigger_name：触发器的名称。
- ALL SERVER：将 DDL 或登录触发器的作用域应用于当前服务器。如果指定了此参数，则只要当前服务器中的任何位置上出现 event_type 或 event_group，就会激发该触发器。
- DATABASE：将 DDL 触发器的作用域应用于当前数据库。如果指定了此参数，则只要当前数据库中出现 event_type 或 event_group，就会激发该触发器。
- WITH ENCRYPTION 或 WITH EXECUTE AS：含义与 DML 触发器含义相同。
- FOR|AFTER：含义同 DML 触发器。
- event_type：执行之后将导致激发 DDL 触发器的 T-SQL 语言事件的名称。常见的事件有 CREATE_TABLE、ALTER_TABLE、DROP_TABLE、CREATE_VIEW、ALTER_VIEW、DROP_VIEW、CREATE_INDEX、ALTER_INDEX、DROP_INDEX、CREATE_PROCEDURE、ALTER_PROCEDURE、DROP_PROCEDURE、CREATE_DATABASE、ALTER_DATABASE、DROP_DATABASE 等。
- event_group：预定义的 T-SQL 语言事件分组的名称。执行任何属于 event_group 的 T-SQL 语言事件之后，都将激发 DDL 触发器。例如事件组 DDL_TABLE_EVENTS，该事件组涵盖 CREATE TABLE、ALTER TABLE 和 DROP TABLE 语句。事件组 DDL_TABLE_VIEW_EVENTS 涵盖 DDL_TABLE_EVENTS、DDL_VIEW_EVENTS、DDL_INDEX_EVENTS 和 DDL_STATISTICS_EVENTS 类型下的所有 T-SQL 语句。
- sql_statement：同 DML 触发器。

【例 9.25】 在数据库 tech 上创建 DDL 触发器，禁止修改、删除数据库中的表。

```
USE tech
GO
CREATE TRIGGER safety
ON DATABASE
FOR DROP_TABLE, ALTER_TABLE
AS
    PRINT '你必须禁用 safety 触发器才可以执行修改或删除表操作!'
    ROLLBACK
```

本例在 tech 数据库上创建了 DDL 触发器 safety，禁止修改、删除数据库中的表。该触发器的作用域是 tech 数据库,打开 SSMS,展开"数据库"→tech→"可编程性"→"数据库触发器",就可以看到上面创建的触发器 safety。

此时,如果要修改学生表 Student,添加一个年龄字段 Sage,可在查询窗口中输入以下语句:

```
ALTER TABLE Student
ADD Sage tinyint
```

执行结果如图 9.31 所示。当在 tech 数据库中执行 ALTER 操作时,触发了 safety 触发器,该触发器给出提示信息,并回滚 ALTER 操作。

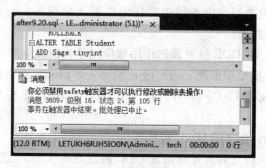

图 9.31　修改 Student 表时触发了 safety 触发器

【例 9.26】　在当前服务器实例上创建触发器,当创建数据库时给出提示信息。

```
IF EXISTS (SELECT * FROM sys.server_triggers
    WHERE name = 'tr_database')
DROP TRIGGER tr_database
ON ALL SERVER
GO
CREATE TRIGGER tr_database
ON ALL SERVER
FOR CREATE_DATABASE
AS
    PRINT '您新创建了数据库.'
GO
```

上面语句先判断以 tr_database 命名的触发器是否已经存在,如果存在先删除。触发器 tr_database 的作用域为当前服务器,打开 SSMS,在当前服务器实例中展开"服务器对象"→"触发器",就可以看到新创建的服务器范围的触发器 tr_database,如图 9.32 所示。

触发器 tr_database 触发的事件是 CREATE DATABASE,即新创建数据库时触发,触发的结果是给出提示信息"您新创建了数据库"。

此时,在查询窗口中输入如下语句:

```
CREATE DATABASE A
```

执行结果如图 9.33 所示。

图 9.32 创建的服务器范围的触发器 tr_database

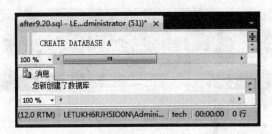

图 9.33 创建数据库时触发 tr_database 触发器

9.2.3 触发器的其他操作

1. 修改触发器

修改触发器可以使用 SSMS 或使用 T-SQL 语句方式。

在 SSMS 中修改触发器时，展开要修改的触发器，右击该触发器，在弹出的快捷菜单中选择"修改"，如图 9.34 所示。

在打开的查询窗口中修改即可，如图 9.35 所示。

使用 T-SQL 语句修改触发器与创建触发器语句格式基本一致，只是把 CREATE TRIGGER 改为 ALTER TRIGGER，修改 DML 触发器的语法格式如下：

```
ALTER TRIGGER schema_name.trigger_name
ON ( table | view )
[ WITH <dml_trigger_option>[ ,...n ] ]
```

图 9.34 修改触发器菜单

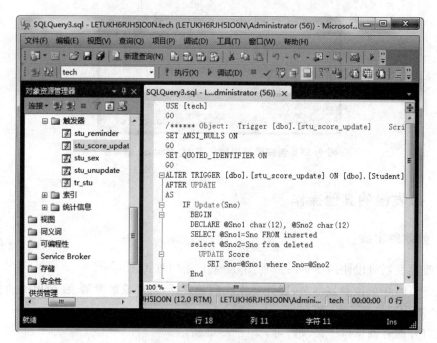

图 9.35 修改触发器窗口

(FOR | AFTER | INSTEAD OF)

{ [DELETE] [,] [INSERT] [,] [UPDATE] }

[NOT FOR REPLICATION]

AS { sql_statement [;] [...n] }

```
<dml_trigger_option>::=
    [ ENCRYPTION ]
    [ <EXECUTE AS Clause>]
```

修改 DDL 触发器的语句格式为:

```
ALTER TRIGGER trigger_name
ON { DATABASE | ALL SERVER }
[ WITH <ddl_trigger_option>[ ,...n ] ]
{ FOR | AFTER } { event_type [ ,...n ] | event_group }
AS { sql_statement [ ; ]}
<ddl_trigger_option>::=
    [ ENCRYPTION ]
    [ <EXECUTE AS Clause>]
```

上述格式中的参数含义与创建触发器时是一致的,在此不再叙述。

【例 9.27】　修改触发器 stu_reminder,禁止向 Student 表插入数据和更新数据。

```
USE tech
GO
ALTER TRIGGER stu_reminder ON Student
INSTEAD OF UPDATE,INSERT
AS
    RAISERROR('不允许对学生表 Student 修改和插入数据!',16,2)
GO
```

2. 查看触发器

要查看触发器的语句内容,可以在 SSMS 中展开要查看的触发器,右击该触发器,在弹出的快捷菜单中选择"编写触发器脚本为"→"CREATE 到"→"新查询编辑器窗口",如图 9.36 所示。在打开的查询窗口中显示了该触发器的语句内容。

也可以使用系统存储过程 SP_HELP 或者 SP_HELPTEXT 查看触发器信息。SP_HELP 可以查看触发器的一般简单信息,包括名字、所有者、类型和创建时间;SP_HELPTEXT 可以查看触发器的定义语句信息。

【例 9.28】　分别使用 SP_HELP 和 SP_HELPTEXT 查看学生表中 stu_score_update 触发器的信息。

使用 SP_HELP 查看 stu_score_update 的简单信息:

```
SP_HELP stu_score_update
```

执行结果如图 9.37 所示。

使用 SP_HELPTEXT 查看 stu_score_update 触发器定义信息:

```
SP_HELPTEXT stu_score_update
```

执行结果如图 9.38 所示。

图 9.36　查看触发器语句内容菜单

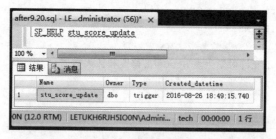

图 9.37　使用 SP_HELP 查看触发器信息

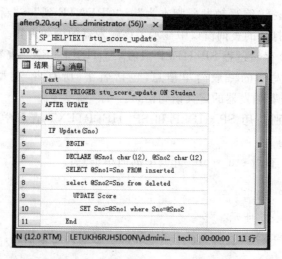

图 9.38　使用 SP_HELPTEXT 查看触发器信息

3. 删除触发器

当某触发器不再需要时,可以删除它。删除触发器可以在 SSMS 界面中,展开要删除的触发器,右击该触发器,在弹出的快捷菜单中选择"删除",在弹出的对话框中单击"确定"按钮即可。

删除触发器也可以使用 T-SQL 语句实现,其基本语法格式如下:

```
DROP TRIGGER trigger_name
```

【例 9.29】 删除 tech 数据库中学生表 Student 的触发器 tr_stu。

```
USE tech
GO
DORP TRIGGER tr_stu
```

如果把触发器所在的表删除,SQL Server 会自动将与该表相关的触发器删除。

4. 禁用、启用触发器

当某触发器不再需要时,可以删除它,但有时仅仅是某一时间不想让该触发器起作用,此时可以禁用触发器。禁用触发器不会将其删除,该触发器仍然作为对象存在于当前数据库中。但是,当运行编写触发器程序所用的任何 T-SQL 语句时,不会激发该触发器。如果以后需要该触发器,可以再启用触发器,使其重新起作用。删除触发器是将该触发器在数据表上的定义完全删除,如果想使用此触发器,需重新创建。

在 SSMS 的"对象资源管理器"中可以方便地启用和禁用触发器。当要禁用某触发器时,可在"对象资源管理器"中右击该触发器,在弹出的快捷菜单中选择"禁用"即可,如图 9.39 所示。被禁用的触发器图标会显示为一个红色向下的箭头。如果要重新启用被禁用的触发器,可在"对象资源管理器"中右击该触发器,在弹出的快捷菜单中选择"启用"即可,此时触发器图标上的红色向下箭头会消失,表示此触发器起作用。

启用或禁用 DML 触发器也可以使用 T-SQL 语句中的 ALTER TABLE 语句,其基本语法格式如下:

```
ALTER TABLE table_name
ENABLE|DISABLE TRIGGER [ALL|trigger_name[,...n]]
```

关键字 ENABLE 表示启用触发器,DISABLE 表示禁用触发器。这里的 ALL 表示启用或禁用表上的所有触发器。

【例 9.30】 禁用 tech 数据库中学生表 Student 中的 stu_reminder 触发器。

```
USE tech
GO
ALTER TABLE Student
DISABLE TRIGGER stu_reminder
```

此时在 SSMS 界面中可以看到触发器 stu_reminder 的左侧有个红色箭头,表示其被

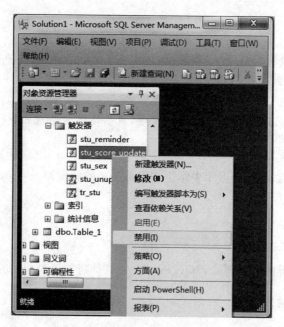

图 9.39　禁用触发器

禁用。

启用或禁用 DDL 触发器可以使用如下语句格式：

```
ENABLE|DISABLE TRIGGER { [ schema_name . ] trigger_name [ ,...n ] | ALL }
ON { object_name | DATABASE | ALL SERVER } [ ; ]
```

【例 9.31】　禁用 tech 数据库中的 safety 触发器。

```
USE tech
GO
DISABLE TRIGGER safety on database
```

9.3　本 章 小 结

本章主要介绍了存储过程和触发器。

存储过程是在大型数据库系统中，为了完成特定功能的一组 T-SQL 语句的集合，经编译后存储在数据库中。使用存储过程可以减少服务器/客户端网络流量、提供更强的安全性、提高代码的重复使用以及提高执行速度。存储过程的类型主要有系统存储过程、用户定义存储过程、临时存储过程和扩展存储过程，用户通过自定义存储过程可以提高系统的性能。

触发器是一种特殊类型的存储过程，但它又不同于存储过程，触发器主要是通过事件进行触发而被执行，而存储过程是通过存储过程名字被直接调用。当对某表进行诸如 UPDATE、INSERT、DELETE 这些操作时，SQL Server 就会自动执行触发器所定义的

SQL 语句,从而确保对数据的处理必须符合由这些 SQL 语句所定义的规则。触发器的主要功能是实现由主键和外键所不能保证的复杂的参照完整性和数据的一致性,除此之外,触发器还可以实现的功能有强化约束、跟踪变化、级联运行、存储过程的调用等。触发器可以分为 AFTER 触发器和 INSTEAD OF 触发器,AFTER 触发器要求只有执行某一操作(INSERT、UPDATE、DELETE)之后,触发器才被触发,且只能在表上定义;INSTEAD OF 触发器表示并不执行其所定义的操作(INSERT、UPDATE、DELETE),而仅是执行触发器本身,既可以在表上定义 INSTEAD OF 触发器,也可以在视图上定义 INSTEAD OF 触发器,但对同一操作只能定义一个 INSTEAD OF 触发器。

习　题　9

一、选择题

1. 下面关于存储过程的描述正确的是(　　)。
  A. 自定义存储过程与系统存储过程名称可以相同
  B. 存储过程一旦创建好后不能再修改
  C. 存储过程是具有独立功能的 T-SQL 语句的集合
  D. SQL Server 2014 允许临时存储过程永久存在

2. 如果要禁止修改数据库中的表,可以使用(　　)实现。
  A. 存储过程　　　　B. 触发器　　　　C. 视图　　　　　D. 查询

3. 修改存储过程的语句是(　　)。
  A. ALTER TABLE　　　　　　　　B. ALTER DATABASE
  C. ALTER TRIGGER　　　　　　　D. ALTER PROCEDURE

4. 下面关于触发器的描述错误的是(　　)。
  A. 触发器是一种特殊的存储过程
  B. 触发器与存储过程的区别在于触发器能够自动执行并且不含有参数
  C. 触发器可以在添加、修改或删除表中记录时保留表之间已定义的关系
  D. 触发器既可以对 inserted、deleted 临时表进行查询,也可以修改

5. 禁用触发器的语句是(　　)。
  A. ENABLE　　　B. DISABLE　　　C. DROP　　　　D. ALTER

二、简答题

1. 简述存储过程和触发器的概念,并说明使用它们的优点。
2. 简述存储过程的分类。
3. 简述触发器的分类。

三、操作题

根据第 5 章习题中"供货管理"数据库中的表,完成以下题目。

1. 创建存储过程,查询每个供应商供应的零件总数,显示供应商号及其供应的零件总数,并执行该存储过程查看结果。

2. 创建存储过程,根据供应商号查询指定供应商供应的零件总数,指定供应商号由输入参数指定,并执行该存储过程。

3. 创建存储过程,根据供应商号查询指定供应商供应的零件总数,零件总数通过输出参数返回结果,执行存储过程。

4. 创建存储过程,根据供应商号、零件号和项目号修改供应数量,执行该存储过程。

5. 创建带有参数和默认值(通配符)的存储过程,从供应商表中查询指定供应商的信息。如果没有提供参数,则返回所有供应商的信息,执行该存储过程。

6. 创建存储过程,查看某供应商供应的零件总数占总供应数量的百分比。

7. 修改第 3 题的存储过程,除了计算零件总数外,还用于计算供应商的平均供应数量。

8. 删除第 1 题创建的存储过程。

9. 创建触发器,禁止对“供货管理”数据库中的表进行修改、删除等操作,并使用 ALTER TABLE 等命令检验触发器是否起作用。

10. 禁用第 9 题创建的触发器。

11. 创建触发器,禁止修改“供应”表中的供应商号、零件号和项目号。

12. 创建触发器,实现级联删除,即当删除“供应商”表中的记录时,“供应”表相应的记录一起删除。

13. 创建触发器,删除“供应商”表中记录时,如果城市是“北京”则禁止删除,并给出提示信息。

14. 创建触发器,实现参照完整性,即当向“供应”表中插入数据时,如果“供应商号”、“项目号”或者“零件号”在相应的主表中不存在,则不允许插入,并给出提示,如果存在就允许插入新数据。

15. 创建触发器,实现级联更新,即当修改“供应商”表中的“供应商号”时,“供应”表中的“供应商号”也相应修改。

16. 修改第 11 题的触发器,只禁止修改“供应”表中的供应商号。

17. 禁用供应商表上所有创建的触发器。

18. 删除 15 题创建的触发器。

第 10 章

数据库管理

本章学习目标

- 熟练掌握数据库的备份与还原。
- 熟练掌握数据的导入与导出。
- 掌握事务的概念、性质。
- 理解事务处理。

在实际应用中,数据库大多是作为共享资源利用的,如何管理和保护数据库,也是数据库管理的一个重要方面。本章介绍数据库的备份与还原、数据的导入与导出、事务的概念与性质、事务处理等内容。

10.1 数据库的备份与还原

在某些行业,如银行,如果发生数据丢失,有可能产生重大损失。因此,就要求数据库管理员在日常工作中制定详细的数据库备份与还原策略。这样,当事故发生后,可以利用数据库的备份成功还原数据库。

数据库的备份是一个长期的过程,而还原可以看作是备份的逆过程。还原程度的好坏很大程度上依赖于备份的情况。

10.1.1 数据库的备份

数据库的备份就是创建数据库(或者一部分)或事务日志的副本,将副本添加到备份集中,以备在数据库遭到破坏时,利用备份集恢复数据库。

在 SSMS 的"对象资源管理器"中,右击要备份的 tech 数据库,在弹出的快捷菜单中选择"任务"→"备份",出现如图 10.1 所示的备份数据库对话框。

利用 SSMS 工具备份数据库时,需要选择恢复模式、备份类型、是否"仅复制备份"、备份组件等,其中,恢复模式包括简单、完整和大容量日志三种。

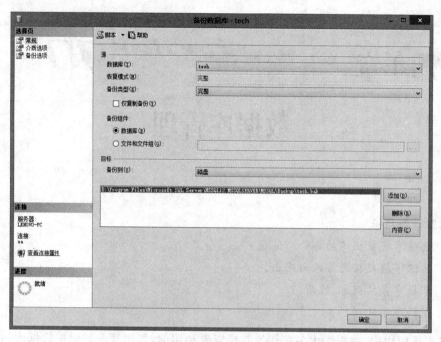

图 10.1 备份数据库

1. 备份类型

备份类型的选择有三种，如图 10.2 所示。

1）完整备份

完整备份包含特定数据库（或者一组特定的文件组或文件）中的所有数据，以及可以恢复这些数据的足够的日志。

2）差异备份

差异备份所基于的是最近一次的完整备份，这称为差异"基准"。差异备份仅包括自建立差异基准后更改的数据。

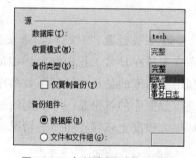

图 10.2 备份类型和备份组件

通常，建立基准备份之后很短时间内执行的差异备份比完整备份的基准更小，创建速度也更快。因此，使用差异备份可以加快进行频繁备份的速度，从而降低数据丢失的风险。通常，一个差异基准会由若干个相继的差异备份使用。还原时，首先还原完整备份，然后再还原最新的差异备份。

经过一段时间后，随着数据库的更新，包含在差异备份中的数据量会增加。这使得创建和还原备份的速度变慢。因此，必须重新创建一个完整备份，为另一系列的差异备份提供新的差异基准。

3）事务日志备份

事务日志备份仅用于完整恢复模式或大容量日志恢复模式。

在完整恢复模式或大容量日志恢复模式下，需要定期进行事务日志备份。每个日志备份都包括创建备份时处于活动状态的部分事务日志，以及先前日志备份中未备份的所有日志记录。不间断的日志备份序列包含数据库的完整（即连续不断的）日志链。在完整恢复模式下（或者在大容量日志恢复模式下的某些时候），连续不断的日志链可以将数据库还原到任意时间点。

在创建第一个日志备份之前，必须先创建一个完整备份（如数据库备份）。因此，定期备份事务日志十分有必要，这不仅可以使工作丢失的可能性降到最低，而且还能截断事务日志。

2. 仅复制备份

仅复制备份是独立于常规 SQL Server 备份序列的 SQL Server 备份。通常，进行备份会更改数据库并影响其后备份的还原方式。但是，在不影响数据库全部备份和还原过程的情况下，为特殊目的而进行备份还是有用的。仅复制备份又分为：

1）仅复制完整备份（所有恢复模式）

仅复制完整备份不能用作差异基准或差异备份，并且不影响差异基准。

2）仅复制日志备份（仅限于完整恢复模式和大容量日志恢复模式）

仅复制日志备份保留当前日志存档点，因此，不影响常规日志备份的序列。通常不必进行仅复制日志备份。

3. 备份组件

备份组件是选择要备份的数据库组件。如果在"备份类型"列表中选择"事务日志"，则不会激活此选项。备件组件有两个选项，如图 10.2 所示。

1）数据库

如果选择"数据库"单选按钮，是指定备份整个数据库。

2）文件和文件组

如果选择"文件和文件组"单选按钮，是指定要备份的文件和文件组。在"选择文件和文件组"对话框中可以选择要备份的文件或文件组，可以全选，也可以选择一部分文件或文件组。

【例 10.1】 使用 SSMS 工具，创建 tech 数据库的完整备份、差异备份。

首先必须创建完整备份，然后基于完整备份创建差异备份。

每个备份的创建，只需在图 10.1 所示的界面中选择相应的备份类型，单击"确定"按钮即可（留给读者完成）。

10.1.2　数据库的还原

恢复数据库的目的就是为了还原整个数据库。

SQL Server 数据库备份和还原操作发生在数据库的恢复模式的上下文中。恢复模式旨在控制事务日志维护。恢复模式是一种数据库属性，它控制如何记录事务，事务日志是否需要（以及允许）进行备份，以及可以使用哪些类型的还原操作。SQL Server 2014

提供了三种恢复模式：简单恢复模式、完整恢复模式和大容量日志恢复模式。此外，数据库的恢复模式还决定数据库支持的备份类型和还原方案。

1. 恢复模式

1）简单恢复模式

简单恢复模式可以最大限度地减少事务日志的管理开销，因为不备份事务日志。如果数据库损坏，简单恢复模式将面临极大的工作丢失风险，最后一次备份之后的更改将不受保护，这些更改在发生灾难时必须重做。

在简单恢复模式下恢复数据库，只能恢复到最新备份的结尾。因此，在简单恢复模式下，备份间隔应尽可能短，以防止大量数据丢失。

在简单恢复模式下还原数据库时，如果只使用完整数据库备份，则只需还原最近的备份；如果还使用差异数据库备份，则应还原最近的完整数据库备份，然后再还原最近的差异数据库备份并恢复数据库。

2）完整恢复模式

完整恢复模式需要日志备份。数据文件丢失或损坏不会导致丢失工作。正常情况下没有工作丢失风险，可以恢复到故障之前的任意时点。

在完整恢复模式下，还原数据备份之后，必须还原所有后续的事务日志备份，然后再恢复数据库。可以将数据库还原到这些日志备份之一的特定恢复点。恢复点可以是特定的日期和时间、标记的事务等。

3）大容量日志恢复模式

大容量日志恢复模式也需要日志备份。它是完整恢复模式的附加模式，允许执行高性能的大容量复制操作（如大容量导入或索引创建）。暂时切换到大容量日志恢复模式，可以减少日志空间使用量。与完整恢复模式相同，大容量日志恢复模式也将事务日志记录保留到对其备份完毕为止。

如果在最新日志备份后发生日志损坏或执行大容量日志记录操作，则必须重做自上次备份之后所做的更改。这是大容量日志恢复模式下存在的工作丢失风险。

大容量日志恢复模式不支持时点恢复。

通常情况下，数据库使用简单恢复模式或完整恢复模式。可以在执行大容量操作之前切换到大容量日志恢复模式，以补充完整恢复模式。

数据库的最佳恢复模式取决于业务要求。若要免去事务日志管理工作并简化备份和还原，使用简单恢复模式。若要在管理开销一定的情况下使工作丢失的可能性降到最低，使用完整恢复模式。

在如图 10.1 所示的对话框中，恢复模式是无法选择的。这里介绍如何使用 SSMS 工具设置恢复模式。

在 SSMS 的"对象资源管理器"中，右击要设置其恢复模式的数据库，在弹出的快捷菜单中选择"属性"，出现如图 10.3 所示的对话框。切换到"选项"选择页，从"恢复模式"下拉列表中选择一种恢复模式，单击"确定"按钮，即可完成设置。

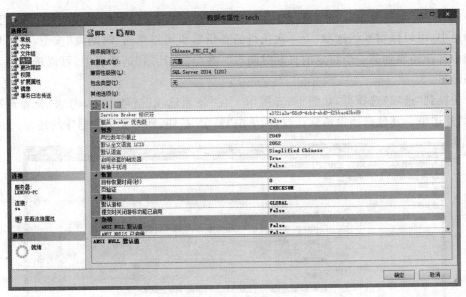

图 10.3　数据库属性

2. 数据库的还原

数据库还原的步骤和数据库备份类似。在 SSMS 的"对象资源管理器"中，右击 tech，在弹出的快捷菜单中选择"任务"→"还原"→"数据库"，出现如图 10.4 所示的对话框。

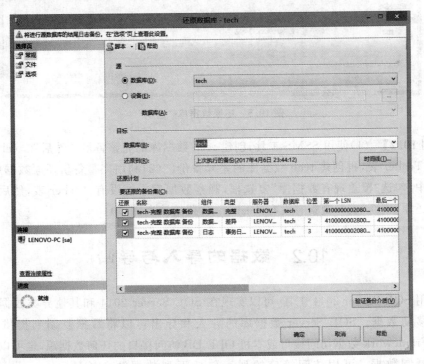

图 10.4　还原数据库-"常规"

　　在"常规"选择页上,使用"源"选项组中指定要还原的备份集的源和位置。在"目标"选项组中,可以保留默认选项"上一次执行的备份",也可以单击"时间线"按钮,在备份时间线中选择还原到某一个特定的日期时间点。在"还原计划"选项组中,可以选择要还原的备份集。

　　切换到"选项"选择页,如图 10.5 所示。在"还原选项"选项组中,勾选"覆盖现有数据库"复选框。其他选项保留默认设置,单击"确定"按钮,即可完成数据库的还原。

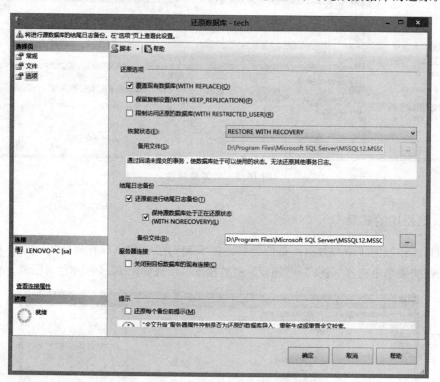

图 10.5　还原数据库-"选项"

　　【例 10.2】　(1)使用 SSMS 工具,创建 tech 数据库的完整备份。然后在 tech 数据库中创建 Techer 表,再创建 tech 数据库的差异备份。(2)利用完整备份还原数据库,在还原过程中,勾选"覆盖现有数据库"复选框,观察数据库中有没有 Techer 表,然后再做差异备份还原,刷新"表",观察有没有 Techer 表(留给读者完成)。

10.2　数据的导入与导出

　　使用 SQL Server 2014 工具,可以实现在 SQL Server 2014 和其他异类数据源之间轻松地移动数据。SQL Server 数据库的导入和导出可以将数据复制到提供托管的.NET Framework 数据访问接口或本机 OLE DB 访问接口的任何数据源,也可以从这些数据源复制数据。可用访问接口的列表包括下列数据源:SQL Server、平面文件、Microsoft Office Access、Microsoft Office Excel。

若要完成 SQL Server 导入和导出向导,用户必须具有下列权限:

(1) 连接到源数据库和目标数据库或文件共享的权限。在 Integration Services 中,这需要服务器和数据库的登录权限。

(2) 从源数据库或文件中读取数据的权限。在 SQL Server 2014 中,这需要对源表和视图具有 SELECT 权限。

(3) 向目标数据库或文件写入数据的权限。在 SQL Server 2014 中,这需要对目标表具有 INSERT 权限。

(4) 如果希望创建新的目标数据库、表或文件,则需要具有创建新的数据库、表或文件的足够权限。在 SQL Server 2014 中,这需要具有 CREATE DATABASE 或 CREATE TABLE 权限。

(5) 如果希望保存向导创建的包,则需要具有向 msdb 数据库或文件系统进行写入操作的足够权限。在 Integration Services 中,这需要对 msdb 数据库具有 INSERT 权限。

10.2.1　数据的导出

SQL Server 导入和导出向导为在数据源之间复制数据和构造基本包提供了一种最为简单的方法。

【例 10.3】　使用 SSMS 工具,将 tech 数据库的数据表导出到 Excel 文件"学生管理. xls"中,并将 EXCEL 文件保存在 C:\DATA 中。

按照 SQL Server 2014 的导入和导出向导,导出数据表的操作步骤如下:

(1) 确认 C 盘上是否存在 DATA 文件夹,如果不存在,创建新文件夹 DATA。

(2) 在 C:\DATA 下,新建 Excel 文件"学生管理. xls"。

(3) 在 SSMS 的"对象资源管理器"中,右击 tech,在弹出的快捷菜单中选择"任务"→"导出数据",出现导入和导出向导界面,单击"下一步"按钮,弹出选择数据源界面,在其中选择数据源和设置身份验证,如图 10.6 所示。

"数据源"下拉列表中可用数据提供程序的列表取决于计算机上安装的提供程序。它还取决于正在运行的是 64 位向导还是 32 位向导。

可用于数据源的访问接口可能不止一个。通常可以选择任何可用于源的提供程序。例如,若要连接到 Microsoft SQL Server,可以使用 SQL Server Native Client、用于 SQL Server 的. NET Framework 数据提供程序或用于 SQL Server 的 Microsoft OLE DB 提供程序。

在某些情况下,必须先选择一个泛型数据提供程序。例如,如果有用于数据源的 ODBC 驱动程序,则选择用于 ODBC 的. NET Framework 数据提供程序。

对于某些数据源,可能需要从 Microsoft 或第三方下载数据提供程序。

(4) 选择要将数据表复制到何处,如图 10.7 所示。当选择目标是 Excel 版本时,可能需要下载并安装其他文件,才能连接所选 Excel 版本。如果指定版本时遇到问题,则需要尝试指定其他版本,可以是早期版本(例如 Excel 97-2003,而非 2014)。

勾选"首行包含列名称"复选框,单击"下一步"按钮。

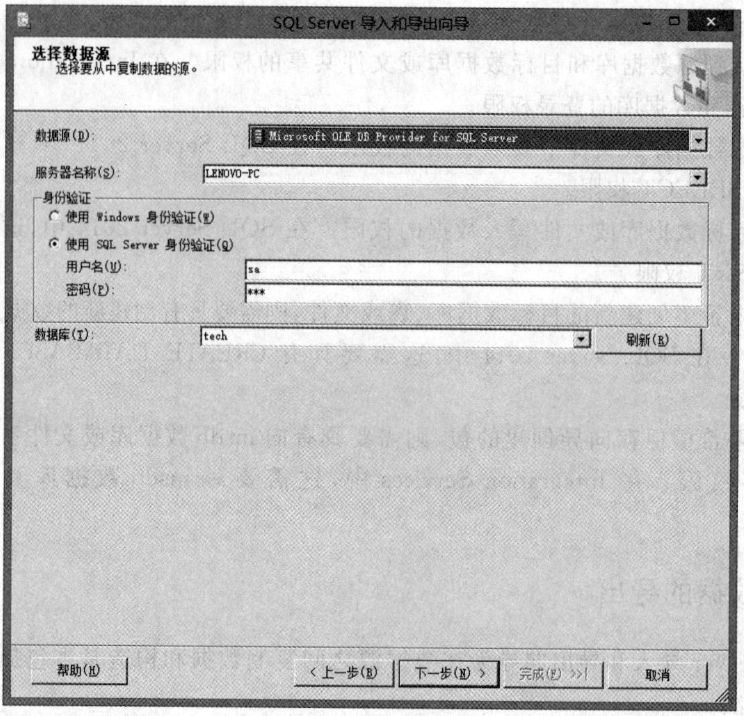

图 10.6　选择数据源

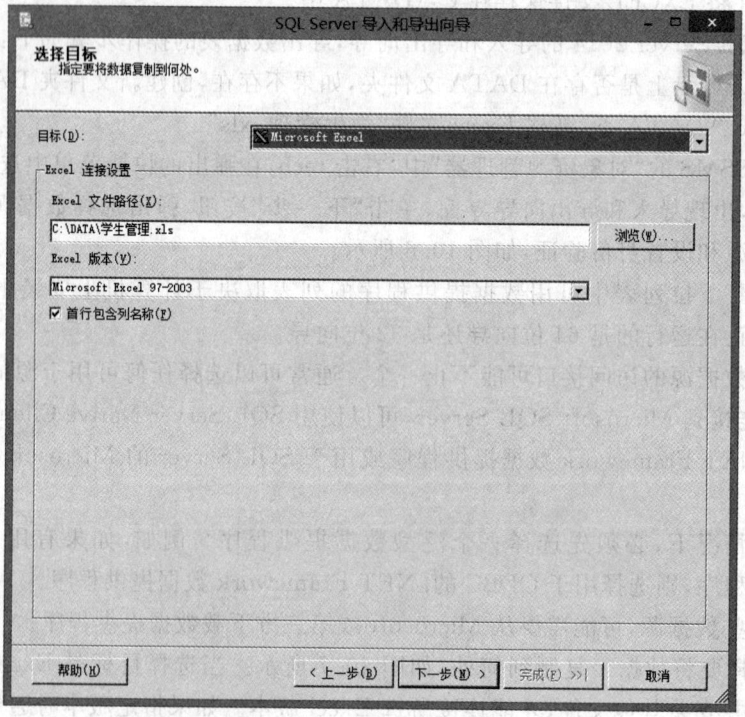

图 10.7　选择目标

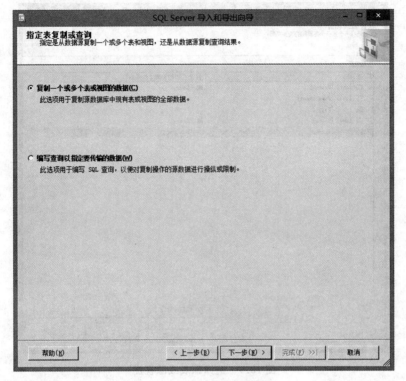

图 10.8 指定表复制或查询

(5) 选择"复制一个或多个表或视图的数据"单选按钮,如图 10.8 所示。其中:

- 复制一个或多个表或视图的数据:如果在不对记录进行筛选或排序的情况下复制源中的所有数据,则选择此单选按钮,可以从一个表或视图复制到一个目标表,或从多个表或视图复制到多个目标表。
- 编写查询以指定要传输的数据:如果要在将源数据复制到目标之前对其进行筛选或排序,则选择此单选按钮。

(6) 选择要复制的表和视图,如图 10.9 所示。当使用 Excel 作为目标时,Excel 不是一个典型的数据库,它的列不具有固定的数据类型。向导仅能识别 Excel 中一组有限的数据类型:数字、货币、布尔值、日期/时间、字符串(最多 255 个字符)和备注(255 个字符以上)。

单击"编辑映射"按钮,可以在"列映射"对话框中查看数据类型映射。使用"列映射"对话框可执行以下操作:

- 查看单个列在源与目标之间的映射。
- 通过对不想复制的列选择"忽略",可以仅复制列的子集。

(7) 按照向导,继续操作,直到出现如图 10.10 所示的对话框,即成功导出数据表。

打开 C:\DATA\学生管理.xls,工作表 Course、Score、Student 的数据就是上述操作导出的数据表。

图 10.9　选择源表或源视图

图 10.10　执行成功

10.2.2　数据的导入

SQL Server 2014 中导入数据功能与导出数据相似。

【例 10.4】　使用 SSMS 工具,新建 tech1 数据库,将 C:\DATA\学生管理. xls 中的 Course、Score、Student 三个工作表中的数据导入 tech1 数据库中。

其具体操作步骤为:

(1) 新建数据库 tech1 数据库。

(2) 右击 tech1,在弹出的快捷菜单中选择"任务"→"导入数据",出现"欢迎使用 SQL Server 导入和导出向导",单击"下一步"按钮,弹出选择数据源界面,数据源的设置 如图 10.11 所示。

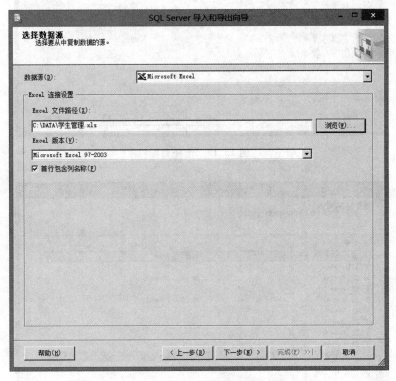

图 10.11　选择数据源

通过选择可以连接到源的数据提供程序来指定数据源。在大多数情况下,可以根据 导入数据文件的名称来判断所需的数据提供程序,因为提供程序的名称中包含源的名 称。例如,SQL Server、Oracle、平面文件、Excel 和 Access。

(3) 选择目标,目标的设置如图 10.12 所示。

(4) 指定表复制或查询后,选择源表和源视图,如图 10.13 所示。

Excel 数据源的源表和源视图的列表包括两种类型的 Excel 对象:

· 工作表,工作表名称后跟美元符号($),例如,"Sheet1 $ "。

· 命名区域,命名区域(如有)按名称列出。

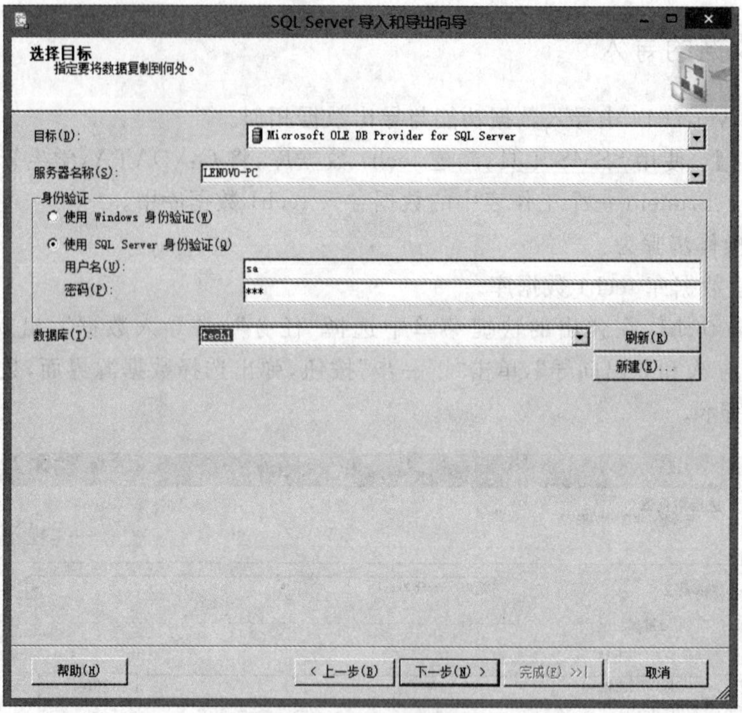

图 10.12　选择目标

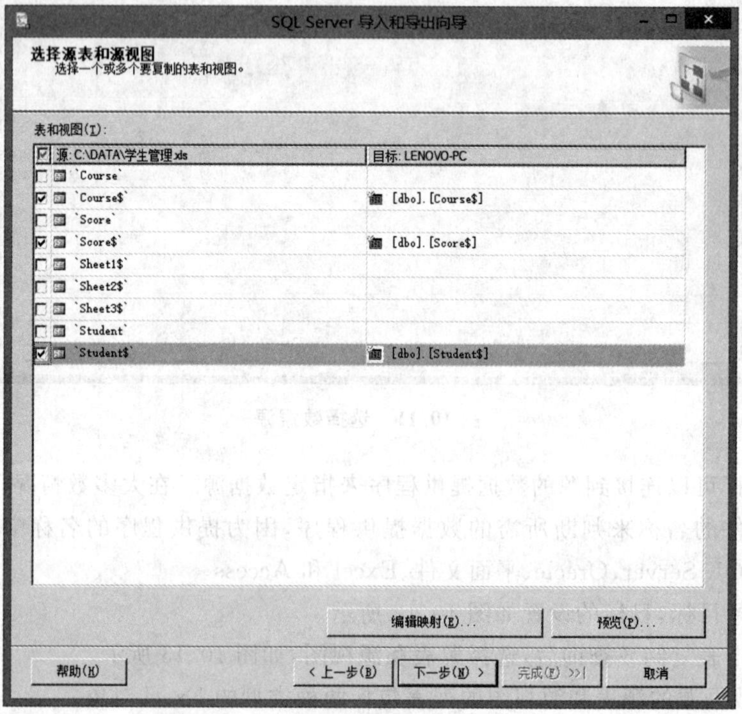

图 10.13　选择数据源表和源视图

如果要加载来自特定的、未命名的单元格区域的数据(或将数据加载到其中),例如,来自或加载到[Sheet1 $ A1:B4],则必须编写查询。后退到"指定表复制或查询"页,选择"编写查询以指定要传输的数据"单选按钮。

无论是否将工作表或区域指定为源表,该驱动程序都将读取从工作表或区域左上角第一个非空单元开始的连续单元块。因此,源数据中不能有空行。例如,列标题和数据行之间不能有空行。如果工作表顶部数据上面的标题后跟有空行,则无法查询该工作表。在 Excel 中,必须为区域内的数据分配名称,并查询命名区域而非工作表。

(5) 最后保存并运行包,单击"完成"按钮。

在 tech1 数据库中导入了三个表:Course $ 、Score $ 、Student $ 。

在表设计器中打开 Student $ 表,如图 10.14 所示,修改各列的数据类型,保存修改时系统将发出"可能会丢失数据"的警告。

列名	数据类型	允许 Null 值
Sno	nvarchar(255)	☑
Sname	nvarchar(255)	☑
Ssex	nvarchar(255)	☑
Sbirth	nvarchar(255)	☑
Spoli	nvarchar(255)	☑
Snative	nvarchar(255)	☑
Major	nvarchar(255)	☑

图 10.14 Student $ 表的结构

10.3 事 务 处 理

数据库的最大特点是数据共享,即允许多个用户同时访问数据库,这样就有可能发生多个用户并发地存取同一块数据的情况,如果对并发操作不加控制,就可能产生不正确的数据,破坏数据的完整性和一致性,而并发控制就是解决这类问题的。这样就必须进行事务处理。

10.3.1 事务

1. 事务的概念

事务与存储过程类似,都是一系列的逻辑语句组成的工作单元。一个事务中的操作要么都做,要么都不做,是一个不可分割的工作单元。通过事务,SQL Server 能将逻辑相关的一组操作绑定在一起,以便服务器保持数据的完整性。

在 T-SQL 语言中,BEGIN TRANSACTION 用以定义事务的开始;ROLLBACK 表示回滚,即在事务运行的过程中发生了某种故障,事务不能继续执行,系统将事务中对数据库的所有已完成的操作全部撤销,回滚到事务开始的状态;COMMIT 表示提交,即提交事务的所有操作。事务可以由用户显式定义,也可由 DBMS 按默认规定自动划分事务。

2. 事务的性质

不是任意的数据库操作序列都称为事务,事务必须有原子性(Atomicity)、一致性(Consistency)、隔离性(Isolation)、持久性(Durability)四个特性,简称 ACID 特性。

(1) 原子性:事务是一个整体的逻辑工作单元,事务中包括的操作要么全做,要么全不做。

(2) 一致性:事务执行的结果必须是使数据库从一个一致性状态变到另一个一致性状态。

(3) 隔离性:一个事务的执行不能被其他事务干扰。如果多个事务并发地执行,应该像各个事务独立执行一样,互不干扰。

(4) 持久性:一个事务一旦提交,它对数据库中数据的改变将会被永久保存下来。

10.3.2　锁机制

当多个事务并行执行时,就会发生交叉地利用资源的情况,从而引发一些问题。

1. 并发操作带来的问题

并发操作带来的问题,可归纳为以下三种:

1) 脏读

脏读是指当一个事务正在访问数据,并且对数据进行了修改,而这种修改还没有提交到数据库中,这时,另外一个事务也访问这块数据,然后使用了这块数据。

2) 不可重复读

不可重复读是指在一个事务内,多次读同一数据,在这个事务还没有结束时,另外一个事务也访问该同一数据。那么,在第一个事务中的两次读数据之间,由于第二个事务的修改,第一个事务两次读到的数据可能是不一样的。这样就发生了在一个事务内两次读到的数据是不一样的,因此称为不可重复读。

3) 幻读

幻读是指一个事务读取到另一个事务已提交的新插入数据,与不可重复读类似。例如,事务 A 对一个表中的数据进行了修改,这种修改涉及表中的全部数据行。同时,事务 B 也修改这个表中的数据,这种修改是向表中插入一行新数据。这时,事务 A 的用户再次查询时发现表中还有没有修改的数据行,就好像发生了幻觉一样。

SQL Server 提供的解决并发问题的方法是采取有效的隔离机制,这种机制就是锁机制。

2. 锁的类型

锁机制可以使各事务都按照某种次序来进行、相互不干扰,从而保证数据的完整性和一致性。在 SQL Server 中有不同的锁,在各种锁的类型中有些是可以相互兼容的。锁的类型决定并发发生时数据资源的访问模式,在 SQL Server 中常用的锁有以下几种:

1）共享锁（S 锁）

S 锁用于读取资源所加的锁。拥有 S 锁的资源不能被修改。S 锁默认情况下是读取完资源马上被释放。

2）排他锁（X 锁）

X 锁和其他任何锁都不兼容，包括其他排他锁。X 锁用于修改数据，当资源上加了 X 锁时，其他请求读取或修改这个资源的事务都会被阻塞，直到 X 锁被释放为止。

3）更新锁（U 锁）

U 锁可以看作是 S 锁和 X 锁的结合，用于更新数据。更新数据时首先需要找到被更新的数据，此时可以理解为被查找的数据上了 S 锁。当找到需要修改的数据时，需要对被修改的资源上 X 锁。

4）意向锁（IS，IU，SIX 锁）

意向锁包括意向共享锁（IS 锁）、意向排他锁（IX 锁）以及意向排他共享锁（SIX 锁）。

在 SQL Server 中，资源是有层次的，一个表中可以包含 N 个页，而一个页中可以包含 N 行。对任一资源加锁时，必须先对它的上层资源加意向锁。

IS 锁通过在各资源上放置 S 锁，表明事务的意向是读取层次结构中的部分（而不是全部）底层资源。

IX 锁通过在各资源上放置 X 锁，表明事务的意向是修改层次结构中的部分（而不是全部）底层资源。

SIX 锁通过在各资源上放置 IX 锁，表明事务的意向是读取层次结构中的全部底层资源并修改部分（而不是全部）底层资源。

锁机制允许顶层资源上的并发 IS 锁。例如，表的 SIX 锁在表上放置一个 SIX 锁（允许并发 IS 锁），在当前所修改页上放置 IX 锁（在已修改行上放置 X 锁）。虽然每个资源在一段时间内只能有一个 SIX 锁，以防止其他事务对资源进行更新，但是其他事务可以通过获取表级的 IS 锁来读取层次结构中的底层资源。

另外，还有构架锁、键范围锁和大容量更新锁等。

在 SQL Server 2014 中，执行查询语句 SELECT ＊ FROM sys. dm_tran_locks，可以查看当前活动的锁管理器资源的信息。sys. dm_tran_locks 所包含的信息分为两类：一类是以 resource 为开头的信息，描述锁所在的资源的信息；另一类是以 request 开头的信息，描述申请的锁本身的信息。

3. 死锁

锁机制可以解决并发用户的数据不一致问题，但也会引起事务间的死锁问题。

死锁是指多个用户分别锁定了一定资源，并又试图请求锁定对方已经锁定的资源，导致多个用户因互相申请被其他用户占用不会释放的资源而处于一种永久等待状态。在事务和锁的使用过程中，死锁是不可避免的，但可以按照以下方法减少死锁的发生：

（1）按同一顺序访问对象，降低发生死锁的可能性。

（2）避免事务中的用户交互。

（3）保持事务简短并处于一个批处理中。

（4）使用较低的隔离级别，使持有共享锁的时间更短。

（5）使用绑定连接。

SQL Server 数据库引擎自动检测 SQL Server 中的死锁循环。当发生死锁时，数据库引擎选择一个会话作为死锁牺牲品，终止当前事务来打断死锁。

10.4　本　章　小　结

数据库备份的目的是创建数据库（或者一部分）或事务日志的副本，将副本添加到备份集中，以备在数据库遭到破坏时，利用备份集恢复数据库。

数据库还原的目的是为了恢复数据库。

数据库备份和还原操作发生在恢复模式的上下文中。恢复模式是一种数据库属性，用于控制事务日志的管理方式。此外，数据库的恢复模式还决定数据库支持的备份类型和还原方案。有三种恢复模式：简单恢复模式、完整恢复模式和大容量日志恢复模式。

SQL Server 数据库的导入和导出可以将数据复制到提供托管.NET Framework 数据访问接口或本机 OLE DB 访问接口的任何数据源，也可以从这些数据源复制数据，从而实现在 SQL Server 2014 和其他异类数据源之间轻松地移动数据。

事务与存储过程类似，都是一系列的逻辑语句组成的工作单元。一个事务中的操作要么都做，要么都不做，是一个不可分割的工作单元。事务必须有原子性、一致性、隔离性、持久性四个特性，简称 ACID 特性。

当多个事务并行执行时，可能引发脏读、不可重复读、幻读等问题。SQL Server 引入锁机制解决并发问题，但同时又引起事务间的死锁问题。

在事务和锁的使用过程中，死锁是不可避免的，但可以使用不同的方法减少死锁的发生。

习　题　10

一、选择题

1. 在 SQL Server 2014 中，用户应备份（　　　）。

　　A. 记录用户数据的所有用户数据库　　　B. 记录系统信息的系统数据库

　　C. 记录数据库改变的事务日志　　　　　D. 以上所有

2. SQL Server 系统提供了四种备份方法，来满足企业和数据库活动的各种需要。这四种备份方法是：完整备份、差异备份、事务日志备份、数据库文件或者文件组备份。其中当恢复（　　）时，能执行定点数据库恢复。

　　A. 完整备份　　　　　　　　　　　　B. 差异备份

　　C. 事务日志备份　　　　　　　　　　D. 数据库文件和文件组备份

3. SQL Server 备份是动态的，这意味着（　　　）。

　　A. 不必计划备份工作，SQL Server 会自动完成

B. 允许用户在备份的同时访问数据

C. 不允许用户在备份的同时访问数据

D. 备份要不断地进行

4. SQL Server 恢复过程是静态的,这意味着( )。

A. 在数据库恢复过程中,用户不能进入数据库

B. 在数据库恢复过程中,用户可以访问数据库,但不能更新数据库

C. 在数据库恢复过程中,用户可以对数据库进行任何操作

D. 以上选项均不正确

5. 在 SQL Server 中提供了四种数据库备份和恢复的方式,其中( )制作数据库中所有内容的一个副本,单独使用该备份副本就可以恢复数据库。

A. 完整备份　　　　　　　　　B. 差异备份

C. 事务日志备份　　　　　　　D. 数据库文件和文件组备份

6. 在 SQL Server 2014 中提供了四种数据库备份和恢复的方式,其中( )是指将从最近一次完整数据库备份结束以来所有改变的数据备份到数据库。

A. 完整备份　　　　　　　　　B. 差异备份

C. 事务日志备份　　　　　　　D. 数据库文件和文件组备份

7. 在 SQL Server 中提供了四种数据库备份和恢复的方式,其中( )是指将从最近一次日志备份以来所有的事务日志备份到备份设备。使用该备份进行恢复时,可以指定恢复到某一时间点或某一事物。

A. 完整备份　　　　　　　　　B. 差异备份

C. 事务日志备份　　　　　　　D. 数据库文件和文件组备份

8. 在 SQL Server 中提供了四种数据库备份和恢复的方式,其中( )对数据库中的部分文件或文件组进行备份。

A. 完整备份　　　　　　　　　B. 差异备份

C. 事务日志备份　　　　　　　D. 数据库文件和文件组备份

9. 下列关于简单恢复说法错误的是( )。

A. 最大限度减少事务日志的管理开销

B. 不备份事务日志,如果数据库损坏,面临极大数据丢失风险

C. 只能恢复到最新备份状态,备份间隔尽可能短,以防止数据大量丢失

D. 支持还原单个数据页

10. 下列关于差异备份的说法正确的是( )。

A. 差异备份备份的是从上次备份到当前时间数据库变化的内容

B. 差异备份备份的是从上次完整备份到当前时间数据库变化的内容

C. 差异备份仅备份数据,不备份日志

D. 两次完整备份之间进行的各差异备份的备份时间都是一样的

11. 以下关于事务日志备份说法错误的是( )。

A. 在创建第一个事务日志备份之前,不需要创建一个完整数据库备份

B. 在默认情况下,事务日志备份完成后要截断日志

C. 清除无用的日志记录的过程就叫截断日志

D. 事务日志备份是备份从上次备份之后的日志记录

12. 对数据库的修改必须遵循的规则是：要么全部完成，要么全不修改。这可以认为是事务的（　　）特性。

A. 原子性　　　　　B. 一致性　　　　　C. 隔离性　　　　　D. 持久性

13. 一个事务的执行不能被其他事务干扰称为事务的（　　）。

A. 原子性　　　　　B. 一致性　　　　　C. 隔离性　　　　　D. 持久性

14. SQL Server 中的锁不包括（　　）。

A. 共享锁　　　　　B. 互斥锁　　　　　C. 排他锁　　　　　D. 意向锁

15. 下列关于避免死锁的描述不正确的是（　　）。

A. 尽量使用并发执行语句

B. 要求每个事务一次就将所有要使用的数据全部加锁，否则就不予执行

C. 预先规定一个锁定顺序，所有的事务都必须按这个顺序对数据进行锁定

D. 每个事务的执行时间不应太长，对较长的事务可将其分为几个事务

二、综合题

1. 数据库备份有哪几种类型？

2. 数据库的恢复模式有哪几种？

3. 将 tech 数据库完整备份，备份到名为"学生管理信息"的设备上。

4. 修改 tech 数据库（可以删除其中的表）后，利用第 3 题做的备份恢复数据库。

5. 什么是事务？简述事务的性质。

6. 锁可分为哪几类？

7. 简述死锁及其解决办法。

第11章

数据库的安全管理

本章学习目标

- 掌握数据库的两种身份验证模式。
- 掌握登录账号的设置和使用。
- 掌握角色的概念、分类以及创建和使用角色。
- 掌握安全对象及权限设置的方法。

　　数据库的安全性是指保护数据库,防止不合法的使用所造成的数据泄密、更改或破坏。系统安全保护措施是否有效是数据库系统的主要指标之一。数据库的安全性和计算机系统的安全性(主要包括操作系统、网络系统的安全性)是紧密联系、相互支持的。

　　数据库的安全管理包括诸多方面,如视图机制、数据加密、数据审计等。本章主要从身份验证、角色和权限等方面介绍数据库的安全管理。

11.1　SQL Server 身份验证模式

　　为了防止不合法的用户访问数据库造成数据的泄密和破坏,当用户访问系统时,系统对该用户的账号和口令进行确认,只有合法登录用户才能访问 SQL Server 服务器,不合法用户将被拒绝访问,从而保证系统的安全。

11.1.1　身份验证模式概述

　　通过身份验证保证了合法用户才可以登录服务器,不合法用户被拒绝访问,从而保证了服务器级别的安全性。SQL Server 2014 提供了两种身份验证模式:Windows 身份验证模式和混合验证模式。Windows 身份验证模式启用 Windows 身份验证并禁用 SQL Server 身份验证,混合模式会同时启用 Windows 身份验证和 SQL Server 身份验证。Windows 身份验证始终可用,并且无法禁用。

1. Windows 身份验证模式

　　当用户通过 Windows 用户账户连接时,SQL Server 使用操作系统中的 Windows 主体标记验证账户名和密码。也就是说，用户身份由 Windows 进行确认。SQL Server 不要求提供密码，也不执行身份验证。Windows 身份验证是默认身份验证模式，并且比 SQL Server 身份验证更为安全。Windows 身份验证使用 Kerberos 安全协议，提供有关强密码复杂性验证的密码策略强制，还提供账户锁定支持，并且支持密码过期。通过 Windows 身份验证创建的连接有时也称可信连接，这是因为 SQL Server 信任由 Windows 提供的凭据。这种验证模式只适用于能够提供有效身份验证的 Windows 操作系统，在其他操作系统下无法使用。在 Windows 身份验证模式下，SQL Server 检测当前使用的 Windows 用户账户，并在 syslogins 表中查找该账号，其用户身份由 Windows 操作系统进行确认，以确定该账号是否有权登录。在这种方式下，用户不必提供密码给 SQL Server，SQL Server 也不执行身份验证。

通过使用 Windows 身份验证，可以在域级别创建 Windows 组，并且可以在 SQL Server 中为整个组创建登录名。在域级别管理访问可以简化账户管理。

Windows 身份验证模式主要有以下优点：

（1）数据库管理员可以集中管理数据库，而无须管理用户账户，对用户账户的管理可以交给 Windows 完成。

（2）Windows 有着更强的用户账户管理工具，如可以设置账户锁定、密码期限等。

（3）Windows 的组策略支持多个用户同时被授权访问 SQL Server。

2. 混合身份验证模式

混合身份验证模式下，用户可以使用 Windows 身份验证或使用 SQL Server 身份验证。混合模式适用于外界用户访问数据库或不能登录到 Windows 域的情况。使用 Windows 验证模式将减轻系统的工作负担，但是，连接到非 Windows 系统的其他客户端，必须使用 SQL Server 身份验证，例如 UNIX/Linux 网络用户。

3. SQL Server 身份验证的优缺点

当使用 SQL Server 身份验证时，在 SQL Server 中创建的登录名并不基于 Windows 用户账户，用户名和密码均通过使用 SQL Server 创建并存储在 SQL Server 中。使用 SQL Server 身份验证进行连接的用户每次连接时都必须提供其凭据（登录名和密码）。SQL Server 验证模式下处理登录的过程为：用户输入登录名和密码后，SQL Server 在系统注册表中检测输入的登录名和密码，如果输入的登录名存在，而且密码正确，用户就可以登录到 SQL Server 上。

1）优点

（1）允许 SQL Server 支持那些需要进行 SQL Server 身份验证的旧版应用程序和由第三方提供的应用程序。

（2）允许 SQL Server 支持具有混合操作系统的环境，在这种环境中并不是所有用户均由 Windows 域进行验证。

（3）允许用户从未知的或不可信的域进行连接。例如，既定客户使用指定的 SQL Server 登录名进行连接以接收其订单状态的应用程序。

（4）允许 SQL Server 支持基于 Web 的应用程序，在这些应用程序中用户可创建自己的标识。

（5）允许软件开发人员通过使用基于已知的预设 SQL Server 登录名的复杂权限层次结构来分发应用程序。

2）缺点

（1）如果用户是具有 Windows 登录名和密码的 Windows 域用户，则还必须提供另一个用于连接（SQL Server）的登录名和密码。记住多个登录名和密码对于许多用户而言都较为困难。每次连接到数据库时都必须提供 SQL Server 凭据也十分麻烦。

（2）SQL Server 身份验证不能使用 Kerberos 安全协议。

（3）SQL Server 登录名不能使用 Windows 提供的其他密码策略。

（4）必须在连接时通过网络传递已加密的 SQL Server 身份验证登录密码。一些自动连接的应用程序将密码存储在客户端，这可能产生其他攻击点。

4. SQL Server 身份验证使用的密码策略

当使用 SQL Server 身份验证时，可以为所有 SQL Server 账户设置强密码。可供 SQL Server 登录名选择使用的密码策略有三种：

（1）用户在下次登录时必须更改密码。要求用户在下次连接时更改密码。更改密码的功能由 SSMS 提供。如果使用该选项，则第三方软件开发人员应提供此功能。

（2）强制密码过期。对 SQL Server 登录名强制实施计算机的密码最长使用期限策略。

（3）强制实施密码策略。对 SQL Server 登录名强制实施计算机的 Windows 密码策略。这包括密码长度和密码复杂性。

11.1.2 身份验证模式设置

在安装过程中，必须为数据库引擎选择身份验证模式：Windows 身份验证模式或者混合身份验证模式。如果在安装过程中选择 Windows 身份验证，则安装程序会为 SQL Server 身份验证创建 sa 账户，但会禁用该账户。如果稍后更改为混合身份验证模式，并要使用 sa 账户，则必须启用该账户。如果在安装过程中选择混合模式身份验证，则必须为名为 sa 的内置 SQL Server 系统管理员账户提供一个密码并确认该密码。sa 账户通过使用 SQL Server 身份验证进行连接。

一般情况下，身份验证模式是在安装时设置的。使用过程中想要查看或更改身份验证模式，可以通过 SSMS 进行操作。打开 SSMS 后，在"对象资源管理器"中，右击服务器名称，在弹出的快捷菜单中选择"属性"，打开"服务器属性"对话框，在该对话框中选择"安全性"选择页，如图 11.1 所示。在该对话框中可以查看和改变身份验证模式，用户可以通过"服务器身份验证"选项组选择服务器的身份验证模式。如果用户选择"Windows 身份验证模式"单选按钮,用户只能通过 Windows 登录账号登录 SQL Server;如果用户选择"SQL Server 和 Windows 身份验证模式"单选按钮,用户既可以通过 Windows 登录账号登录 SQL Server,也可以使用 SQL Server 账号登录。最后,要使设置生效,还需要重启数据库服务。

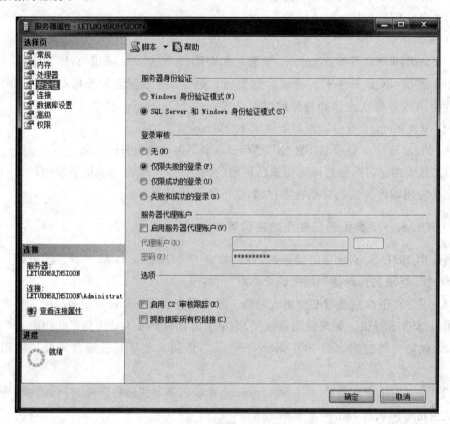

图 11.1　服务器身份验证设置

如果在安装过程中选择"Windows 身份验证模式"单选按钮,则 sa 登录名将被禁用,安装程序会分配一个密码。如果将身份验证模式更改为"SQL Server 和 Windows 身份验证模式",则 sa 登录名仍处于禁用状态。若要启用 sa 登录名,可使用 ALTER LOGIN 语句启用 sa 登录名并分配一个新密码;或者在 SSMS 的"对象资源管理器"中展开"数据库"→"安全性"→"登录名",右击 sa,在弹出的快捷菜单中选择"属性",打开"登录属性-sa"对话框,选择"状态"选择页,把"设置"设置为"授予",把"登录"设置为"已启用",单击"确定"按钮,如图 11.2 所示。

需要注意的是,当把身份验证改为"SQL Server 和 Windows 身份验证模式",并启用 sa 用户后,要重启 SQL Server 服务 sa 才可以起作用。

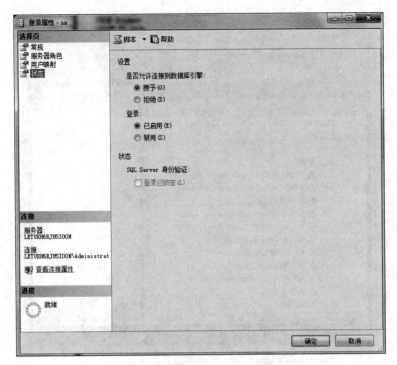

图 11.2 "登录属性-sa"对话框

11.2 登录账号和用户账号

SQL Server 账号有两种：一种是服务器的登录账号；另一种是数据库的用户账号。登录账号是用来登录到 SQL Server 服务器的，它并不能访问服务器中的数据库，只能登录到服务器而已，而持有登录账号的用户要访问服务器中的数据库时，必须要有用户账号。这就如同单位门口先刷卡（持有登录账号）进入单位（登录服务器），然后再拿钥匙（用户账号）进入自己的办公室（数据库）一样。

有了登录账号就有了登录到 SQL Server 服务器的能力，登录到服务器后，有了用户账号才可以访问数据库，所以，登录账号是服务器级别的，而用户账号是数据库级别的。所有登录账号信息都存放在系统表 syslogins 中，所有用户账号都存放在系统表 sysusers 中。当一个登录账号与用户数据库中的一个用户账号关联后，使用该登录账号连接 SQL Server 服务器，才可以访问数据库中的对象。

11.2.1 服务器登录账号

在 SQL Server 2014 中，系统已经自动创建了一些系统内置登录账号。打开 SSMS，展开"对象资源管理器"→"安全性"→"登录名"，就可以看到当前数据库服务器中的账号信息，如图 11.3 所示。

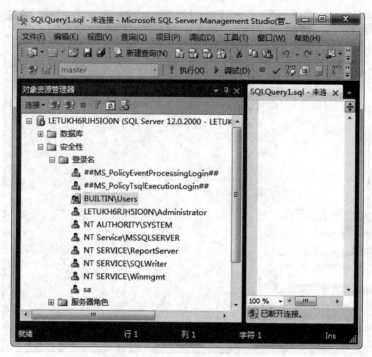

图 11.3　系统内置登录账号

其中,sa 是 SQL Server 登录账号,是 SQL Server 中的超级管理员账号。其他账号都是 Windows 账号,其中 BUILTIN\Users 是 Windows 的组账号。

在实际使用过程中,用户经常需要添加一些登录账号。用户可以将 Windows 账号添加到 SQL Server 2014 中,也可以创建 SQL Server 账号。

1. 添加 Windows 登录账号

首先在 Windows 的"控制面板"中新建一个账号,假设已经创建了 Windows 账号 Sqluser,然后将该账号添加为登录 SQL Server 的账号。

(1) 打开 SSMS,在"对象资源管理器"中展开"安全性",右击"登录名",在弹出的快捷菜单中选择"新建登录名",打开"登录名-新建"对话框,如图 11.4 所示。

(2) 在"常规"选项卡中,选择"Windows 身份验证"单选按钮,单击"搜索"按钮,打开"选择用户或组"对话框,在"输入要选择的对象名称"文本框中输入 Sqluser,如图 11.5 所示。单击"确定"按钮,回到如图 11.4 所示的对话框,在"默认数据库"下拉列表中选择 tech,把 tech 设为默认数据库。

(3) 在图 11.4 中选择"用户映射"选择页,打开如图 11.6 所示的对话框,对话框上半部分列出了"映射到此登录名的用户",单击左边的复选框设定该登录账号可以访问的数据库以及该登录账号对应的用户账号,此处选择 tech 数据库,它会自动产生数据库用户账号 sqluser,在对话框下半部分可以选择用户账号 sqluser 的角色。单击"确定"按钮,此时登录账号创建完毕。

图 11.4 "登录名-新建"对话框 1

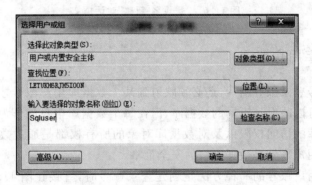

图 11.5 "选择用户或组"对话框

(4) 在 SSMS 中的"对象资源管理器"中,打开"安全性",就可以看到新增加的 Sqluser 登录账号。如果用户选择"Windows 身份验证",当用户以 Windows 账号 Sqluser 登录 Windows 后,就可以以"Windows 身份验证"方式登录 SQL Server 服务器。

2. 创建 SQL Server 登录账号

创建 SQL Server 登录账号,用户可以直接在图 11.4 所示的"登录名-新建"对话框中选择"SQL Server 身份验证"单选按钮,然后在"登录名"文本框中输入一个新的 SQL Server 账号,例如 teacher,创建 SQL Server 登录账号需要设置密码,在"密码"和"确认密码"文本框中输入密码。其他设置与添加 Windows 账号相同。

图 11.6　"登录名-新建"对话框 2

11.2.2　数据库用户账号

通过登录账号登录服务器后,还必须映射到某个数据库用户账号才可以访问该数据库。一个登录名可以映射到不同的数据库,但在每个数据库中只能作为一个用户进行映射:用户对数据库的访问权限以及对数据库对象的所有权都是通过数据库用户账号来控制的。数据库用户账号是数据库级的安全策略。

创建数据库用户账号的一种方法是创建登录账号时,直接在图 11.6 所示对话框的"用户映射"选择页中设置,此时会自动产生与登录名相同的数据库用户账号。另一种方法是在数据库的"安全性"中创建,下面介绍该方法的步骤。

(1) 打开 SSMS,在"对象资源管理器"中展开要创建用户账号的数据库,然后展开"安全性"选项,右击"用户",在弹出的快捷菜单中选择"新建用户",打开"数据库用户-新建"对话框,如图 11.7 所示。

(2) 在"数据库用户-新建"对话框中,选择"常规"选择页,从"用户类型"下拉列表中选择以下用户类型之一:"带登录名的 SQL 用户""不带登录名的 SQL 用户""映射到证书的用户""映射到非对称密钥的用户"或"Windows 用户"。

(3) 在"用户名"文本框中输入新用户的名称。如果从"用户类型"下拉列表中选择了"Windows 用户",可以单击"…"按钮,打开"选择用户或组"对话框。

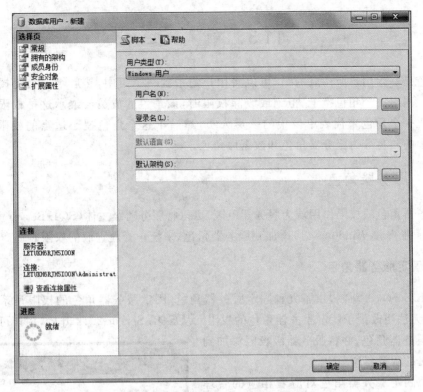

图 11.7 "数据库用户-新建"对话框

（4）在"登录名"文本框中输入用户的登录名，或者单击"…"按钮打开"选择登录名"对话框。从"用户类型"下拉列表中选择"带登录名的 SQL 用户"或"Windows 用户"，"登录名"才可用。

（5）在"默认架构"文本框中指定此用户所创建的对象所属的架构。或者单击"…"按钮打开"选择架构"对话框。如果从"用户类型"下拉列表中选择"带登录名的 SQL 用户""不带登录名的 SQL 用户"或"Windows 用户"，则"默认架构"可用。

（6）选择"拥有的架构"选择页，其中列出了可由新的数据库用户拥有的所有可能的架构。若要向数据库用户添加架构或者从数据库用户中删除架构，在"此用户拥有的架构"下勾选或取消勾选架构旁边的复选框。

（7）选择"成员身份"选择页，列出了可由新的数据库用户拥有的所有可能的数据库成员身份角色。若要向数据库用户添加角色或者从数据库用户中删除角色，在"数据库角色成员身份"下勾选或取消勾选角色旁边的复选框。

（8）选择"安全对象"选择页，将列出所有可能的安全对象以及可授予登录名的针对这些安全对象的权限。

（9）设置完后，单击"确定"按钮，完成数据库用户账号的创建。

数据库用户账号创建完成后，在"对象资源管理器"中展开"安全性"→"用户"，就可以看到新创建的用户账号。

11.3   角　　色

角色是一组用户所构成的组，可以将用户集中到一个组中，然后给这个组授予适当的权限。当对一个角色授予、拒绝或废除权限时，该角色的成员会继承这种权限，所以，通常建立一个角色来代表单位中的一类人员，然后给这个角色授予适当的权限。SQL Server 中的角色分为服务器角色和数据库角色。

11.3.1　服务器角色

服务器角色的权限作用域为服务器范围，可以将服务器级主体（SQL Server 登录名、Windows 账户和 Windows 组）添加到服务器角色，来统一管理它们的权限。

1. 固定服务器角色

SQL Server 2014 提供了九种固定服务器角色，固定服务器角色的权限是系统设定的，用户无法更改授予固定服务器角色的权限。从 SQL Server 2012 开始，用户可以创建自定义服务器角色，并将服务器级权限添加到用户定义的服务器角色中。

每个固定服务器角色对应着相应的管理权限。在 SSMS 中的"对象资源管理器"中，展开"安全性"→"服务器角色"，就可以看到系统定义的九种固定服务器角色，如图 11.8 所示。

系统提供的固定服务器角色的权限：

（1）bulkadmin：固定服务器角色的成员可以运行 BULK INSERT 语句。

（2）dbcreator：固定服务器角色的成员可以创建、更改、删除和还原任何数据库。

（3）diskadmin：固定服务器角色用于管理磁盘文件。

图 11.8　固定服务器角色

（4）processadmin：固定服务器角色的成员可以终止在 SQL Server 实例中运行的进程。

（5）public：每个 SQL Server 登录名均属于 public 服务器角色。如果未向某个服务器主体授予或拒绝对某个安全对象的特定权限，该用户将继承授予该对象的 public 角色的权限。当希望该对象对所有用户可用时，只需对任何对象分配 public 权限即可，无须更改 public 中的成员关系。

（6）securityadmin：固定服务器角色的成员管理登录名及其属性。角色成员可以 GRANT、DENY 和 REVOKE 服务器级的权限，还可以 GRANT、DENY 和 REVOKE 数据库级的权限（如果它们具有数据库的访问权限）。此外，它们还可以重置 SQL Server 登录名的密码。

（7）serveradmin：固定服务器角色的成员可以更改服务器范围内的配置选项并关闭服务器。

（8）setupadmin：固定服务器角色的成员可以通过使用 T-SQL 语句添加和删除链接服务器（在使用 Management Studio 时需要 sysadmin 成员身份）。

（9）sysadmin：固定服务器角色的成员可以在服务器中执行任何活动。

2. 为服务器角色添加和删除登录账号

为服务器角色添加和删除登录账号有两种方式：一种方式是在创建登录账号时添加、删除，在图 11.4 中选择"服务器角色"选择页，选择某服务器角色前的复选框可以直接将新创建的登录账号添加到某个服务器角色中。另一种方式是在 SSMS 中展开该角色，右击，在弹出的快捷菜单中选择"属性"，打开"服务器角色属性"进行添加和删除，该方法与下面介绍的数据库角色添加用户账号类似，在此不再叙述。

11.3.2 数据库角色

和登录账号类似，数据库用户账号也可以分组，称为数据库角色。数据库角色存在于数据库内，是数据库级别的。数据库角色的权限作用域为数据库范围，可以将数据库用户账号和其他 SQL Server 角色添加到数据库角色，来统一管理它们的权限。

SQL Server 中有两种类型的数据库级角色：数据库中预定义的固定数据库角色和自定义的数据库角色。固定数据库角色是在数据库级别定义的，并且存在于每个数据库中。db_owner 数据库角色的成员可以管理固定数据库角色成员身份。msdb 数据库中还有一些特殊用途的固定数据库角色。

1. 固定数据库角色

下面介绍 SQL Server 2014 安装时定义的固定数据库角色及其成员能够执行的操作。

（1）db_owner：固定数据库角色的成员可以执行数据库的所有配置和维护活动，还可以删除数据库。

（2）db_securityadmin：固定数据库角色的成员可以修改角色成员身份和管理权限。向此角色中添加主体可能会导致意外的权限升级。

（3）db_accessadmin：固定数据库角色的成员可以为 Windows 登录名、Windows 组和 SQL Server 登录名添加或删除数据库访问权限。

（4）db_backupoperator：固定数据库角色的成员可以备份数据库。

（5）db_ddladmin：固定数据库角色的成员可以在数据库中运行任何 DDL 命令。

（6）db_datawriter：固定数据库角色的成员可以在所有用户表中添加、删除或更改数据。

（7）db_datareader：固定数据库角色的成员可以从所有用户表中读取所有数据。

（8）db_denydatawriter：固定数据库角色的成员不能添加、修改或删除数据库内用户表中的任何数据。

（9）db_denydatareader：固定数据库角色的成员不能读取数据库内用户表中的任何数据。

（10）public：每个数据库用户都属于 public 数据库角色。如果未向某个用户授予或拒绝对安全对象的特定权限时，该用户将继承授予该对象的 public 角色的权限。

2. 自定义数据库角色

如果数据库服务器中的用户很多，需要为每个用户分配相应的权限，这是一项很烦琐的工作，而且系统中往往有许多用户的操作权限是一致的，此时，固定数据库角色并不一定能满足系统安全管理的需求，这时可以添加自定义数据库角色，把具有相同权限的一类数据库用户账号添加进自定义数据库角色，给该角色赋予操作权限，从而简化对用户权限的管理工作。下面介绍在 SSMS 中创建自定义数据库角色的操作步骤。

（1）在 SSMS 的"对象资源管理器"中，展开要创建自定义数据库角色的目标数据库，展开"安全性"→"角色"，右击"数据库角色"，在弹出的快捷菜单中选择"新建数据库角色"，打开如图 11.9 所示的"数据库角色-新建"对话框。

图 11.9　新建数据库角色

（2）在"常规"选择页中的"角色名称"文本框中输入新创建的角色名；在"所有者"文本框中输入角色的所有者，也可以单击"…"按钮查找所有者；在"此角色拥有的架构"中选择该角色的架构；单击"添加"按钮，为新创建的角色添加用户。

（3）选择"安全对象"选择页，设置该角色的安全对象，单击"搜索"按钮，弹出"添加对象"对话框,如图 11. 10 所示。

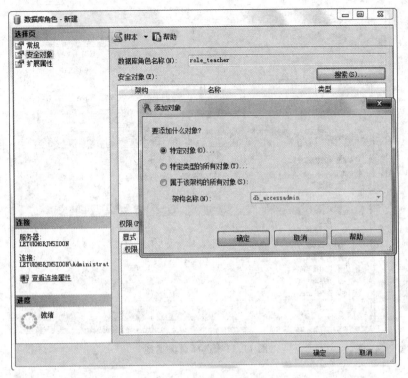

图 11. 10　添加安全对象

(4) 在"添加对象"对话框中选择"特定对象"单选按钮,单击"确定"按钮,弹出"选择对象"对话框,单击"对象类型"按钮,出现"选择对象类型"对话框,如图 11. 11 所示,可以选择特定的对象类型,例如选择"表",单击"确定"按钮。

(5) 回到"选择对象"对话框,此时"浏览"按钮变亮,单击"浏览"按钮,弹出"查找对象"对话框,选择设置此角色的表,例如选择学生表 Student 和成绩表 Score,如图 11. 12所示。单击"选择对象类型"对话框中的"确定"按钮,回到"选择对象"对话框,再单击"确定"按钮。

(6) 回到"数据库角色-新建"对话框,此时"安全对象"文本框中显示已选择的安全对象,这里显示 Student 表和 Score 表,选择某个对象,例如选择 Student,可以在下面的"dbo. Student 权限"文本框中设置新建角色对 Student 表的权限,如图 11. 13 所示。

(7) 单击"确定"按钮,自定义数据库角色创建完成。

此时,在 SSMS 的"对象资源管理器"中,展开"安全性"→"角色"→"数据库角色",就可以看到新创建的数据库角色。

3. 为数据库角色添加或删除数据库账号

为数据库角色添加数据库账号有两种方式:一种方式是在新建自定义数据库角色时把数据库用户账号添加进来,成为该角色的成员。另一种方式是在 SSMS 中展开该角

图 11.11　选择对象类型

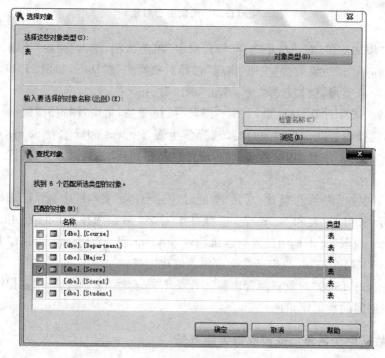

图 11.12　查找对象

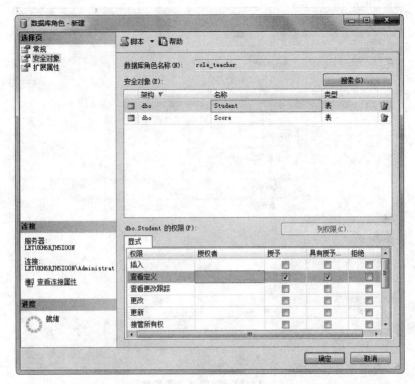

图 11.13 设置权限

色,例如展开自定义角色 role_teacher,右击该角色,在弹出的快捷菜单中选择"属性",打
开"数据库角色属性",如图 11.14 所示。单击"添加"按钮,打开"选择数据库用户或角
色"对话框,单击"浏览"按钮,打开"查找对象"对话框,选择要添加进该角色的用户或其
他角色,这里选择 teacher 用户,如图 11.15 所示,单击"查找对象"对话框中的"确定"按
钮,再单击"选择数据库用户或角色"对话框中的"确定"按钮,回到"数据库角色属性"对
话框,此时可以看到 teacher 数据库用户账号已经添加进该角色中,单击"确定"按钮,数
据库账号添加完毕。

删除数据库角色的成员,可以在图 11.14 中选择该成员,单击"删除"按钮,即可把该
成员从角色中删除。

11.3.3 应用程序角色

应用程序角色是一种特殊的用户自定义数据库角色,所以也是一种数据库级角色,
与数据库角色不同的是,应用程序角色默认情况下不包含任何成员,而且是非活动的。
应用程序角色是用来控制应用程序存取数据库的,在编写数据库的应用程序时,可以自
定义应用程序角色,让应用程序的操作者能用编写的程序来存取 SQL Server 数据。也
就是说,应用程序的操作者本身并不需要在 SQL Server 上拥有登录账号以及用户账号,
但仍然可以进行存取数据的操作。

应用程序角色使用两种身份验证模式,可以使用 sp_setapprole 启用应用程序角色,

图 11.14　数据库角色属性

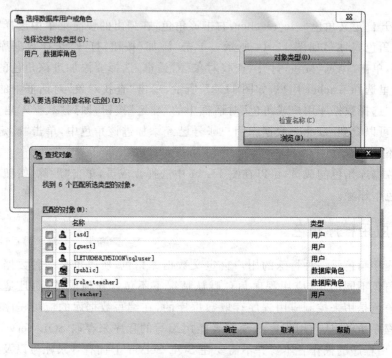

图 11.15　为数据库角色添加账号或角色

该过程需要密码。因为应用程序角色是数据库级主体,所以它们只能通过其他数据库为 guest 授予的权限来访问这些数据库,因此,其他数据库中的应用程序角色将无法访问任何已禁用 guest 的数据库。

应用程序角色切换安全上下文的过程包括下列步骤:

(1) 用户执行客户端应用程序。

(2) 客户端应用程序作为用户连接到 SQL Server。

(3) 应用程序用一个只有它才知道的密码执行 sp_setapprole 存储过程。

(4) 如果应用程序角色名称和密码都有效,则启用应用程序角色。

(5) 此时,连接将失去用户权限,而获得应用程序角色权限。

通过应用程序角色获得的权限在连接期间始终有效。

应用程序角色的创建步骤与数据库角色创建类似,在此不再叙述。

11.4　用户权限管理

用户拥有了服务器登录账号,并与某个数据库用户账号映射,登录服务器后,用户可以在 SSMS 中看到该数据库,但并不能访问数据库中的数据,用户只有具有访问数据库的权限,才能对服务器上的数据库进行权限下的各种操作。用户访问数据库权限的设置是通过用户账号来实现的。

权限是指授权用户可以使用的数据库对象和授权用户可以对这些数据库对象执行的操作。用户在登录 SQL Server 之后,其用户账号所归属的 Windows 组或角色所被赋予的权限决定了该用户能够对哪些数据库对象执行哪种操作以及能够访问、修改哪些数据。

11.4.1　权限的类型

在 SQL Server 中包括三种类型的权限:默认权限、对象权限和语句权限。

1. 默认权限

默认权限是指系统安装以后某些用户和角色不必授权就有的权限,这种角色包括固定服务器角色和固定数据库角色,用户包括数据库对象所有者。只有固定角色或者数据库对象所有者的成员才可以执行某些操作,执行这些操作的权限就称为默认权限。数据库中的用户根据他们在数据库中的角色被设定了某些默认权限,也就意味着这些用户获得某些默认权限。这样的用户主要有以下几类:

(1) 系统管理员:可以创建和删除数据库,配置服务器。

(2) 数据库所有者:可以创建和管理数据库中的对象以及管理整个数据库。

(3) 对象所有者:可以在对象上进行授权或删除权限的操作,而且可以删除对象。 SQL Server 中的每个对象都有一个所有者,对象的所有者就是创建对象的用户。例如,系统管理员创建了一个数据库,系统管理员就是这个数据库的所有者,如果一个用户创建了一个数据库表,这个用户就是这个表的所有者。对象所有者拥有对象的全部操作权限。

（4）数据库用户：其默认权限取决于创建数据库用户时的设置。

2. 对象权限

对象权限表示对特定的数据库对象的操作权限，它决定了能对表、视图等数据库对象执行哪些操作。如果用户想对某对象进行操作，必须具有相应的操作权限，常用的对象权限如表 11.1 所示。

表 11.1　常用的对象权限

对 象 权 限	说　明
SELECT（查询）权限	能够访问、操作数据
INSERT（插入）权限	能够向数据表中插入数据
UPDATE（修改）权限	能够更新数据表的数据
DELETE（删除）权限	能够删除数据表的数据
EXECUTE（执行）权限	能够执行存储过程

其中，SELECT、INSERT、UPDATE 和 DELETE 权限，可以应用到整个表或视图中，SELECT 和 UPDATE 权限可以有选择地应用到表或视图中的某个列上。INSERT 和 DELETE 权限会影响整行，所以只能应用到表或视图中，不能应用到单个列上。EXECUTE 权限影响存储过程和函数。

3. 语句权限

语句权限表示对数据库的操作权限，即创建数据库或者创建数据库中的其他内容所需要的权限。语句权限通常是一些管理性的操作，如创建数据库、数据表和存储过程等。语句权限虽然包含操作的对象，但这些对象在执行该语句之前并不存在于数据库中，所以，语句权限针对的是某个 T-SQL 语句，而不是数据库中已经创建的特定的数据库对象。常见的语句权限如表 11.2 所示。

表 11.2　常见的语句权限

语 句 权 限	说　明
BACKUP DATABASE 权限	备份数据库
BACKUP LOG 权限	备份事务日志库
CREATE DATABASE 权限	创建数据库
CREATE DEFAULT 权限	创建缺省
CREATE FUNCTION 权限	创建用户定义函数
CREATE PROCEDURE 权限	创建存储过程
CREATE RULE 权限	创建规则
CREATE TABLE 权限	创建表
CREATE VIEW 权限	创建视图

11.4.2 用户权限操作

用户权限操作包括权限的授权、撤销和拒绝。在 SQL Server 2014 中,权限操作可以在 SSMS 中对用户的权限进行设置,也可使用 T-SQL 语句提供的 GRANT(授予)、REVOKE(撤销)和 DENY(拒绝)语句完成。

1. 在 SSMS 中设置权限

在 SSMS 中可以有两种途径实现对用户权限的设置:一种是面向单一用户的权限设置;另一种是面向数据库对象的权限设置。

1) 面向单一用户进行权限设置

在 SSMS 中面向单一用户进行权限设置的步骤如下:

(1) 在 SSMS 的"对象资源管理器"中展开要设置权限的用户,例如有用户 user_stu,该用户对应的登录账号是 stu。右击用户名,在弹出的快捷菜单中选择"属性",出现"数据库用户-user_stu"对话框,单击对话框中的"搜索"按钮,弹出"添加对象"对话框,选择要添加的对象类型,例如"特定对象",如图 11.16 所示。

图 11.16 "数据库用户-user_stu"及"添加对象"对话框

(2) 在图 11.16 中单击"确定"按钮,弹出"选择对象"对话框,单击"对象类型"按钮,弹出"选择对象类型"对话框,在其中选择相应的类型,例如选择"表"和"视图",如图 11.17 所示,单击"确定"按钮。

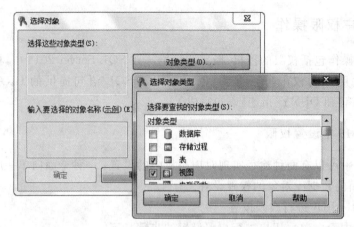

图 11.17 "选择对象"及"选择对象类型"对话框

(3) 返回"选择对象"对话框,其中"选择这些对象类型"文本框中出现了刚才选择的对象类型,单击"浏览"按钮,弹出"查找对象"对话框,选择要添加的安全对象,例如选择Student 表和 View_stu 视图,如图 11.18 所示。单击"确定"按钮。此时回到"安全对象"对话框,选择的安全对象会显示在"输入要选择的对象名称"文本框中,单击"确定"按钮。

图 11.18 "选择对象"及"查找对象"对话框

(4) 返回"数据库用户"对话框,此时"安全对象"文本框中显示刚才选择的安全对象,这里显示 Student 表和 View_stu 视图,单击某个安全对象,例如 Student,在对话框的下半部分会显示"dbo. Student 的权限",勾选相应的复选框设置对 Student 表进行的操作权限,例如,勾选"插入""更改""更新"和"选择"前的复选框,如图 11.19 所示。设置完后,单击"确定"按钮,用户 user_stu 的权限设置完成。

(5) 此时,用户以 stu 账号登录后,可以对 tech 数据库的 student 表进行查询、插入和更新数据操作。

2) 面向数据库对象进行权限设置

除了可以对用户进行权限设置,还可以面向数据库对象进行权限设置,在 SSMS 中面向数据库对象进行权限设置的步骤如下:

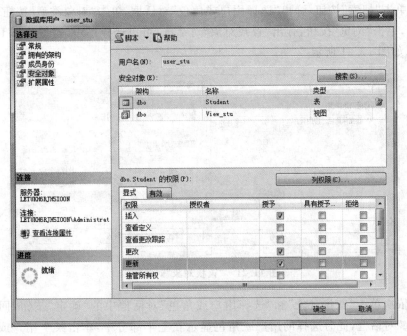

图 11.19　"数据库用户-user_stu"对话框

（1）在 SSMS 的"对象资源管理器"中展开要设置权限的数据库对象（表、视图、存储过程等），如 Course 表，右击 Course 表，在弹出的快捷菜单中选择"属性"，弹出"表属性-Course"对话框，单击对话框中的"权限"选择页，如图 11.20 所示。

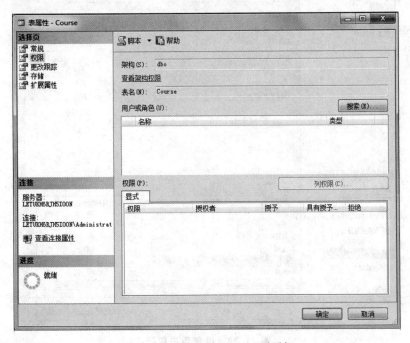

图 11.20　"表属性-Course"对话框

(2) 单击"搜索"按钮,弹出"选择用户或角色"对话框,单击"对象类型"按钮可以选择用户类型,单击"浏览"按钮,弹出"查找对象"对话框,可以选择用户,这里选择 teacher 和 user_stu,如图 11.21 所示。

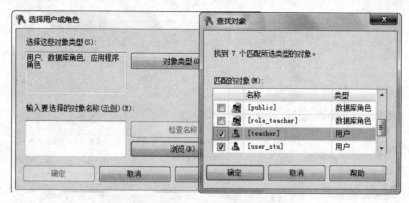

图 11.21 "查找对象"对话框

(3) 依次单击"查找对象"和"选择用户或角色"对话框中的"确定"按钮,回到"表属性-Course"对话框,此时选择的用户或角色显示在上半部分中,单击某个用户或角色,在下半部分设置该用户或角色对 course 表的权限,如图 11.22 所示。单击"确定"按钮,完成对 Course 表权限的设置。

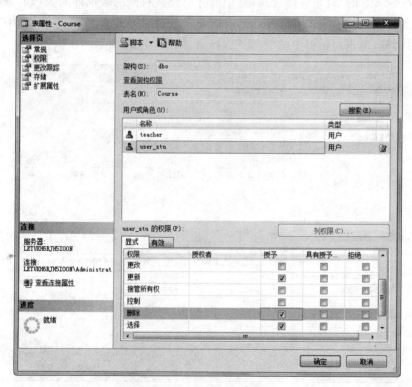

图 11.22 设置用户权限

在权限设置中,当勾选"授予"复选框时可以将权限授予用户,取消勾选该复选框将撤销此权限;当勾选"具有授予"复选框时表示用户可以将此权限再授予其他用户;当勾选"拒绝"复选框时,将拒绝该权限,一般是停用从其他角色继承的权限,并确保用户、角色或组不继承更高级别的组或角色的权限。

2. 使用 T-SQL 语句管理权限

1) 授予权限

SQL Server 2014 提供了 GRANT 语句授予权限,下面就授予语句权限和授予对象权限分别加以介绍。

授予语句权限的语法格式为:

```
GRANT {ALL|statement[,...n]}
TO security_account [,...n]
```

其中各参数含义如下:

- ALL:表示授予用户大多数权限,主要包括前面提到的表 11.2 中的语句权限。
- statement:任何有效权限的组合。
- security_account:被授权的一个或多个用户账号。

【例 11.1】　给用户 user_tea,user_stu 授予创建表的权限。

```
USE tech
GO
GRANT CREATE TABLE
TO user_tea,user_stu
```

授予对象权限的语法格式为:

```
GRANT {ALL [PRIVILEGES]|permission [,...n]}
{
[(column[,...n])] ON {table|view}
|ON {table|view}[(column [,...n])]
|ON {stored_procedure |extended_procedure}
|ON {user_defined_function}
}
TO security_account[,...n]
[WITH GRANT OPTION]
[AS {principal}]
```

其中各参数含义如下:

- ALL:如果安全对象是表和视图,则 ALL 对应 DELETE、INSERT、REFERENCES、SELECT 和 UPDATE;如果安全对象是存储过程,则 ALL 表示 EXECUTE。注意,该选项并不授予全部可能的权限。
- PRIVILEGES:包含此参数是为了符合 ISO 标准。
- permission:权限的名称。

- column：指定表中将授予其权限的列的名称，需要使用括号()。
- table|view：权限授予的表或视图。
- security_account：安全主体名称。
- GRANT OPTION：表示被授权者在获得指定权限的同时还可以将指定权限授予其他主体。
  - AS principal：指定一个主体，执行该查询的主体从该主体获得授予该权限的权利。

【例 11.2】 假设 tech 数据库中有用户 user1 和 user2，把 score 表的查询权限授予user1 和 user2。

```
GRANT SELECT ON score TO user1,user2
```

【例 11.3】 把对学生表 Student 的查询权限授予所有用户。

```
GRANT SELECT ON Student TO public
```

由于所有用户都属于数据库角色 public，因此 public 有了查询 student 表的权限，那么所有用户就具有了这种权限。

【例 11.4】 假设 tech 数据库中有用户 user3，把查询学生表和修改学生表性别的权限授予 user3，并允许 user3 再将此权限授予其他用户。

```
GRANT SELECT,UPDATE(Ssex)ON student TO user3 WITH GRANT OPTION
```

此时，用户 user3 具有了查询学生表和修改性别列的权限，由于使用了 WITH GRANT OPTION，user3 还可以把该权限授予其他用户。

【例 11.5】 假设用户 user3 对应的登录账号名也是 user3，现在以 user3 登录服务器，把对学生表的查询权限和性别列的修改权限授予用户 user4。

```
GRANT SELECT,UPDATE(Ssex) ON student TO user4
```

此时，用户 user4 具有了 user3 授予的查询学生表权限和修改性别列权限，由于user3 授予 user4 权限时没有使用 WITH GRANT OPTION，所以 user4 不能将此权限授予其他用户。

【例 11.6】 把学生表 student 表的所有权限授予用户 user1。

```
GRANT ALL PRIVILEGES ON student TO user1
```

此时，以 user1 登录服务器，user1 就具有了对学生表 student 的 SELECT、INSERT、UPDATE 和 DELETE 等权限。

2）撤销权限

SQL Server 2014 提供了 REVOKE 语句来撤销先前给数据库用户授予或拒绝的权限，撤销语句权限的语法格式为：

```
REVOKE {ALL|statement [,...n]} from security_account [,...n]
```

【例 11.7】 撤销用户 user_tea 和 user_stu 的 CREATE TABLE 权限。

```
REVOKE CREATE TABLE from user_tea,user_stu
```

撤销对象权限的语法格式为：

```
REVOKE [GRANT OPTION FOR]
{ALL [PRIVILEGES] | permission[,...n]}
{
[(column [,...n])] ON {table | view}
| ON {table|view} [(column [,...n])]
| ON {stored_procedure |extended_procedure}
| ON {user_defined_function}
}
{to | from}
security_account [,...n]
[CASCADE]
[AS principal]
```

其中各参数含义如下：

- GRANT OPTION FOR：指示将撤销授予指定权限的能力。在使用 CASCADE 参数时，需要具备该功能。
- CASCADE：指示当前正在撤销的权限也将从其他被该主体授权的主体中撤销。使用 CASCADE 参数时，还必须同时指定 GRANT OPTION FOR 参数。
- 其他参数与 GRANT 语句中参数含义相同。

【例 11.8】　撤销用户 user1 和 user2 对 Score 表的查询权限。

```
REVOKE SELECT ON Score FROM user1,user2
```

【例 11.9】　撤销所有用户对 Student 表的查询权限。

```
REVOKE SELECT ON Student FROM public
```

【例 11.10】　撤销用户 user3 对查询学生表和修改学生表性别的权限，同时撤销 user3 授予其他用户的该权限。

```
REVOKE SELECT,UPDATE (Ssex) ON student FROM user3 CASCADE
```

此时，不但用户 user3 的查询学生表和修改学生表性别的权限撤销，用户 user3 授予其他用户（如 user4）的该权限也一并撤销。

3）拒绝权限

拒绝权限指拒绝为主体授予权限，防止该主体通过组或角色成员身份继承权限。拒绝权限在一定程度上类似于撤销权限，但是这种设置拥有最高优先权，即只要指定一个保护对象拒绝一个用户或角色访问，则即使该用户或角色被明确授予某种权限，或因继承关系得到某种权限，仍然不允许执行相应的操作。拒绝权限一般是防止主体通过其组或角色成员身份继承权限。

拒绝语句权限的语法格式为：

```
DENY {ALL | statement [,...n]} TO security_account [,...n]
```

【例 11.11】　拒绝给用户 user_stu 创建表的权限。

```
DENY CREATE TABLE TO user_stu
```

拒绝对象权限的语法格式为：

```
DENY {ALL [PRIVILEGES]|permission [,...n]}
{
[(column[,...n])] ON {table|view}
|ON {table|view}[(column [,...n])]
|ON {stored_procedure |extended_procedure}
|ON {user_defined_function}
}
TO security_account[,...n]
[WITH GRANT OPTION]
[AS {principal}]
```

各参数的含义与 GRANT 语句中相同。

【例 11.12】　拒绝用户 user1 对成绩表 Score 的查询权限。

```
DENY SELECT ON Score TO user1
```

　　当用户属于某个角色时，用户对数据库对象的访问权限会继承角色的权限。例如，假设用户 user_stu1 属于角色 role_stu1，角色 role_stu1 具有对表 Student 的 SELECT 权限，则用户 user_stu1 也自动取得对表 Student 的 SELECT 权限；如果 role_stu1 对表 Student 没有 INSERT 权限，而 user_stu1 具有表 Student 的 INSERT 权限，则最终 user_stu1 是具有对表 Student 的 INSERT 权限的。需要注意的是，拒绝权限是优先的，只要角色 role_stu1 和用户 user_stu1 有一个是拒绝的，则该权限就是拒绝的。

　　如果一个用户属于不同的数据库角色，例如，假设用户 user_stu1 既属于角色 role_stu1，又属于角色 role_stu2，则用户 user_stu1 的权限基本上是以 role_stu1 和 role_stu2 的并集为准，但是只要有一个拒绝，则用户 user_stu1 的权限就是拒绝的。

11.5　本章小结

　　本章主要介绍了 SQL Server 的安全管理方面的措施。

　　SQL Server 提供两种身份验证模式：Windows 身份验证模式和混合身份验证模式。如果设置为 Windows 模式，则 SQL Server 使用操作系统中的 Windows 主体标记验证账户名和密码。Windows 身份验证模式是默认身份验证模式，并且比 SQL Server 身份验证更为安全。混合身份验证模式使用户可以使用 Windows 身份验证或使用 SQL Server 身份验证。混合身份验证模式适用于外界用户访问数据库或不能登录到 Windows 域的情况。

SQL Server 账号有两种：一种是登录服务器的登录账号；另一种是使用数据库的用户账号。登录账号能连接到 SQL Server 实例，属于服务器层面，它本身不能让用户访问服务器中的数据库，登录者要使用服务器中的数据库时，必须要有用户账号才能访问数据库。

角色是具有多种相同权限的用户集合，当要为某一用户同时授予或撤销多项权限时，可以把这些权限定义为一个角色，对此角色进行权限的设置，这就避免了重复性的工作，简化了管理数据库用户权限的工作。SQL Server 提供了一些固定角色，可以直接使用，主要有固定服务器角色和固定数据库角色。

权限是指定授权用户可以使用的数据库对象和这些授权用户可以对这些数据库对象执行的操作。本章主要介绍了三种权限类型：默认权限、对象权限和语句权限。通过授权指定用户可以访问的数据库对象，可以给用户授予不同类型的权限，在必要时也可以收回授权，这样用户能够进行的数据库操作以及所操作的数据被限定在指定的范围内，禁止用户超越权限对数据库进行非法操作，从而保证数据库的安全性。

习 题 11

一、选择题

1. 以下不属于数据库系统安全性的主要技术和方法是( )。
   A. 存取控制技术　　B. 视图技术　　　　C. 审计技术　　　　D. 索引
2. T-SQL 语言的 GRANT 和 REVOKE 语句主要用来维护数据库的( )。
   A. 完整性　　　　　B. 可靠性　　　　　C. 安全性　　　　　D. 一致性
3. 安全性控制的防范对象是( )，防止它们对数据库数据的存取。
   A. 不合语义的数据　　　　　　　　B. 非法用户
   C. 不正确的数据　　　　　　　　　D. 不符合约束数据
4. SQL Server 2014 提供 ( )两种身份验证模式。
   A. Windows 验证模式和 SQL Server 验证模式
   B. Windows 验证模式和混合验证模式
   C. SQL Server 验证模式和混合验证模式
   D. 服务器验证和数据库验证
5. 下面说法不正确的是( )。
   A. 角色是一种 SQL Server 安全账户，若用户被加入到某一个角色中，则继承该角色的权限
   B. 角色一般为特定的工作组或任务分类而设置，可以根据用户所执行的任务成为一个或多个角色的成员
   C. 用户不必是任何角色的成员，可以为用户分配个人权限
   D. 如果某个用户属于某个角色，则分配权限时用户和角色的权限不能冲突

二、简答题

1. SQL Server 提供了几种身份验证模式？各自的优缺点是什么？

2. 简述角色的概念及其分类。

3. 服务器角色和数据库角色的区别是什么？

4. 如何将一个表的操作权限简便地授予多个用户？

5. 简述进行权限设置时，"授予""拒绝"或"撤销"的含义及三者关系。

三、操作题

1. 在 SSMS 的"对象资源管理器"中创建 SQL Server 身份验证的登录，其中登录名为 login_gy1，密码为 gongying1，默认数据库为供货管理，其他保持默认值。

2. 在 SSMS 的"对象资源管理器"中创建 Windows 身份验证的登录（先在 Windows 下创建用户名为 login_gy2，密码为 gongying2 的用户，然后再将该用户添加到 SQL Server 登录中）。

3. 在"对象资源管理器"中创建数据库用户和角色。

（1）在 SSMS 的"对象资源管理器"中创建登录名为 login_gy1、密码为 gongying1、默认数据库为"供货管理"的数据库用户 gy1。

（2）在"对象资源管理器"中创建数据库角色，角色名称为 role_gy1 和 role_gy2。

（3）把查询零件和供应表的权限授予角色 role_gy1，并拒绝角色对项目表的查询权限。

（4）把数据库用户 gy1 添加到角色 role_gy1 中。

（5）把查询供应商表的权限授予角色 role_gy2，并把数据库用户 gy1 添加到角色 role_gy2 中。

（6）授予用户 gy1 对项目表的查询权限。

（7）以登录账号 login_gy1 登录 SQL Server，验证数据库用户 gy1 具有的权限。

（8）删除用户 gy1 以及角色 role_gy1 和 role_gy2。

4. 假设"供货管理"数据库中，已经创建了数据库用户 user1、user2、user3，使用 T-SQL 语句管理权限。

（1）把查询零件表的权限授予用户 user1。

（2）把零件表的全部权限授予用户 user1。

（3）把查询零件表的权限授予所有用户。

（4）把查询零件表和修改规格的权限授予用户 user2。

（5）把对零件表的 INSERT 权限授予用户 user2，并允许将此权限再授予其他用户。

（6）把在数据库供货管理中建立表的权限授予用户 user3。

（7）把用户 user2 的修改零件规格的权限撤销。

（8）撤销所有用户对零件表的查询权限。

（9）拒绝用户 user1 对零件表的删除权限。

第 12 章

基于 Java 的数据库应用系统开发

本章学习目标

- 了解 JDBC 技术。
- 掌握 JDBC 中常用类和接口的使用。
- 熟练运用 JDBC 技术进行数据库应用系统的开发。

本章首先介绍 JDBC 的相关知识,介绍在 JDBC 访问中用到的主要类、接口以及常用方法,然后通过图书管理系统和学生成绩管理系统两个案例介绍基于 Java 的数据库应用系统开发。

12.1 JDBC 相关知识介绍

12.1.1 JDBC 概述

JDBC(Java Database Connectivity,Java 数据库连接)是一种通过 Java 语言访问数据库的应用程序接口技术,它制定了统一的数据库连接和访问标准,需要各数据库开发商共同遵守并执行。

JDBC 的主要功能有以下几点:

(1)与数据库建立连接;

(2)向数据库发送 SQL 语句;

(3)处理数据库返回的结果。

12.1.2 JDBC 常用类和接口

JDBC API 是一组由 Java 语言编写的类和接口,包含在 JDK(Java Development Kit,Java 开发工具包)的 java. sql 和 javax. sql 两个包中。通过调用这些类和接口,开发人员可以编写与平台和数据库无关的代码。其中,java. sql 为核心包,javax. sql 为扩展包。所以在采用 JDBC 的程序中至少必须使用"import java. sql. * "形式导入 java. sql 核心包。

下面介绍 java. sql 核心包中的常用类和接口。

1. DriverManager 类

DriverManager 类是驱动程序管理类,作用于用户和驱动程序之间,负责管理 JDBC 驱动程序。它跟踪可用的驱动程序,并在数据库和相应驱动程序之间建立连接。

在使用 DriverManager 类之前,必须先加载数据库驱动程序。加载方式为通过 java.lang 包中的 Class 类调用静态方法 forName(String className)来实现。其基本格式为:

```
Class.forName(JDBC 数据库驱动程序);
```

在加载驱动程序之前必须确保驱动程序已经在 Java 编译器的类路径中,否则会抛出 ClassNotFoundException 的异常信息。

驱动程序加载之后,就可以调用 DriverManager 类的 getConnection()方法得到与数据库的连接。其基本格式如下:

```
Connection conn=DriverManager.getConnection(url,user,password);
```

其中,url 是建立数据库连接的字符串,表示数据库资源的地址。其基本格式为:

```
jdbc :<subPrototol>:<subName>://hostName :port ;DatabaseName=XXX
```

user 是建立数据库连接所需的用户名,可以为空。

password 是建立数据库连接所需的密码,可以为空。

方法的返回值为一个数据库连接对象,类型为 Connection。

2. Connection 接口

Connection 接口负责与特定数据库的连接,并拥有创建 SQL 语句的方法,以完成基本的 SQL 操作。一个应用程序可以与单个数据库有一个或多个连接,也可以与多个数据库有连接。

Connection 接口的常用方法如下:

(1) Statement createStatement():创建一个 Statement 对象,将 SQL 语句发送到数据库。

(2) Statement createStatement(int resultSetType, int resultSetConcurrency):创建一个 Statement 对象,该对象将生成具有给定类型和并发性的 ResultSet 对象。

(3) PreparedStatement prepareStatement(String sql):创建一个 PreparedStatement 对象,将参数化的 SQL 语句发送到数据库。

(4) void close():断开连接,释放此 Connection 对象的数据库和 JDBC 资源。

3. Statement 接口

Statement 接口对象用于在已经建立数据库连接的基础上,向数据库提交 SQL 语句并返回执行结果。提交的 SQL 语句可以是 SELECT 查询语句、UPDATE 更新语句、INSERT 插入语句和 DELETE 删除语句。

Statement 对象用于执行不带参数的简单 SQL 语句。创建 Statement 对象通过调用

Connection 接口的 createStatement()方法实现。创建格式可以参考如下代码：

```
Connection conn=DriverManager.getConnection();
Statement stmt=conn.createStatement();
```

Statement 接口的常用方法有：

（1）int executeUpdate(String sql)：用于执行 SQL 的数据操纵语句，如 INSERT、UPDATE、DELETE 语句；或执行 SQL 的数据定义语句，如 CREATE TABLE、DROP TABLE 等。对于前者返回值是一个整数，表示受影响的记录行数；对于后者返回值是 0。

（2）ResultSet executeQuery(String sql)：用于执行 SQL 的查询语句，返回一个结果记录集。

（3）boolean execute(String sql)：用于执行指定的可能返回多个结果集、多个计数值的 SQL 语句。

（4）void close()：用于释放 Statement 对象。

4. PreparedStatement 接口

PreparedStatement 接口是 Statement 接口的子接口，直接继承并重载了 Statement 接口对象的方法，用于执行带或不带 IN 参数的预编译 SQL 语句。PreparedStatement 接口对象经过预编译，执行速度要快于 Statement 接口对象。创建 PreparedStatement 对象通过调用 Connection 接口的 prepareStatement()方法实现。创建格式可以参考如下代码：

```
Connection conn=DriverManager.getConnection();
PreparedStatement pstmt=conn.prepareStatement(sql);
```

其中，sql 为要执行的 SQL 语句字符串，可以包含一个或多个 IN 参数，也可以用"?"作为占位符。

请注意创建 PreparedStatement 对象与创建 Statement 对象语句格式的不同之处。

PreparedStatement 接口的常用方法有：

（1）int executeUpdate()。

（2）ResultSet executeQuery()。

（3）boolean execute()。

以上方法的功能与 Statement 接口中介绍的一样。另外，PreparedStatement 接口还提供了一组用来设置语句串 sql 中参数的 setXxx()方法。

（4）void setXxx(index,value)：用来给语句串 sql 中指定位置的参数设置不同类型的值。其中，Xxx 代表参数的类型，第一个字母要大写，如 String、Int、Long、Double、Date 等；index 表示参数在 SQL 语句串中的位置，从 1 开始；value 代表为参数设置的值。

若 SQL 语句串中有"?"占位符，在执行 executeUpdate()或 executeQuery()等方法之前就需要用 setXxx()方法为占位符赋值。

5. ResultSet 接口

ResultSet 接口对象包含了 Statement 接口和 PreparedStatement 接口的 executeQuery() 方法中 SELECT 查询的结果集。可以通过如下方式：

```
Statement stmt=conn.createStatement();
ResultSet rs=stmt.executeQuery(sql);
```

或

```
PreparedStatement pstmt=conn.prepareStatement(sql);
ResultSet rs=pstmt.executeQuery();
```

创建，这样就得到了一个 ResultSet 结果集对象 rs。其中的方法参数 sql 是一个包含 SELECT 查询语句的字符串。

ResultSet 结果集对象如果不为空，就是一个二维表。可以通过移动记录指针形式访问表中的每行数据。最初记录指针位于结果集第一行之前。

ResultSet 接口提供了许多方法用来操作结果集中的记录指针，同时提供了一套 getXxx()方法，用来对结果集中当前行的各列数据进行访问。

ResultSet 接口中最常用的方法是 next()方法，用于将记录指针移动到结果集的下一行，使下一行成为当前行。如果没有下一行将返回 false。

通常使用 while 循环迭代 ResultSet 结果集。下面这段代码是执行 SQL 查询语句并处理结果集的典型格式。

```
Statement stmt=conn.createStatement();
String sql="SELECT * FROM course";          //准备执行的 SQL 语句
ResultSet rs=stmt.executeQuery(sql);         //执行查询并返回结果集
while(rs.next()){                            //使用 next()方法在结果集范围内移动指针,构成循环
    String cno=rs.getString("cno");          //按顺序取出当前行中的列
    String cname=rs.getString("cname");
    …                                        //对取出的各列进行处理
}
```

在默认情况下,ResultSet 结果集对象不可以更新,只有一个可以向下移动的指针,即只能从第一行顺序访问到最后一行。如果希望指针能够上下移动,可以通过调用 Connection 接口带参数的 createStatement(int resultSetType, int resultSetConcurrency)方法创建 Statement 对象,然后再创建可滚动和可更新的 ResultSet 对象。

12.1.3 JDBC 数据库访问步骤

在实际应用开发中,通过 JDBC 访问数据库一般分为以下几个步骤：
(1) 加载 JDBC 驱动程序。
(2) 建立与数据源的连接。
(3) 使用连接对象创建执行 SQL 语句的对象。

（4）执行 SQL 语句。

（5）处理 SQL 语句执行的结果：对于查询语句要处理返回的结果集；对于插入、删除和更新操作要判断是否操作成功。

（6）断开连接，关闭相关对象。

以下代码就是一个典型的访问数据库的例子。

```java
import java.sql.*;                                    //导入 java.sql 核心包
public class CourseDisplay{
    public static void main(String[] args){
        Connection conn;
        Statement stmt;
        ResultSet rs;
        String sql="select * from Course";
        try{
            //加载 JDBC 驱动程序
            Class.forName("com.microsoft.sqlserver.jdbc.SQLServerDriver");
            conn = DriverManager. getConnection ( " jdbc: sqlserver://localhost:
            1433;databaseName=tech","sa","123456");    //建立与数据源的连接
            stmt=conn.createStatement();                //创建执行 SQL 语句的对象
            rs=stmt.executeQuery(sql);                  //执行 SQL 语句
            while(rs.next()){                           //处理 SQL 语句执行的结果
                String cno=rs.getString(1);
                String cname=rs.getString(2);
                int chour=rs.getInt(3);
                int credit=rs.getInt(4);
                System.out.println(cno+","+cname+","+chour+","+credit);
            }
            rs.close();                                 //断开连接,关闭相关对象
            stmt.close();
            conn.close();
        }catch(Exception e){
            System.out.println(e.getMessage());
        }
    }
}
```

12.2 基于 Java 的图书管理系统开发

本节以一个简单的图书管理系统为例,介绍基于 Java 的数据库应用系统的开发过程。

12.2.1 系统需求分析

某单位图书馆要开发一个小型图书管理系统,主要实现图书管理、读者管理、借阅管

理、信息查询、系统维护等功能。具体描述如下：

（1）图书管理：主要实现图书信息的添加、更新、浏览等功能。图书信息包括编号、书名、作者、出版社、出版日期、单价、简介等。

（2）读者管理：主要实现读者信息的添加、删除等功能。读者信息包括编号、姓名、性别、单位、电话、类型等。类型分为四类：教师、研究生、本科生、其他。读者类型不同，可以借阅图书的册数和借阅时间也不一样，具体规定如下：教师在借图书最多 15 册，一次借阅时间不超过 180 天；研究生在借图书最多 10 册，一次借阅时间不超过 180 天；本科生在借图书最多 5 册，一次借阅时间不超过 60 天；其他人员在借图书最多 5 册，一次借阅时间不超过 30 天。

（3）借阅管理：主要实现图书的借阅、归还等功能。

（4）信息查询：主要供读者用户查询图书信息、查询自己的借阅信息等。

（5）系统维护：主要实现系统维护功能。

从用户的角度来看，本系统主要分为两类用户：

（1）管理员用户：负责对系统所有基本信息的管理，包括对图书信息和读者信息的添加、删除和修改，对读者借阅信息的及时更新，对整个系统数据库的维护等。

（2）读者用户：可以查询图书信息、查询自己的借阅信息等。

12.2.2　系统功能模块设计

在系统需求分析的基础上，得到本系统的功能模块图如图 12.1 所示。

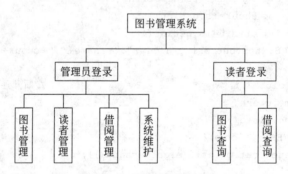

图 12.1　系统功能模块图

限于篇幅，下面只围绕读者登录后的图书查询和借阅查询两个子模块进行分析和设计。其他部分可以作为练习，由读者自己完成。

12.2.3　系统数据库设计

在系统需求分析的基础上，首先进行数据库概念结构设计，一共抽象出三个实体：图书实体、读者实体、读者类型实体。对应的属性如下。

（1）图书实体：图书编号、书名、作者、出版社、出版日期、单价、简介。

（2）读者实体：读者编号、姓名、性别、单位、电话。

（3）读者类型实体：类型、借阅册数、借阅天数。

另外,读者实体和图书实体之间存在"多对多"的借阅联系,联系的属性可以通过借阅日期和还书时间反映出来。读者类型实体和读者实体之间存在"一对多"的属于联系。

系统 E-R 图如图 12.2 所示。

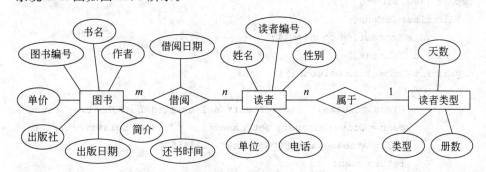

图 12.2 系统 E-R 图

将概念结构设计得到的 E-R 图转换为对应的关系模式,可以设计出本系统数据库的逻辑结构。根据转换原则得到如下四个关系模式。

(1) 图书(图书编号,书名,作者,出版社,出版日期,单价,简介)。

(2) 读者(读者编号,姓名,性别,单位,电话,类型)。

(3) 借阅(读者编号,图书编号,借阅日期,还书时间)。

(4) 读者类型(类型,借阅册数,借阅天数)。

根据以上关系模式,在 SQL Server 2014 中新建关系数据库 BOOKS,对应有四个表:图书表 book、读者表 reader、借阅表 borrow、读者类型表 grade。表结构如图 12.3~图 12.6 所示。

PC-201209072208.BOOKS - dbo.book		
列名	数据类型	允许 Null 值
⑧ bno	char(10)	☐
bname	varchar(30)	☐
author	varchar(10)	☑
publisher	varchar(20)	☑
pdate	varchar(10)	☑
price	float	☑
demo	varchar(200)	☑

图 12.3 book 表

PC-201209072208.BOOKS - dbo.reader		
列名	数据类型	允许 Null 值
⑧ rno	char(10)	☐
rname	varchar(10)	☐
sex	char(2)	☑
dept	varchar(10)	☑
tel	char(11)	☑
type	varchar(10)	☑

图 12.4 reader 表

PC-201209072208.BOOKS - dbo.borrow		
列名	数据类型	允许 Null 值
⑧ rno	char(10)	☐
⑧ bno	char(10)	☐
bdate	date	☐
rdate	date	☑

图 12.5 borrow 表

PC-201209072208.BOOKS - dbo.grade		
列名	数据类型	允许 Null 值
⑧ type	varchar(10)	☐
qty	int	☐
bday	int	☐

图 12.6 grade 表

12.2.4 系统实现

为便于管理,本项目在 MyEclipse 环境下进行开发。项目名称为 BOOKS。

首先设计一个 Java 类 DBConn.java，用来创建数据库连接。具体代码如下：

```
package com.books.jdbc;
import java.sql.*;
public class DBConn{
    private Connection conn=null;
    public DBConn(){}
    public Connection getConn(){
        try{
            Class.forName("com.microsoft.sqlserver.jdbc.SQLServerDriver");
            conn = DriverManager. getConnection ( " jdbc: sqlserver://localhost:
            1433;databaseName=BOOKS","sa","123456");
            return conn;
        }catch(Exception e){
            e.printStackTrace();
            return null;
        }
    }
    public void close(){
        try{
            if(conn!=null) conn.close();
        }catch(Exception e){}
    }
}
```

下面介绍具体的模块实现。

1. 系统主界面

读者登录后的系统主界面如图 12.7 所示。输入 1 可以进行图书信息查询，输入 2 可以进行借阅信息查询，输入 0 则退出本系统。

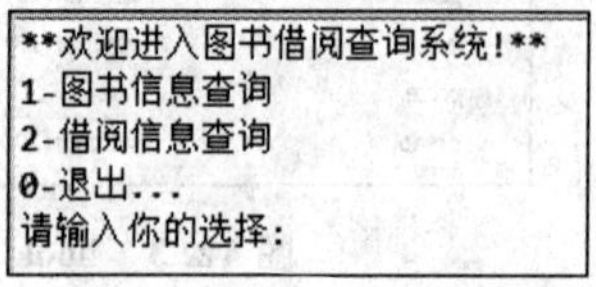

实现代码如下：

```
**欢迎进入图书借阅查询系统!**
1-图书信息查询
2-借阅信息查询
0-退出...
请输入你的选择：
```

图 12.7　系统主界面

```
package com.books.test;
import java.util.*;
import com.books.view.*;
import com.books.search.*;
import com.books.jdbc.*;
public class BOOKTest{
    public static void main(String[] args){
        while(true){
            new MMenu();
            Scanner sc=new Scanner(System.in);
            int s1=sc.nextInt();
            if(s1==1){                          //图书信息查询
```

```
    while(true){
        new BMenu();
        sc=new Scanner(System.in);
        int s2=sc.nextInt();
        BookSearch bs=new BookSearch();
        if(s2==1){          //根据图书名称查询
            bs.searchByBName();
        }else if(s2==2){    //根据作者查询
            bs.searchByBAuthor();
        }else if(s2==3){    //根据出版社查询
            bs.searchByBPublish();
        }else if(s2==4){    //根据出版日期查询
            bs.searchByBPdate();
        }else if(s2==0){
            break;
        }
    }
}else if(s1==2){            //借阅信息查询
    new BorrowSearch().searchByRNo();
}else if(s1==0){
    System.out.println("谢谢使用!再见!");
    break;
}
        }
    }
}
```

2. 图书信息查询

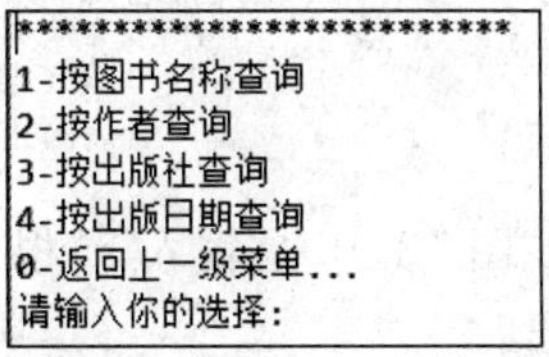

选择图书信息查询以后,进入如图 12.8 所示的界面。
输入 1 可以按图书名称查询,输入 2 可以按作者查询,输入
3 可以按出版社查询,输入 4 可以按出版日期查询,输入 0
则可以返回上一级菜单,即系统主界面。

```
*************************
1-按图书名称查询
2-按作者查询
3-按出版社查询
4-按出版日期查询
0-返回上一级菜单...
请输入你的选择:
```

图 12.8　图书信息查询界面

图 12.9 是输入 1,按图书名称查询的运行结果。这里支持模糊查询。

主要实现代码如下:

```
public void searchByBName(){
    Scanner sc=new Scanner(System.in);
    System.out.print("请输入图书名称:");
    String str=sc.next();
    String sql="select * from book where bname like '%"+str+"%'"; //查询语句
    System.out.println();
    try{
        stmt=conn.createStatement();
```

```
***************************
1-按图书名称查询
2-按作者查询
3-按出版社查询
4-按出版日期查询
0-返回上一级菜单...
请输入你的选择:1
请输入图书名称:数据库

1500000011,数据库系统教程,施伯乐,高等教育出版社,2002,24.9
1500000012,数据库原理及应用,李俊山,清华大学出版社,2012,38.0
1500000013,数据库原理与应用教程,尹志宇,清华大学出版社,2013,39.5
1500000014,数据库原理与应用教程,程云志,机械工业出版社,2011,31.0
1500000015,数据库系统原理与设计,万常选,清华大学出版社,2012,44.5
1500000016,数据库系统概论,王珊,高等教育出版社,2000,25.0
```

图 12.9　按图书名称查询的运行结果图

```java
rs=stmt.executeQuery(sql);
while(rs.next()){          //处理查询结果
    String bno=rs.getString(1);
    String bname=rs.getString(2);
    String author=rs.getString(3);
    String publish=rs.getString(4);
    String pdate=rs.getString(5);
    String price=rs.getString(6);
System.out.println(bno+","+bname+","+author+","+publish+",
    "+pdate+","+price);
}
System.out.println();
}catch(SQLException e){
    System.err.println("Data.executeQuery: " +e.getMessage());
}
}
```

　　图 12.10 是输入 3,根据出版社查询的运行结果。这里支持模糊查询。代码不再给出。

```
1100000013,Java程序设计基础,陈国君,清华大学出版社,2015,49.0
1100000014,JavaEE基础教程,史胜辉,清华大学出版社,2012,34.5
1200000011,数据结构教程,李春葆,清华大学出版社,2010,49.0
1200000013,数据结构实用教程,徐孝凯,清华大学出版社,2010,32.0
1200000014,数据结构,殷人昆,清华大学出版社,2008,39.0
1200000015,数据结构教程学习指导,李春葆,清华大学出版社,2015,29.0
1300000011,C++程序设计语言,郑莉,清华大学出版社,2010,34.0
1300000012,C语言程序设计,谭浩强,清华大学出版社,2010,32.0
1500000012,数据库原理及应用,李俊山,清华大学出版社,2012,38.0
1500000013,数据库原理与应用教程,尹志宇,清华大学出版社,2013,39.5
1500000015,数据库系统原理与设计,万常选,清华大学出版社,2012,44.5
1800000011,Web技术应用基础,樊月华,清华大学出版社,2009,29.0
```

图 12.10　按出版社查询的运行结果图

3. 借阅信息查询

选择借阅信息查询以后,输入借书证号,可以查询读者姓名、读者类型,并显示该读者目前的借阅记录。这里用到了多表查询。其界面如图 12.11 所示。

```
**欢迎进入图书借阅查询系统!**
1-图书信息查询
2-借阅信息查询
0-退出...
请输入你的选择:2
请输入借书证号:1000001001
您好,张海杰. 用户身份:教师,可以同时借阅15本书,每本书借阅时间不得超过180天。
您目前的借阅记录如下:

1000001001,Java程序设计实用教程,2016-12-12
1000001001,Java程序设计基础,2016-12-05
1000001001,JavaEE基础教程,2016-11-30
1000001001,数据结构教程,2016-12-08
1000001001,数据结构(Java版),2016-10-10
1000001001,数据结构实用教程,2016-12-12
1000001001,C++程序设计语言,2016-10-10
您目前共借阅了7本书。还可以再借阅8本。
```

图 12.11　借阅信息查询界面

主要实现代码如下:

```java
public void searchByRNo(){
    Scanner sc=new Scanner(System.in);
    System.out.print("请输入借书证号:");
    String str=sc.next();
    String sql="select r.rname,r.type,g.qty,g.bday from reader as r,grade
    as g where r.rno='"+str+"' and r.type=g.type";
    int qty=0;
    try{
        stmt=conn.createStatement();
        rs=stmt.executeQuery(sql);
        if(rs.next()){
            String rname=rs.getString(1);
            String rtype=rs.getString(2);
            qty=rs.getInt(3);
            String day=rs.getString(4);
            System.out.println("您好,"+rname+". "+"用户身份:"+rtype+","+"可以
                同时借阅"+qty+"本书,每本书借阅时间不得超过 "+day+"天。");
            System.out.println("您目前的借阅记录如下:");
        }else{
            System.out.println("该借书证号不存在!");
        }
    }catch(SQLException e){
        System.err.println("Data.executeQuery: " +e.getMessage());
    }
```

```
sql="select br.rno,b.bname,br.bdate from borrow as br,book as b where
br.rno='"+str+"' and br.bno=b.bno";
try{
    rs=stmt.executeQuery(sql);
    int count=0;
    while(rs.next()){
        count++;
        String rno=rs.getString(1);
        String bname =rs.getString(2);
        String bdate=rs.getString(3);
        System.out.println(rno+","+bname+","+bdate);
    }
    System.out.println("您目前共借阅了 "+count+"本书。还可以再借阅 "+(qty-
    count)+"本。");
    System.out.println();
}catch(SQLException e){
    System.err.println("Data.executeQuery: " +e.getMessage());
}
}
```

以上简单介绍了图书管理系统中图书查询和读者借阅信息查询两个子模块的设计和实现,在此基础上,读者可以自行开发,将其他模块完成。

12.3 基于 Java 的学生成绩管理系统开发

本节在第 3 章讲述的教学管理系统数据库设计的基础上,继续介绍基于 Java 的数据库应用系统的开发过程。

12.3.1 系统需求分析

第 3 章已经介绍过,某学校要开发一个小型教学管理系统,主要实现学生信息管理、课程信息管理、成绩信息管理、相关信息查询、系统维护等功能。

从用户的角度来看,本系统主要分为两类用户:

(1)管理员用户:负责对系统所有基本信息的管理,包括对学生信息、课程信息和成绩信息的添加、删除和修改,对整个系统数据库的维护等。

(2)学生用户:可以查询个人成绩、平均成绩、成绩排名,查询某门课程的最高分、最低分和不及格率等。

12.3.2 系统功能模块设计

在系统需求分析的基础上,得到本系统的功能模块图如图 12.12 所示。

限于篇幅,这里将教学管理系统简化为学生成绩管理系统,下面针对其中的部分模

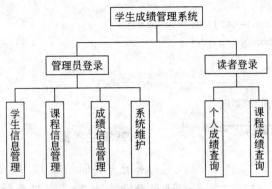

图 12.12　系统功能模块图

块进行分析和设计。读者可以自行开发,将其他模块完成。

12.3.3　系统数据库设计

在第 3 章的数据库设计中,我们已经设计了数据库 tech,其中有五个表:学生表 Student、课程表 Course、专业表 Major、系表 Department、学习表 Score。这里,为系统开发需要,还要再增加一个登录表 login,具体结构如图 12.13 所示。

PC-201209072208.tech - dbo.login		
列名	数据类型	允许 Null 值
username	char(6)	☐
password	char(6)	☐

图 12.13　login 表

12.3.4　系统实现

为便于管理,本项目在 MyEclipse 环境下进行开发。项目名称为 XSCJ。
首先设计一个 Java 类 DBConn.java,用来创建数据库连接。具体代码如下:

```java
package com.xscj.jdbc;
import java.sql.*;
public class DBConn{
    private Connection conn=null;
    public DBConn(){}
    public Connection getConn(){
        try{
            Class.forName("com.microsoft.sqlserver.jdbc.SQLServerDriver");
            conn=DriverManager.getConnection("jdbc:sqlserver://localhost:
1433;databaseName=tech","sa","123456");
            return conn;
        }catch(Exception e){
            e.printStackTrace();
            return null;
        }
    }
    public void close(){
```

```
try{
    if(conn!=null) conn.close();
    }catch(Exception e){}
    }
}
```

下面介绍具体的模块实现。

```
**欢迎使用学生成绩管理系统!**
1-管理员登录
2-学生登录
0-退出...
请输入你的选择:
```

图 12.14　学生成绩管理系统主界面

1. 系统主界面

系统主界面如图 12.14 所示。输入 1 选择管理员身份登录,输入 2 选择学生身份登录,输入 0 则退出本系统。

实现代码如下:

```java
import com.xscj.view.*;
public class XSCJTest{
    public static void main(String[] args){
        while(true){
            new LoginMenu();
            Scanner sc=new Scanner(System.in);
            int s1=sc.nextInt();
            if(s1==1){
                new AdminLogin().adminLogin();          //管理员登录
            }else if(s1==2){
                new StudLogin().studLogin();            //学生登录
            }else if(s1==0){
                System.out.println("谢谢使用!再见!");
                break;
            }
        }
    }
}
```

2. 管理员登录

选择管理员身份登录,输入正确的用户名和密码后,进入如图 12.15 所示的界面。输入 1 进行学生信息管理,输入 2 进行课程信息管理,输入 3 进行成绩信息管理,输入 0 则可以返回上一级菜单,即系统主界面。

主要代码如下:

```java
public void adminLogin(){
    Scanner sc=new Scanner(System.in);
    System.out.print("请输入用户名:");
```

```
**欢迎使用学生成绩管理系统!**
1-管理员登录
2-学生登录
0-退出...
请输入你的选择:1
请输入用户名:aaaaaa
请输入密码:123456
**欢迎进入学生成绩管理系统!**
1-学生信息管理
2-课程信息管理
3-成绩信息管理
0-返回上一级菜单...
请输入你的选择:
```

图 12.15　管理员登录后的主界面

```
String username=sc.next();
System.out.print("请输入密码：");
String password=sc.next();
String sql="select * from login where username ='"+username+"'AND
password='"+password+"'";
try{
    stmt=conn.createStatement();
    rs=stmt.executeQuery(sql);
    if(rs.next()){                            //用户名和密码正确
        while(true){
            new AdminMenu();
            int s2=sc.nextInt();
            if(s2==1){
                new StudentMS();              //学生信息管理
            }else if(s2==2){
                new CourseMS();               //课程信息管理
            }else if(s2==3){
                new GradeMS();                //成绩信息管理
            }else if(s2==0){
                break;
            }
        }
    }else{
        System.out.println("用户名或密码错误！");
    }
}catch(SQLException e){
    System.out.println(e.getMessage());
}
}
```

　　这里选择输入 2，进行课程信息管理，出现如图 12.16 所示的界面。输入 1 可以添加课程信息，输入 2 可以修改课程信息，输入 3 可以删除课程信息，输入 4 可以浏览课程信息，输入 0 则可以返回上一级菜单。

　　输入 1，添加课程信息。根据提示，输入相关的课程信息即可。运行界面如图 12.17所示。

```
请输入你的选择:2
1-添加课程信息
2-修改课程信息
3-删除课程信息
4-浏览课程信息
0-返回上一级菜单...
请输入你的选择:
```

```
请输入你的选择:1
请输入课程信息（课程号 课程名 学时 学分），中间用逗号隔开:
1201,微观经济学,72,4
添加成功!
```

图 12.16　课程信息管理主界面　　　　　　**图 12.17　添加课程信息界面**

主要代码如下：

```
public void courseAdd(){
    Scanner sc=new Scanner(System.in);
    String cno;
    String cname;
    int chour;
    int credit;
    System.out.println("请输入课程信息(课程号 课程名 学时 学分),中间用逗号隔开:");
    String str=sc.next();
    String []sp=str.split(",");
    cno=sp[0];
    cname=sp[1];
    chour=Integer.parseInt(sp[2]);
    credit=Integer.parseInt(sp[3]);
    String Sql="INSERT INTO course(Cno,Cname,Chour,Ccredit) VALUES
('"+cno+"','"+cname+"',"+chour+","+credit+")";
    try{
        stmt=conn.createStatement();
        int i=stmt.executeUpdate(Sql);
        if(i!=0){
            System.out.println("添加成功!");
        }
    }catch(SQLException e){
        System.out.println(e.getMessage());
    }
}
```

输入 4,显示所有的课程信息,运行界面如图 12.18 所示。可以看到刚刚添加的课程信息。代码不再给出。

输入 2,可以根据提示修改课程信息,运行界面不再给出。读者可以根据下面的代码分析具体功能的实现。注意其中使用了可编译 SQL 语句。

```
请输入你的选择:4

1101,数据库原理与应用,72,4
1102,管理统计学,54,3
1103,网页设计基础,54,3
1105,高级编程,64,4
1201,微观经济学,72,4
```

图 12.18　显示课程信息界面

```
public void courseUpdate(){
    Scanner sc=new Scanner(System.in);
    System.out.print("请输入要修改的课程号:");
    String cno=sc.next();
    String sql ="SELECT * FROM Course WHERE Cno='"+cno+"'";
    try{
        rs=stmt.executeQuery(sql);
        if(rs.next()){
            cno=rs.getString(1);
            String cname=rs.getString(2);
            int chour=rs.getInt(3);
            int credit=rs.getInt(4);
```

```
        System.out.println(cno+","+cname+","+chour+","+credit);
        System.out.print("请输入修改后的学时:");
        chour=sc.nextInt();
        System.out.print("请输入修改后的学分:");
        credit=sc.nextInt();
        sql="update Course set Chour=?,Ccredit=? WHERE Cno=?";
        pstmt=conn.prepareStatement(sql);
        pstmt.setInt(1,chour);
        pstmt.setInt(2,credit);
        pstmt.setString(3,cno);
        int i=pstmt.executeUpdate();
        if(i!=0){
            System.out.println("更新成功!");
        }
    }else{
        System.out.println("该课程号不存在!");
    }
}catch(SQLException e){
    System.out.println(e.getMessage());
    }
}
```

3. 学生登录

选择学生身份登录,输入正确的学号以后,进入如图 12.19 所示的界面。输入 1 可以查询个人成绩,输入 2 可以查询课程成绩,输入 0 则可以返回上一级菜单,即系统主界面。

1) 个人成绩信息查询

图 12.20 是输入 1,查询个人成绩的运行界面。

```
**欢迎使用学生成绩管理系统!**
1-管理员登录
2-学生登录
0-退出...
请输入你的选择:2
请输入学号: 201511010101
**欢迎进入学生成绩管理系统!**
1-个人成绩信息查询
2-课程成绩信息查询
0-返回上一级菜单...
请输入你的选择:
```

图 12.19　学生登录后的主界面

```
请输入你的选择:1
以下是你的全部课程的课程成绩:
  课程号    课程名      成绩
1101,数据库原理与应用,85
1102,管理统计学,90
1103,网页设计基础,86
1105,高级编程,98
平均成绩为:89.0
输入某门课程的课程号,可以查你的成绩排名。1--查;0--否 ？ :
```

图 12.20　个人成绩查询运行界面

按照提示输入,可以继续查询个人某门课程的成绩排名。运行结果如图 12.21 所示。

```
输入某门课程的课程号,可以查询你的成绩排名。1--查;0--否 ？ : 1
请输入课程号:1102
该门课程的名次为: 3
```

图 12.21　查询课程成绩排名的运行界面

这里用到了多表查询和统计查询。主要代码如下：

```java
public void gradePSearch(){
    Scanner sc=new Scanner(System.in);
    System.out.println("以下是你的全部课程的课程成绩:");
    String sql ="SELECT c.Cno,c.Cname,s.Grade FROM Score as s,Course as c WHERE
    s.Cno=c.Cno and s.Sno='"+xh+"'";
    System.out.println(" 课程号  "+" 课程名   "+" 成绩 ");
    try{
        stmt=conn.createStatement();
        rs=stmt.executeQuery(sql);
        while(rs.next()){
            String cno =rs.getString(1);
            String cname =rs.getString(2);
            int cj=rs.getInt(3);
            System.out.println(cno+","+cname+","+cj);
        }
        sql="SELECT avg(Grade) FROM Score WHERE Sno='"+xh+"'";
        rs=stmt.executeQuery(sql);
        if(rs.next()){
            float aver=rs.getFloat(1);
            System.out.println("平均成绩为:"+aver);
        }
        System.out.print("输入某门课程的课程号,可以查询你的成绩排名。1--查;0--否?: ");
        int yn=sc.nextInt();
        if(yn==1){
            System.out.print("请输入课程号:");
            String cno=sc.next();
            sql="select count(*) from Score where Cno='"+cno+"' and Grade>=
            (select Grade from Score where Sno='"+xh+"' and Cno='"+cno+"')" ;
            rs=stmt.executeQuery(sql);
            if(rs.next()){
                int num=rs.getInt(1);
                System.out.println("该门课程的名次为: "+num);
            }
        }
    }catch(SQLException e){
        System.out.println(e.getMessage());
    }
}
```

2) 课程成绩信息查询

图 12.22 是输入 2,查询课程成绩信息的运行界面。

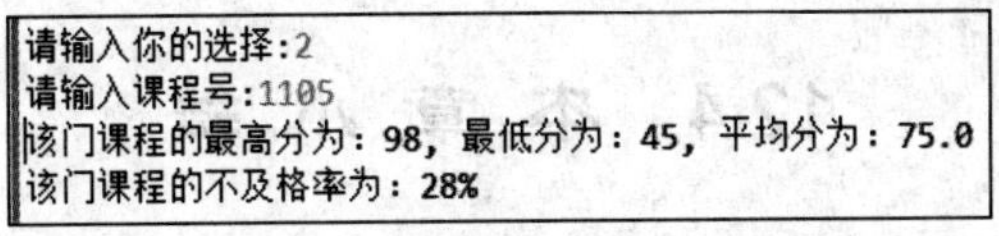

```
请输入你的选择:2
请输入课程号:1105
该门课程的最高分为:98, 最低分为: 45, 平均分为: 75.0
该门课程的不及格率为: 28%
```

图 12.22　查询课程成绩信息的运行界面

输入课程号,可以查询该课程的最高分、最低分、平均分和不及格率。这里用到了统计查询。主要代码如下:

```java
public void gradeCSearch(){
    Scanner sc=new Scanner(System.in);
    System.out.print("请输入课程号:");
    String cno=sc.next();
    String sql1="select max(Grade),min(Grade),avg(Grade),count(*) from
    Score where Cno='"+cno+"'";
    String sql2="select count(*) from Score where Cno='"+cno+"' and Grade<60";
    int cn=0;
    try{
        stmt=conn.createStatement();
        rs=stmt.executeQuery(sql1);
        if(rs.next()){
            int mx =rs.getInt(1);
            int mn=rs.getInt(2);
            float aver=rs.getFloat(3);
            cn=rs.getInt(4);
            System.out.println("该门课程的最高分为: "+mx+", 最低分为: "+mn+", 平
                均分为: "+aver);
        }
        rs=stmt.executeQuery(sql2);
        if(rs.next()){
            int cnt=rs.getInt(1);
            System.out.println("该门课程的不及格率为: "+(cnt*100/cn)+"%");
        }
        System.out.println();
    }catch(SQLException e){
        System.err.println("Data.executeQuery: " +e.getMessage());
    }
}
```

以上简单介绍了学生成绩管理系统中部分子模块的设计和实现。在此基础上,读者可以自行开发,将其他模块完成。

12.4 本章小结

本章主要介绍了基于 Java 的数据库应用系统的开发。通过本章的学习,读者应:

(1) 掌握 Java 数据库开发流程。

(2) 掌握 JDBC 技术中的主要类、接口以及常用方法。

(3) 熟练运用 JDBC 技术进行数据库应用系统的开发。

习 题 12

1. 完成本章 12.2 节图书管理系统中管理员身份登录后各个模块的设计和实现。

(1) 图书管理模块。

(2) 读者管理模块。

(3) 借阅管理模块。

2. 完成本章 12.3 节学生成绩管理系统中相关模块的设计和实现。

(1) 学生信息管理模块。

(2) 成绩信息管理模块。

(3) 课程信息管理模块中的删除课程信息功能。

参 考 文 献

[1]　王珊,萨师煊. 数据库系统概论[M]. 5 版. 北京:高等教育出版社,2014.

[2]　施伯乐,丁宝康,汪卫. 数据库系统教程[M]. 2 版. 北京:高等教育出版社,2003.

[3]　张蒲生. 数据库应用技术 SQL Server 2005 提高篇[M]. 北京:机械工业出版社,2008.

[4]　尹志宇,郭晴. 数据库原理与应用教程 SQL Server 2008[M]. 2 版. 北京:清华大学出版社,2017.

[5]　宋金玉,陈萍. 数据库原理与应用[M]. 北京:清华大学出版社,2011.

[6]　程云志,张帆,崔翔,等. 数据库原理与 SQL Server 2005 应用教程[M]. 北京:机械工业出版社,2006.

[7]　郑阿奇. SQL Server 实用教程[M]. 4 版. 北京:电子工业出版社,2014.

[8]　王立平,刘祥淼,彭霁. SQL Server 2014 从入门到精通[M]. 北京:清华大学出版社,2017.

[9]　李春葆,曾平,喻丹丹. SQL Server 2012 数据库应用与开发教程[M]. 北京:清华大学出版社,2015.

[10]　徐小平,夏保芹,迟增晓. JSP 程序设计实训与案例教程[M]. 北京:清华大学出版社,2014.

参考文献

［1］［美］福塞尔，等．微生物学基础［M］．影印版．北京：科学出版社，2007．

［2］沈萍，等．微生物学实验（第4版）［M］．北京：高等教育出版社，2009．

［3］周德庆．微生物学教程（第3版）［M］．北京：高等教育出版社，2011．

［4］杨文博．微生物实验技术［M］．北京：化学工业出版社，2007．

［5］［美］布洛克．微生物生物学［M］．北京：科学出版社，2009．

［6］沈萍，陈向东．微生物学（第8版）［M］．北京：高等教育出版社，2016．

［7］周德庆，徐德强．微生物学实验教程（第3版）［M］．北京：高等教育出版社，2013．

［8］沈萍，陈向东．微生物学实验（第4版）［M］．北京：高等教育出版社，2007．

［9］李颖，关国华．微生物生理学［M］．北京：科学出版社，2013．

［10］诸葛健，等．工业微生物资源开发应用与保护［M］．北京：化学工业出版社，2016．